L'univers et l'espace

L'univers et l'espace

sous la direction de
Isabelle Bourdial

LAROUSSE

Responsable d'édition
Michel Zelvelder

Directrice d'ouvrage
Isabelle Bourdial

Rédaction
Valérie Greffoz, Marie-Hélène Grossmann,
Philippe Henarejos, Serge Jodra

Conception graphique
Mapmond

Mise en page
Guy Calka, Didier Michon

Couverture
Mapmond

Correction
Service Lecture-correction Larousse-Bordas

Iconographie
Bridgett Noizeux, Marie Vorobieff

Coordination dessins
Jacqueline Pajouès

Dessins
Laurent Blondel, Gilbert Macé,
François Poulain, Léonie Schlosser
et Archives Larousse

Fabrication
Martine Toudert

Distributeur exclusif au Canada : Messageries ADP, 1751 Richardson, Montréal (Québec)

ISBN 2-03-505016-2

Sommaire

Observation du ciel

Sommaire

Le système solaire

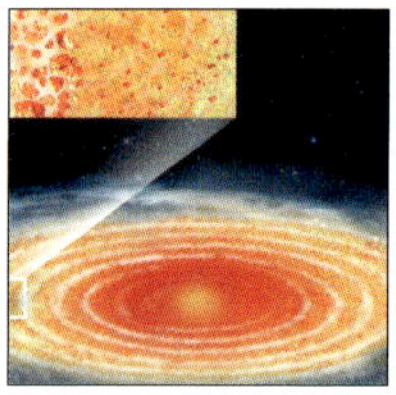

Étoiles et galaxies

Sommaire

La conquête de l'espace

Sommaire

L'invention du ciel

les débuts de l'astronomie

Les premières civilisations ont surtout utilisé les astres comme repères spatiaux et temporels. Ainsi l'astronomie est-elle née du souci des hommes de situer leur place dans le cosmos et de leur effort pour répondre à la question : où sommes-nous ?

Stonehenge, en Angleterre, est l'un des premiers édifices religieux dans lequel les hommes du néolithique ont marqué leur intérêt pour les cycles astronomiques les plus simples. L'entrée du monument pointe vers le lever du Soleil au solstice d'été.

Les premières représentations d'objets célestes, qui concernent presque toujours la Lune et le Soleil, apparaissent à partir de l'âge de la pierre polie, au néolithique. À cette époque, l'intérêt apparent pour les phénomènes astronomiques se traduit par une réflexion sur les cycles de l'existence et sur la mort. L'inhumation devient non seulement une pratique courante, mais on se préoccupe aussi de l'orientation de la dépouille par rapport aux points cardinaux, c'est-à-dire des directions définies par le mouvement des astres, notamment du Soleil. On exprime par là un souci d'insertion du défunt dans un certain contexte cosmique. S'installe la croyance en la possibilité pour les hommes d'intervenir sur les phénomènes naturels par des rituels appropriés, de la même façon que ces mêmes phénomènes ont prise sur le destin des hommes.

Les Grecs eurent une idée de la forme ronde de la Terre en observant son ombre sur la Lune.

C'est le sens qu'il convient de donner aux orientations astronomiques de grands édifices religieux et funéraires du passé, qu'ils appartiennent à la fin de la préhistoire, comme Stonehenge, en Angleterre, ou qu'ils soient plus récents, tels les ensembles mégalithiques africains. Et c'est encore ainsi que s'expliquera l'agencement des cités et des temples babyloniens, chinois, égyptiens, romains, etc. Les églises médiévales, elles-mêmes, seront systématiquement orientées vers le soleil levant. Au Mexique, dans plusieurs régions, le tracé des plans cadastraux suivait les positions de la planète Vénus...

Quand on parle du cosmos, on ne désigne pas seulement tout ce qui existe, notion que recouvre plutôt le terme d'Univers. On présuppose aussi des relations entre les différents constituants de cet univers. Dans les anciennes civilisations, la mise en place de ces relations est le propos des mythes de la création. Ces mythes mettent en scène des démiurges (dieux-artisans), qui ont œuvré à l'ordonnancement du cosmos. Doté d'un sens, celui-ci va donc présenter, pense-t-on, des signes ou rappels de l'ordre initialement impulsé. Les calendriers, qui constituent les

Aristarque de Samos est le premier à proposer que la Terre tourne sur elle-même et autour du Soleil.

premières expressions des rythmes et régularités identifiables dans les phénomènes célestes, refléteront les lois cosmiques et justifieront aussi l'ordonnancement des activités humaines.

Dans les anciennes sociétés, tout comme dans nombre de sociétés restées traditionnelles dans le monde contemporain, on s'imagine volontiers vivant au centre d'une Terre plate, carrée, ses côtés marquant les directions cardinales. Par contraste, le ciel est circulaire et sa voûte définit la limite de la matière organisée. Ce ciel est souvent stratifié. En Mésopotamie, il comptait sept étages, tardivement associés à la Lune, au Soleil et aux cinq planètes visibles à l'œil nu. Tout archaïques qu'elles paraissent, ces conceptions resteront le ferment des systèmes du monde élaborés jusqu'à la Renaissance.

Les civilisations anciennes de grande tradition astronomique (Babyloniens, Chinois, Mayas) se préoccupaient assez peu de la nature des astres. Leur astronomie se résumait à déchiffrer la signification humaine des phénomènes célestes. Les Grecs, dont l'astronomie atteindra son apogée à l'époque hellénistique, à Alexandrie, ont cependant esquissé une nouvelle approche dès le VIe siècle avant notre ère. Ils se sont attachés à comprendre les phénomènes de la nature sans en appeler à des causes surnaturelles. Cette démarche leur permettra d'élucider le mécanisme des éclipses. Ils pourront même en déduire la forme ronde de la Terre, dont ils reconnaissent l'ombre sur le disque lunaire. Ératosthène produira plus tard une première mesure crédible des dimensions de notre globe. Mais il sera difficile d'aller beaucoup plus loin !

Ce constat d'impuissance de l'astronomie grecque est déjà celui de Platon, qui assigne pour tâche à l'astronomie de « sauver les phénomènes » : elle devra se limiter à rendre compte des observations par des modèles mécaniques approchés, et renoncer à les expliquer réellement. C'est dans cet esprit que toute une série de modèles seront élaborés. Eudoxe propose ainsi un système de sphères en rotation, emboîtées, centrées sur la Terre, et portant chacune une planète (la dernière sphère portant les étoiles fixes). Aristote justifie cette construction en lui donnant un fondement physique, mais la complique en recourant à 56 sphères. Après lui, les deux grandes figures de l'astronomie alexandrine, Hipparque et Ptolémée, perfectionneront encore l'édifice.

Le système du monde, par Barthélemy l'Anglais, qui compila son ouvrage vers 1240, fut traduit par Jean Corbichon au XVe siècle. La Terre est représentée par une petite mappemonde dite « TO », schématisant les trois parties du monde alors connu (Europe, Asie, Afrique). Les planètes sont figurées par des divinités dont elles portent le nom.

Le système de Ptolémée, adopté également par les Arabes, reste la base de l'astronomie jusqu'au XVIIe siècle. Il est géocentrique (la Terre est placée au centre du monde), comme la plupart des représentations qui l'ont précédé. Des conceptions héliocentriques (le Soleil au centre) ont cependant toujours existé, comme celles d'Aristarque ou d'Oresme (1329–1382). Quant au système de Nicolas Copernic (1473–1543), qui lui aussi refuse une position centrale à la Terre, il est le dernier à rester fidèle au programme de Platon. S'il marque la fin d'une époque, il préfigure aussi la révolution astronomique à venir. ■

LE SAVIEZ-VOUS ?

C'est à Eratosthène que l'on doit la première mesure rigoureuse de la circonférence de la Terre. Le jour du solstice d'été, à midi, le Soleil ne porte aucune ombre à Syène (Assouan). Il est au zénith. En revanche, à Alexandrie, au même instant, un bâton vertical laisse une petite ombre, car le Soleil est à environ 7° d'angle du zénith. Si l'on ajoute que la distance Syène-Alexandrie est de l'ordre de 787 km, note l'astronome, une règle de trois suffit à montrer que la Terre mesure environ 40 000 km de circonférence...

DATES

- Eudoxe (Cnide 406 –355 av. J.-C.)
- Platon (Athènes 427 – 347/348 av. J.-C.)
- Aristote (Stagire 384 – Chalcis 322 av. J.-C.)
- Aristarque (Samos 310 – 230 av. J.-C.)
- Ératosthène (Cyrène 284 – Alexandrie 192 av. J.-C.)
- Hipparque (190 – 125 av. J.-C.)
- Ptolémée (Ptolemaïs 100 – Canope 170 apr. J.-C.)

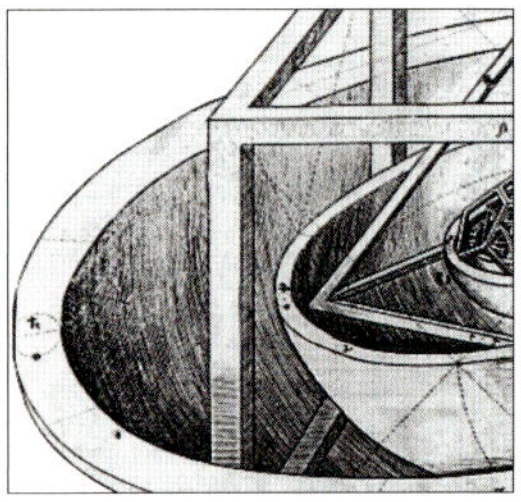

La révolution astronomique

les fondateurs de la mécanique céleste

L'image que l'on se faisait depuis toujours du monde a basculé au XVIIe siècle. Les certitudes ont vacillé et Kepler, Galilée et Newton sont devenus les héros principaux d'une grande aventure intellectuelle.

Kepler a découvert les lois décrivant les mouvements des planètes autour du Soleil, en s'appuyant sur les observations pécises de Tycho Brahe.

Galilée a été le premier à tourner une lunette vers le ciel. Il a observé les reliefs sur la Lune, découvert les phases de Vénus et les quatre principaux satellites de Jupiter.

Newton a fondé une physique compatible avec les données de la nouvelle astronomie. « Si j'ai vu plus haut que les autres, disait-il, c'est que j'étais monté sur les épaules de géants. »

Kepler, Galilée et Newton sont partisans de l'héliocentrisme et se réclament de Copernic. L'astronomie qu'ils fondent se justifie par une nouvelle façon de penser l'espace et le mouvement, au sein d'une physique articulée autour des notions d'inertie et de force.

L'histoire de Johannes Kepler (1571–1630) est d'abord celle d'une quête vaine et d'un douloureux renoncement. L'astrologue, inspiré par Platon et les pythagoriciens, croit à la perfection géométrique des mouvements célestes. Il imagine en particulier que les cinq polyèdres réguliers définis par les mathématiques (tétraèdre, cube, octaèdre, dodécaèdre et icosaèdre) peuvent être mis en rapport avec les dimensions des sphères solides qui portent les cinq planètes visibles à l'œil nu. Aussi, utilisant les relevés de positions recueillis par Tycho Brahe (1546–1601) dont il a été l'assistant, va-t-il s'acharner à en extirper des relations numériques qui confirmeraient son intuition de départ.

L'attraction universelle affecte tous les corps, les planètes comme les pommes.

L'entreprise de Kepler est vouée à l'échec. Au terme de son labeur, il parvient cependant à montrer que les mouvements planétaires peuvent être décrits par des relations numériques. Il établit ainsi trois lois très vite reconnues comme les lois fondamentales de l'astronomie, car elles fournissent le moyen de connaître la forme des orbites et les temps nécessaires pour les parcourir en fonction de la distance au Soleil. Les successeurs de Kepler sauront rapidement les utiliser pour déterminer les distances des planètes et évaluer les dimensions du système solaire.

Historiquement, la deuxième loi découverte par Kepler est sans doute la plus importante. Elle énonce simplement que les planètes décrivent des ellipses. Mais avec elle Kepler rompt pour la première fois avec l'affirmation du mouvement circulaire des planètes, auquel tout le monde – y compris lui-même – avait cru jusqu'alors. Si les orbites sont elliptiques, il n'est plus question d'accrocher simple-

Tycho Brahe a édifié un observatoire doté des instruments les plus grands et les plus précis de son époque.

ment les planètes à des sphères solides en rotation, qui les maintiendraient dans le ciel et expliqueraient leur déplacement.

Au cours de l'automne 1609, Galilée (1564–1642) a l'idée de tourner pour la première fois vers le ciel une petite lunette de sa fabrication. Il découvre alors les taches solaires et les montagnes de la Lune, ou encore l'anneau de Saturne (qu'il n'identifie cependant pas comme tel). Grâce à sa lunette, il constate aussi que la Voie lactée n'est pas une simple bande laiteuse, mais qu'elle se décompose en une myriade d'étoiles.

Il découvre également les quatre lunes principales de Jupiter (Io, Europe, Ganymède et Callisto) – appelées aujourd'hui satellites « galiléens » –, et décèle l'existence des phases de Vénus, analogues à celles de la Lune. Galilée en déduit, avec raison, que tous les déplacements dans le système solaire ne s'effectuent pas autour de la Terre. Mais, aveuglé par un tempérament querelleur et fanfaron, il veut faire dire à ses observations plus qu'elles ne disent réellement : il prétend qu'il tient la preuve du mouvement de rotation de la Terre autour du Soleil. Devant l'Inquisition qui lui intente un procès en 1630, il est conduit à se rétracter.

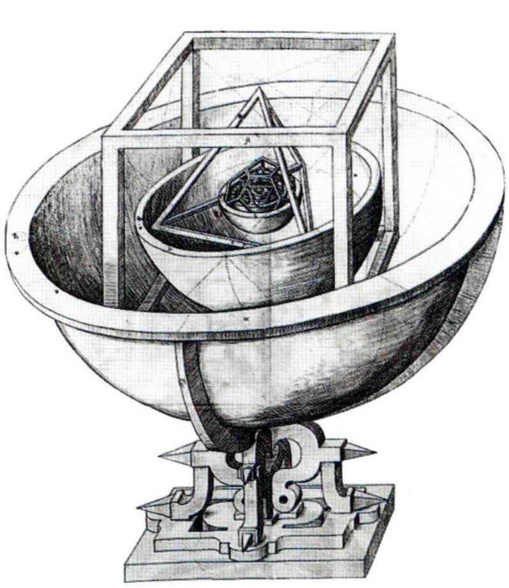

Gravure illustrant la théorie de Kepler : les orbites des cinq planètes s'inscrivent dans des polyèdres réguliers (1597).

L'œuvre d'Isaac Newton (1642-1727) possède de nombreuses facettes. On sait que Newton était un adepte des sciences occultes. « Le dernier des magiciens » n'en reste pas moins le vrai fondateur de la physique moderne, dont Descartes et Galilée avaient posé les premiers jalons. Dans le domaine de l'optique, il montre ainsi, à partir de 1666, qu'en dispersant par un prisme la lumière blanche du Soleil, elle est en fait composée de multiples couleurs. Il réalise également, en 1671, le premier télescope utilisant pour objectif un miroir, plutôt qu'une lentille. Newton, stimulé par les travaux de nombre de ses contemporains, fonde également la mécanique. Il parvient à exprimer la force qui est aussi bien à l'origine du déplacement des planètes que du phénomène des marées ou de la chute des corps. Il s'agit d'une force qui affecte tous les corps (les planètes comme les pommes !) en fonction de leurs masses et de leur distance. Newton la baptise « attraction universelle », ou « force de gravitation ».

Kepler est le premier à montrer que les planètes décrivent des ellipses.

Les conceptions élaborées par Newton permettent d'interpréter simplement les lois de Kepler comme une conséquence de l'attraction universelle. Les mouvements dans le système solaire semblent désormais pouvoir être entièrement décrits et prédits par des équations mathématiques. Pendant les deux siècles suivants, rien ne semblera en mesure de résister à la science de Newton, qui servira de référence aux autres sciences. ■

LE SAVIEZ-VOUS ?

C'est au XVIIe siècle que les premières sociétés savantes commencent à organiser l'activité scientifique selon des modalités modernes. L'Académie des sciences est fondée en France en 1666 à Paris ; son équivalent anglais, la Royal Society, est active à Londres dès 1645. L'Observatoire de Paris est inauguré en 1672 et celui de Greenwich en 1676. En Angleterre, tout cela fonctionne suffisamment bien pour permettre l'éclosion de la physique de Newton. En France, au contraire, une fidélité aveugle à Descartes entrave tout progrès. Il faudra attendre Voltaire, un écrivain et non un scientifique, pour que l'œuvre de Newton franchisse la Manche.

Jean-Dominique Cassini (1625-1712) mathématicien et astronome d'origine italienne, organisa l'Observatoire de Paris à la demande de Colbert.

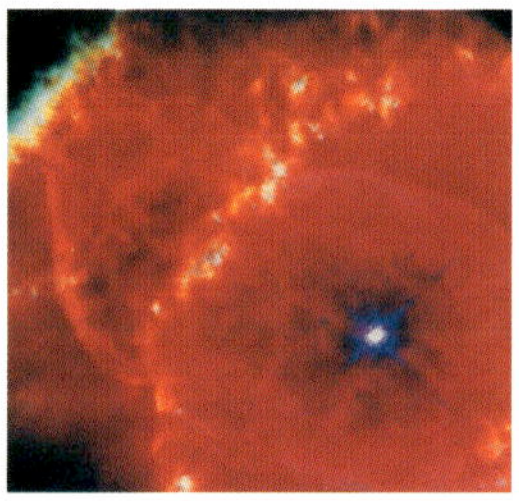

À l'assaut de l'infini

l'astronomie à pas de géant

Le XXe siècle a marqué une prodigieuse accélération des connaissances. Ce n'est plus à une unique révolution astronomique que l'on a affaire, mais à une succession ininterrompue de chamboulements majeurs dans tous les domaines.

Le télescope de William Herschel, installé dans son jardin, près de Windsor, mesurait 7 mètres de long et avait un diamètre de 1,20 m. Herschel fit la découverte d'Uranus en 1781, observa plus de 2500 nébuleuses et entreprit l'étude des orbites de nombreuses étoiles doubles.

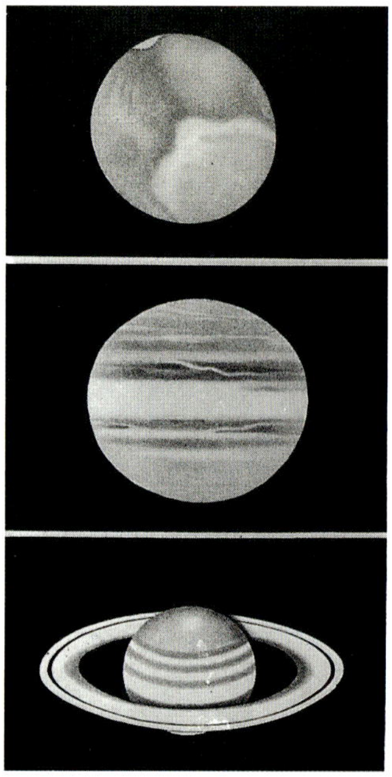

Ces croquis réalisés par William Hershel ont été publiés dans son traité d'astronomie de 1833.

Après Newton, les mouvements des corps du système solaire ont semblé pouvoir être entièrement décrits par les équations de la mécanique céleste. Cette branche de l'astronomie, perfectionnée au XVIIIe siècle par des savants comme Alexis Clairaut (1713–1765), Joseph Louis de Lagrange (1736–1813) ou Pierre Simon de Laplace (1749–1827), a en effet connu des succès éclatants. L'existence de Neptune fut ainsi prédite en 1848 à partir des perturbations de l'orbite d'Uranus. À la fin du XIXe siècle, les astronomes s'enferrent dans l'illusion qu'ils savent l'essentiel sur le système solaire, et qu'ils n'ont plus à espérer que des découvertes mineures. De fait, Pluton, découverte en 1930, et les autres petits objets répertoriés ensuite ne pèsent pas lourd.

> *L'existence de Neptune fut prédite en 1848 car elle perturbait l'orbite d'Uranus.*

Coup sur coup, deux révolutions vont tirer l'étude du système solaire de sa léthargie. D'abord, l'aventure spatiale, qui commence dès le début des années 1960. Des hommes vont sur la Lune et en rapportent des roches. Des sondes automatiques visitent tous les objets importants du système solaire. Une science nouvelle se constitue : la planétologie. À partir de 1995, la découverte de planètes extrasolaires ajoute de fascinantes perspectives à cette discipline effervescente.

Dans les années 1980, l'utilisation de l'informatique conduit à contester tous les acquis de la mécanique céleste. Lorsqu'on essaie de calculer les orbites sur quelques dizaines de millions d'années, elles se révèlent chaotiques, imprévisibles... L'ordre astronomique auquel on croyait depuis toujours apparaît comme éphémère.

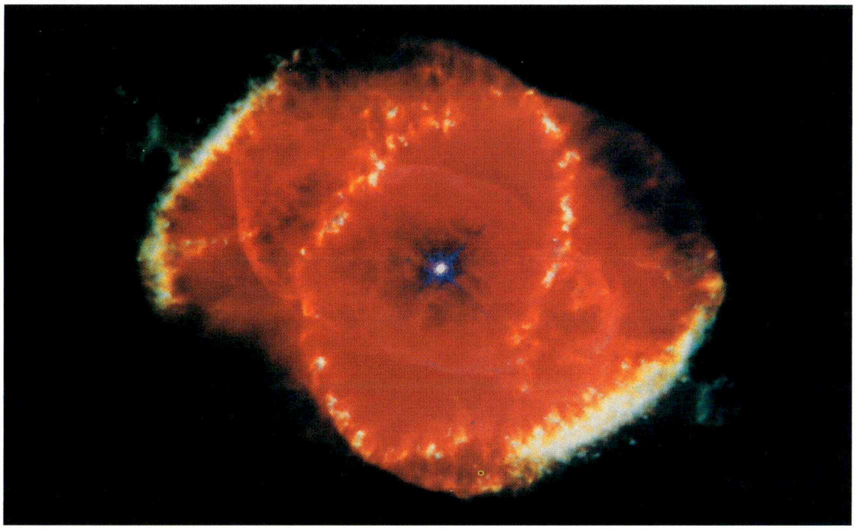

Cette nébuleuse surnommée l'« œil » de chat est la première dont on ait déterminé la constitution chimique par l'analyse de sa lumière.

LE SAVIEZ-VOUS ?

Aujourd'hui, il arrive que l'astronomie abandonne les observatoires traditionnels. Pour échapper à tout rayonnement parasite, des détecteurs se terrent dans d'obscurs tunnels ou dans de profondes mines désaffectées. Dans ces antres inattendus, on traque d'évanescentes particules venues du Soleil ou des tréfonds de l'espace : les neutrinos. En dépit d'une masse excessivement faible, ils pourraient constituer une part non négligeable de la matière sombre.

Les galaxies ne s'éloignent pas réellement les unes des autres : c'est l'espace qui se dilate !

La naissance de l'astrophysique peut être située au milieu du XIXe siècle. Le philosophe Auguste Comte affirmait en 1847 que jamais on ne saurait de quoi sont faites les étoiles, car elles sont trop éloignées pour qu'on puisse les étudier. L'ironie veut qu'à la même époque apparaissent les premières techniques d'analyse de la lumière. Il devient possible de déterminer la nature chimique d'un corps grâce aux caractéristiques de la lumière qu'il émet ou absorbe. Connaître la composition des étoiles cesse d'être une utopie.

Il faudra attendre l'avènement de la physique quantique, après 1900, pour que cette démarche connaisse son véritable essor. La nouvelle physique, enrichie par la relativité d'Einstein, permet de comprendre dès 1923 que ce sont des réactions nucléaires qui fournissent leur énergie aux étoiles.

Les premières mesures de distances d'étoiles sont réalisées en 1838. Restait encore à décider si l'Univers se limite à notre Voie lactée, ou si les « nébuleuses » que l'on commençait à découvrir ne sont pas d'autres systèmes d'étoiles (des galaxies) semblables au nôtre comme le suggèrent Emmanuel Kant ou William Herschel.

Dans les années 1920, rien n'est encore tranché. Vesto Slipher, Edwin Hubble et Milton Humason vont prouver que la plupart des nébuleuses sont bien d'autres galaxies. L'Univers devient alors gigantesque. Les astronomes montrent aussi que ces galaxies s'éloignent de nous d'autant plus vite qu'elles sont distantes. Cette « fuite des galaxies » ne peut se comprendre que dans le cadre de la théorie de la relativité d'Einstein (1915), qui constitue les fondements de la cosmologie moderne. Dans son contexte, les galaxies ne s'éloignent pas réellement les unes des autres, c'est plutôt l'espace qui se dilate. L'Univers est en expansion. En extrapolant, on peut même définir une situation théorique, où l'Univers entier, très chaud et très dense, était concentré en un point unique.

La découverte, en 1964, d'un rayonnement fossile très dilué confirme que l'Univers a bien connu cette phase chaude prévue par la théorie. La date du big bang, de l'explosion originelle, qui permet de définir un âge conventionnel pour l'Univers, est cependant restée longtemps incertaine. Depuis la fin des années 1990, un accord semble s'établir autour de 12 milliards d'années. Cela signifie que les dimensions de l'Univers observable sont de l'ordre de 12 milliards d'années de lumière. Cela ne dit rien de ses dimensions réelles. Est-il fini ou infini ? Depuis 1998, plusieurs résultats accréditent l'image d'un Univers infini dont l'expansion s'accélérerait indéfiniment. ■

GROS PLAN

Les progrès de l'observation astronomique reposent sur la capacité croissante des instruments à révéler des objets faiblement lumineux. L'accroissement de la taille des télescopes a été un facteur déterminant de l'évolution des connaissances. En 1609, Galilée se contentait d'une lunette de 2 cm de diamètre. Aujourd'hui, plusieurs télescopes dépassent les 8 m. Au cours des dernières décennies, l'astronomie a ouvert de nouvelles « fenêtres » sur le ciel. La radioastronomie prend ainsi son essor à partir des années 1950 et une astronomie des hautes énergies (rayonnements ultraviolet, X et gamma) a placé ses instruments en orbite terrestre depuis 1970. Plus récemment, ce sont les détecteurs infrarouges qui révolutionnent l'observation astronomique.

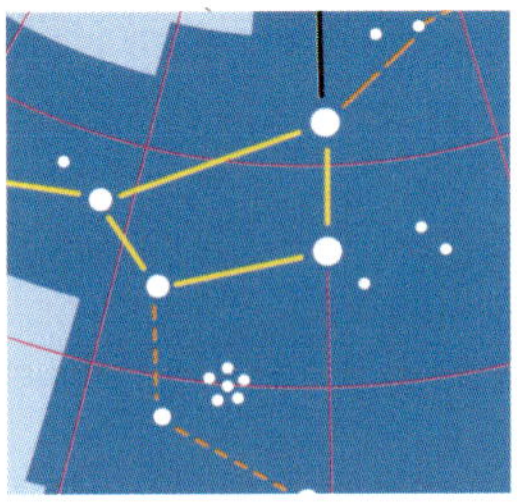

Les constellations

des figures imaginaires dans le ciel

Dans notre inlassable quête d'un sens pour chaque chose, nous avons transformé quelques points lumineux au-dessus de nos têtes en un monde à notre image. Les constellations, c'est tout le charme d'un ciel rêvé.

Sur cette carte de Stanislas Lubienski sont indiquées les positions de la comète de 1665. Les comètes ont commencé à figurer sur les cartes du ciel à partir du moment où l'on a compris qu'elles étaient des objets astronomiques. Galilée, par exemple, pensait encore qu'il s'agissait d'émanations atmosphériques.

Dans l'*Iliade*, Homère décrit la fabrication du bouclier d'Achille par le forgeron divin Héphaïstos. Composé de cinq lames de métal qui rappellent l'étagement du cosmos auquel croyaient les Grecs un millénaire avant notre ère, le bouclier est richement décoré. Le dieu-artisan y représente « *le ciel, la terre, la mer, l'infatigable soleil, et la lune à son plein, toutes les constellations dont le ciel se couronne.* » Et le poète aveugle de mentionner plusieurs noms dont celui de l'Ourse qui, « *tournant sur place en épiant Orion, est seule exempte des bains de l'Océan.* » Une vieille histoire, donc, que celle de nos constellations.

À quelques exceptions près, comme la Grande Ourse, dont les étoiles sont liées de façon plus ou moins lâche par la gravitation, les regroupements observés sur la voûte étoilée n'ont en fait aucune réalité physique. Dues à un effet de perspective, et donc arbitraires du point de vue astronomique, les constellations n'ont pourtant jamais été innocentes du point de vue humain. Cartes et atlas témoignent du long itinéraire d'un imaginaire façonné par les siècles qu'il traverse.

Les constellations sont des regroupements artificiels d'étoiles.

Hipparque, une des têtes d'affiche de l'astronomie à l'époque hellénistique, a établi le premier recensement des constellations reconnues de son temps. Mais nous les connaissons surtout par Ptolémée, l'autre grande figure de l'astronomie alexandrine, qui nous en a transmis 48, au nombre desquelles figurent les 12 constellations du zodiaque, qui s'inscrivent dans la région du ciel où circulent les planètes.

La véritable cartographie céleste, fondée sur la notion de constellation, naît bien plus tard, en 1540, quand Alessandro Piccolomini publie à Venise le premier atlas fondé sur les relevés de Ptolémée. Mais, au

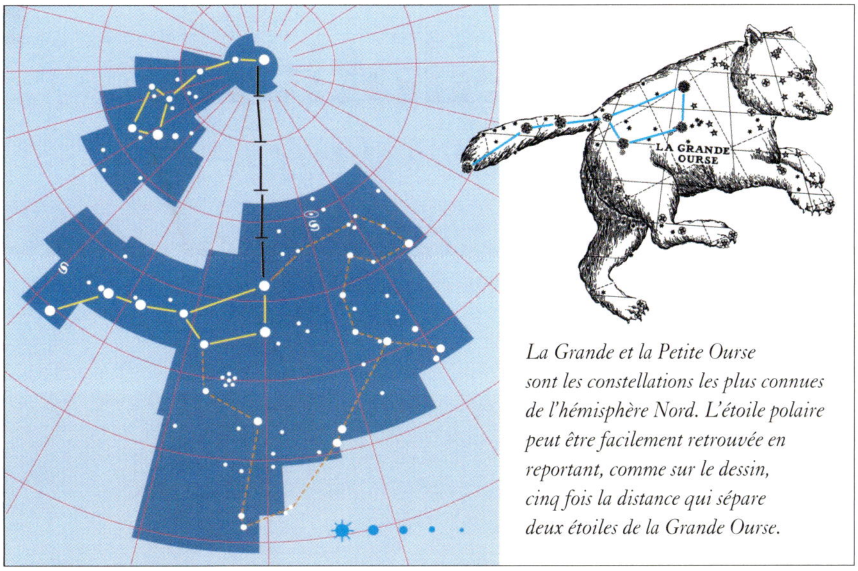

La Grande et la Petite Ourse sont les constellations les plus connues de l'hémisphère Nord. L'étoile polaire peut être facilement retrouvée en reportant, comme sur le dessin, cinq fois la distance qui sépare deux étoiles de la Grande Ourse.

XVIe siècle, les navigateurs rapportent aussi l'existence, dans le ciel austral, d'étoiles non encore répertoriées. On s'empresse alors de les rassembler en constellations nouvelles. Douze font ainsi irruption dans l'Uranometria, publiée en 1603 par l'astronome allemand Johann Bayer. Leurs noms fleurent bon les mers du Sud, comme l'Oiseau de Paradis, le Toucan ou le Poisson volant. La référence mythologique disparaît, mais c'est toujours l'air du temps qui s'exprime…

Après le catalogue de Bayer, qui reproduit en partie celui du grand astronome danois Tycho Brahe, le deuxième atlas important est publié en 1690 par Johannes Hevelius, qui reprend en particulier les relevés des étoiles australes effectués par une autre grande figure de l'astronomie : le Britannique Edmund Halley. On y trouve 11 constellations nouvelles, parmi lesquelles figurent le Lynx, le Petit Lion ou encore l'Écu de Sobieski. Ce dernier nom, donné en hommage au roi de Pologne, apparaît comme une concession à la mode d'une époque qui inventait d'éphémères constellations pour flatter les puissants de ce monde. Le comble de ces petitesses courtisanes fut observé en France, sous Louis XIV, où les atlas du ciel nocturne se voulaient des hymnes au Roi-Soleil !

En 1727, un autre atlas important est publié par John Flamsteed, le fondateur de l'observatoire de Greenwich. Bien qu'il n'introduise aucune constellation nouvelle, sa grande précision en fera pour longtemps le nouveau standard de la cartographie céleste. En 1756, l'abbé Nicolas Louis de La Caille, après un séjour en Afrique du Sud, propose 14 nouvelles constellations, qui se révèlent n'être que des regroupements artificiels d'étoiles peu brillantes. Les noms que l'ecclésiastique français donne à ses créations sont eux-mêmes assez ternes : la Règle, le Burin, la Machine pneumatique, le Fourneau… Chaque fois, il s'agit pour l'astronome de rendre hommage aux sciences de son temps à travers leurs outils. Et c'est encore cette démarche que l'on retrouve dans l'Uranographie de Johann Bode publiée à Berlin en 1801, où figurent un Atelier du Typographe et une Machine électrique à la courte carrière.

> *Sous Louis XIV, les atlas du ciel étaient des hymnes au Roi-Soleil.*

Le très bel ouvrage de Bode clôt l'âge d'or de ces atlas. Désormais, les étoiles ne constituent plus qu'un simple décor de la scène cosmique : elles commencent à être étudiées pour elles-mêmes. Cette rupture avec le passé s'exprime aussi par la parution des premiers atlas à destination des amateurs, dans les années 1830. Progressivement, on renonce aux représentations traditionnelles et on se contente de tracer de simples segments de droites signalant les alignements stellaires remarquables.

En 1922, l'Union astronomique internationale arrête une liste de 88 constellations qui cessent d'être des ensembles d'étoiles et qui représentent désormais des aires de la sphère céleste. Ainsi, l'ordre imaginaire imposé aux étoiles, qui avait commencé par être mythologique, devient désormais géométrique. Il n'en demeure pas moins le reflet de l'époque. Après tout, il n'est pas plus raisonnable de découper au cordeau la voûte étoilée que d'assimiler un groupe d'étoiles à une girafe ! ■

LE SAVIEZ-VOUS ?

Depuis le Haut Moyen Âge, plusieurs tentatives se sont succédé pour christianiser le nom des constellations. La plus marquante a été celle de Julius Schiller, qui, en 1627, a publié un atlas où toutes les constellations se voyaient attribuer un nom tiré des Écritures. À quelques exceptions près, de telles tentatives sont restées infructueuses. Cela n'empêche pas la culture populaire de continuer à voir dans la Voie lactée le « chemin de Saint Jacques »…

CHIFFRES

- Les premiers atlas représentaient les 1028 étoiles du catalogue de Ptolémée. Hevelius en ajoutera 1500, La Caille en recensera 10 000, et Bode 17 000.
- Grâce au satellite astrométrique Hipparcos, les astronomes disposent depuis 1997 d'une base de données consignant la position de plus de 100 000 étoiles.
- Les atlas photographiques (moins précis), comme celui du mont Palomar, contiennent plusieurs dizaines de millions d'étoiles.

Les éclipses

un jeu de cache-cache céleste

Quand un alignement entre la Terre, la Lune et le Soleil a lieu, toutes les conditions sont réunies pour qu'il y ait une éclipse. En fonction de l'ordre dans lequel ces astres sont alignés, c'est le Soleil ou la Lune qui disparaît.

Différentes phases d'une éclipse de Lune. Au moment de la totalité (au centre), la Lune ne disparaît pas complètement. Elle prend une coloration rouge, car une partie des rayons du Soleil sont déviés par l'atmosphère terrestre.

Par un hasard extraordinaire, la Lune a un diamètre 400 fois plus petit que le Soleil et nous est aussi 400 fois plus proche que lui. Elle présente donc le même diamètre apparent, si bien que lorsqu'elle passe exactement entre la Terre et le Soleil, elle peut le cacher totalement. C'est une éclipse totale de Soleil. Si la Lune tournait autour de la Terre rigoureusement dans le même plan que celui de l'orbite terrestre (appelé « plan de l'écliptique »), il y aurait une éclipse de Soleil à chaque fois que la Lune s'interposerait entre le Soleil et nous, c'est-à-dire à chaque nouvelle lune. Mais l'orbite lunaire étant légèrement inclinée (de 5°) par rapport à l'écliptique, une éclipse de Soleil ne se produit que deux fois par an. En outre, toutes les interpositions de la Lune ne donnent pas lieu à des éclipses totales. Il arrive que la Lune ne masque qu'une partie du Soleil, provoquant une éclipse partielle plus ou moins importante.

Les éclipses totales de Soleil ne sont visibles que par une petite fraction des habitants de l'hémisphère éclairé. Cela tient au fait que l'ombre de la Lune projetée sur la Terre a un diamètre qui ne dépasse pas 262 km dans le meilleur des cas. Hors du trajet parcouru par cette ombre sur la surface terrestre, l'éclipse apparaît comme partielle. Le trajet du cercle d'ombre est appelé « bande de totalité ». Seules les personnes situées dans cette bande ont le loisir de voir le Soleil disparaître entièrement, d'assister à la tombée brutale de la nuit en plein jour, d'observer les étoiles les plus brillantes et les planètes présentes dans le ciel ainsi que la flamboyante couronne solaire. En raison de la vitesse de déplacement de l'ombre (au maximum 2196 km/h), la durée de la phase totale d'une éclipse de Soleil ne peut excéder 7 minutes et demi, en un point donné de la bande de totalité.

> *Pendant une éclipse totale de Soleil, l'ombre de la Lune se déplace au sol à plus de 2000 km/h.*

Enfin, étant donné que l'orbite de la Lune autour de la Terre décrit une ellipse, la distance Terre-Lune varie de 350 000 à 400 000 km. Quand la Lune est au plus loin, son diamètre apparent est légèrement plus petit que celui du Soleil. Ainsi, même dans

Lors d'une éclipse totale de Soleil, on peut observer la couronne diffuse qui entoure l'étoile.

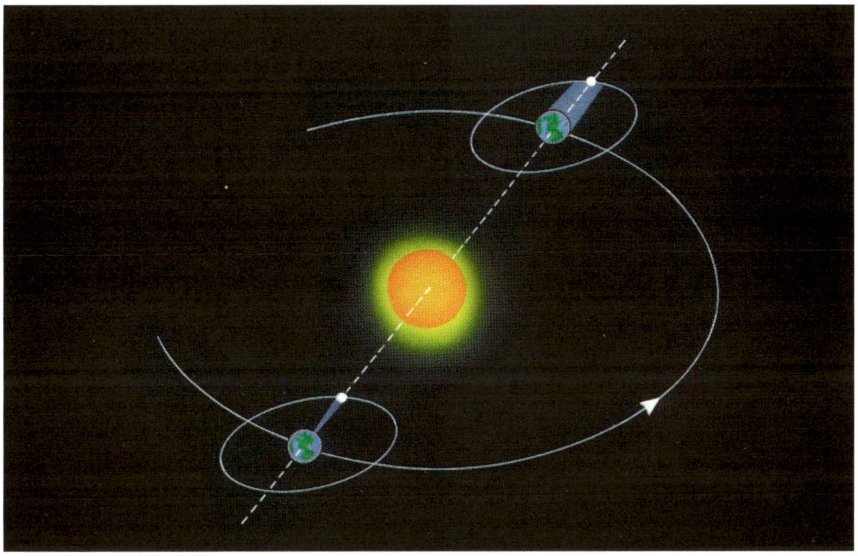

Alignement de la Terre, de la Lune et du Soleil lors des éclipses de Lune et de Soleil. Lors d'une éclipse de Lune (à la pleine lune, en haut), la Lune traverse l'ombre de la Terre. Lors d'une éclipse de Soleil, la Lune (à la nouvelle lune, en bas) s'interpose entre le Soleil et la Terre, masquant le Soleil.

> *Une éclipse totale de Lune ne peut avoir lieu qu'à la pleine lune.*

Bernard Lyot (1897-1952)

Cet astronome français a fait faire des progrès considérables à la connaissance de la couronne solaire et de la chromosphère en mettant au point en 1930 un instrument appelé « coronographe ». Celui-ci provoque des éclipses artificielles offrant la possibilité d'observer la couronne pendant plusieurs heures d'affilée au lieu d'attendre les éclipses totales qui sont rares et éphémères.

le cas d'un alignement parfait, le disque lunaire ne parvient pas à recouvrir entièrement celui du Soleil. Il se produit une éclipse annulaire au cours de laquelle on distingue nettement un anneau de Soleil tout autour de la Lune au moment du maximum de l'éclipse.

Les éclipses de Lune se produisent lorsque la Lune passe dans le cône d'ombre de la Terre. Elles sont donc observables par tous les habitants de la partie du globe terrestre plongé à ce moment-là dans la nuit. L'alignement doit donc être le suivant : Soleil-Terre-Lune. Comme dans le cas des éclipses de Soleil, le phénomène n'a pas lieu lors de chaque pleine lune, toujours à cause de l'inclinaison de l'orbite de la Lune par rapport à l'écliptique. Pour cette même raison, les éclipses de Lune ne sont pas systématiquement totales. En fait, il existe trois types d'éclipses de Lune : totale, partielle et « par la pénombre ».

Dans le premier cas, la Lune passe tout entière dans l'ombre de la Terre. Le diamètre apparent de l'ombre terrestre étant bien supérieur à celui de la Lune, notre satellite naturel peut être totalement masqué par l'ombre. Tous les observateurs situés sur l'hémisphère de la Terre plongé dans la nuit peuvent observer ce spectacle qui dure de quelques secondes à 1 h 45 min. Cependant, même durant la phase de totalité, la Lune ne disparaît jamais complètement. Ceci tient au fait que l'atmosphère qui entoure la Terre dévie une partie des rayons lumineux du Soleil vers la Lune et lui donne un aspect rougeâtre. À cet instant, vue de la Lune, la Terre se présente sombre et entourée d'un mince anneau rouge.

Dans le cas d'une éclipse partielle de Lune, seule une partie de notre satellite est assombrie par l'ombre terrestre. Enfin, les éclipses par la pénombre, très difficiles à percevoir, sont celles qui se produisent lorsque la Lune passe tout près de l'ombre de la Terre, dans une zone où la Terre éclipse partiellement le Soleil. ■

LE SAVIEZ-VOUS ?

Il y a toujours deux éclipses de Soleil par an. Dans le même temps, la Lune s'éclipse de deux à cinq fois. Par conséquent, chaque année, il se produit au minimum quatre éclipses (deux éclipses de Soleil et deux éclipses de Lune) et au maximum sept éclipses (deux éclipses de Soleil et cinq éclipses de Lune).

DATES

- En 3784 avant notre ère eut lieu en Inde la plus ancienne éclipse de Soleil dont il a été fait mention.
- Le 11 août 1999 eut lieu la dernière éclipse totale de Soleil du XXe siècle.
- Prochaines éclipses totales de Soleil et lieux de visibilité :
  – 21 juin 2001, Madagascar
  – 14 décembre 2001, Amérique centrale, océan Pacifique
  – 10 juin 2002, océan Pacifique
  – 31 mai 2003, Groenland
  – 23 novembre 2003, Antarctique
- Prochaines éclipses totales de Lune entièrement visibles en Europe :
  – 9 janvier 2001
  – 9 novembre 2003
  – 28 octobre 2004
  – 3 mars 2007
  – 21 février 2008

La division du temps

saisons et mouvements des astres

Les calendriers donnent une image cyclique du temps scandé par le rythme des révolutions astrales. Sans que nous y prêtions guère attention, les rendez-vous de notre vie sociale continuent de suivre des règles astronomiques.

Les civilisations anciennes auxquelles on prête une grande tradition astronomique (Babyloniens, Chinois, Mayas) ne se préoccupaient guère de la nature des astres. Leur astronomie visait seulement à déchiffrer la signification que pouvaient donner les phénomènes célestes à la vie des hommes.

Aussi loin que l'on remonte dans la mémoire de l'humanité, les civilisations s'appliquent à découvrir un ordre auquel elles attachent une valeur supérieure. Elles relient cet ordre à un ordre humain par l'entremise de ces systèmes de décompte du temps que sont les calendriers. L'homme croit agir plus efficacement s'il met ses actes au diapason des rythmes cosmiques.

En 1582, on est passé directement du jeudi 4 octobre au vendredi 15 octobre !

Partout, on se représente le temps comme une succession de perpétuels recommencements scandés par la course des astres. Les calendriers sont des points d'ancrage des rythmes de la vie sociale, mais aussi des valeurs et des représentations propres à chaque culture. D'un point de vue pratique, leur réalisation est assez simple. Tous les calendriers fondés sur des cycles astronomiques (le plus souvent ceux de la Lune et du Soleil) se heurtent à la même difficulté : les années ne comptent pas un nombre entier de lunaisons, et ni les années ni les lunaisons ne comptent un nombre entier de jours. Ce problème possède une infinité de solutions dont, en pratique, quelques centaines ont été explorées. Ceci explique la variété des calendriers en usage au cours de l'histoire.

L'idée consiste à adopter une durée conventionnelle du mois ou de l'année comptant un nombre entier de jours, proche de la lunaison ou de l'année solaire. Puis à ajouter ou retrancher épisodiquement un jour à l'année ou au mois conventionnels. Leur valeur moyenne se rapprochera ainsi de la durée réelle du cycle astronomique considéré.

Les différents calendriers se distinguent par les cycles astronomiques auxquels ils se réfèrent (lunaires, solaires ou luni-solaires dans le cas des calendriers juif et chinois), par les règles d'ajout ou de suppression de jours, ainsi que par la date choisie comme origine du décompte. Les musulmans, par exemple, règlent

Le mois de septembre représenté dans les « Très riches heures du duc de Berry » ou « Les vendanges au pied du château de Saumur ». À la fin du Moyen Âge, les livres d'heures organisaient les activités humaines en fonction des fêtes religieuses et des cycles astronomiques.

Les Gaulois utilisaient un calendrier complexe fondé sur les cycles lunaires et solaires. Les seules connaissances que l'on en ait proviennent des écrits de Jules César et de fragments découverts dans le lac d'Antre (Jura) et à Coligny (Ain) [ci-contre].

Le calendrier musulman est rythmé par les cycles lunaires.

leur vie rituelle sur les cycles de la Lune. Les mois commencent avec l'observation du premier croissant après la nouvelle lune et sont donc de longueur variable et imprévisible. En pratique, les calendriers musulmans font alterner, sur une année de 12 mois, les mois de 29 et de 30 jours. Cela correspond à une année de 354 jours et à un mois lunaire moyen plus court de 44 minutes par rapport à la durée astronomique de la lunaison. On résorbe ce retard par l'ajout de 11 jours répartis sur un cycle de 30 ans. Les années qui comptent ainsi 355 jours, au lieu de 354, sont appelées « abondante ». Les divers calendriers musulmans diffèrent par la date fixée pour origine (jour de l'émigration du Prophète à Médine, le 16 juillet 622, ou lendemain de ce jour) et par la position des années abondantes dans le cycle de 30 ans.

Le calendrier julien, instauré en 45 avant notre ère par Jules César, et dont le calendrier civil actuel est l'héritier, fixe la durée de l'année à 365 jours, soit six heures de moins que l'année solaire. Mais si l'on adopte la règle selon laquelle on ajoute un jour à une année sur quatre (année bissextile), la durée moyenne de l'année devient 365,25 jours.

Au fil des siècles, on remarque une lente dérive des dates par rapport à l'équinoxe de printemps. Au VIe siècle, on croit à une erreur et l'on se contente de décaler les dates de quelques jours. On en profite aussi pour décider que l'origine du calendrier sera désormais la date supposée de la naissance du Christ et non plus celle de la fondation de Rome. Les astronomes finissent par comprendre l'origine de la dérive : la durée de l'année julienne est trop longue.

Sous l'impulsion du pape Grégoire XIII, on supprime donc, en 1582, les dix jours d'avance que le calendrier julien a pris sur les astres (on passa directement du jeudi 4 octobre au vendredi... 15 octobre !). Pour affiner la correction, on établit une nouvelle règle pour supprimer certaines années bissextiles : les années se terminant par 00 ne sont considérées comme bissextiles que si elles sont divisibles par 400. Ainsi, les années 1700, 1800 et 1900 ne sont pas bissextiles ; en revanche, les années 1600 et 2000 le sont. Cette correction instaure le calendrier grégorien, dont l'année dure 365,2425 jours. Très précis, celui-ci est largement adopté aujourd'hui pour régler la vie civile. ■

LE SAVIEZ-VOUS ?

Le 23 avril 1616 est une date funeste pour la littérature, puisque c'est celle de la disparition de Cervantès et de Shakespeare. Pourtant, les deux écrivains ne sont pas morts le même jour. Explication : la catholique Espagne a adopté le calendrier grégorien dès 1582, alors que l'Angleterre – anglicane – attendra 1752. Ainsi, pendant 170 ans, les dates anglaises affichent dix jours de retard par rapport aux dates du reste de l'Europe ! Selon le calendrier grégorien, Shakespeare serait ainsi mort le 13 avril 1616.

MOTS-CLÉS

- L'**année solaire** peut répondre à plusieurs définitions. La plupart des calendriers solaires adoptent l'année tropique, qui est l'intervalle entre deux équinoxes de printemps, soit 365 jours 5 heures et 48 minutes.
- L'**année sidérale** est définie entre deux passages consécutifs du Soleil par un même point de la sphère céleste. Elle dure 365 jours 6 heures et 9 minutes, et est à la base de certains calendriers africains.
- La **lunaison** est l'intervalle entre deux nouvelles lunes. Sa durée, très variable d'un cycle sur l'autre, vaut en moyenne 29 jours 12 heures et 44 minutes.

GROS PLAN

Les rituels reposent sur l'idée qu'un geste doit être exécuté à un moment déterminé, d'où l'importance des calendriers ! Dans de nombreuses sociétés, on accomplit des cérémonies au cours de la nuit la plus longue de l'année (solstice d'hiver) afin de relancer la course du Soleil. Celui-ci étant supposé commander à la pluie et à la fertilité, on assure ainsi le renouveau de la végétation. Dans l'Amérique précolombienne, c'est plutôt Vénus que l'on investissait de ce pouvoir. Cela avait conduit à établir un calendrier original pour régler la vie agricole et religieuse, rythmé par les phases de Vénus.

Cartes du ciel

la ronde des constellations

Ces deux cartes représentent la totalité de la sphère céleste : l'hémisphère Nord (à gauche) et l'hémisphère Sud, ou austral (à droite).

La rotation de notre planète autour de son axe explique le mouvement d'ensemble de la sphère céleste au cours de la nuit. Après un tour complet de notre globe, les étoiles et les constellations ne se retrouvent pas à la même position que la veille. En 24 heures, notre planète parcourt en ef-

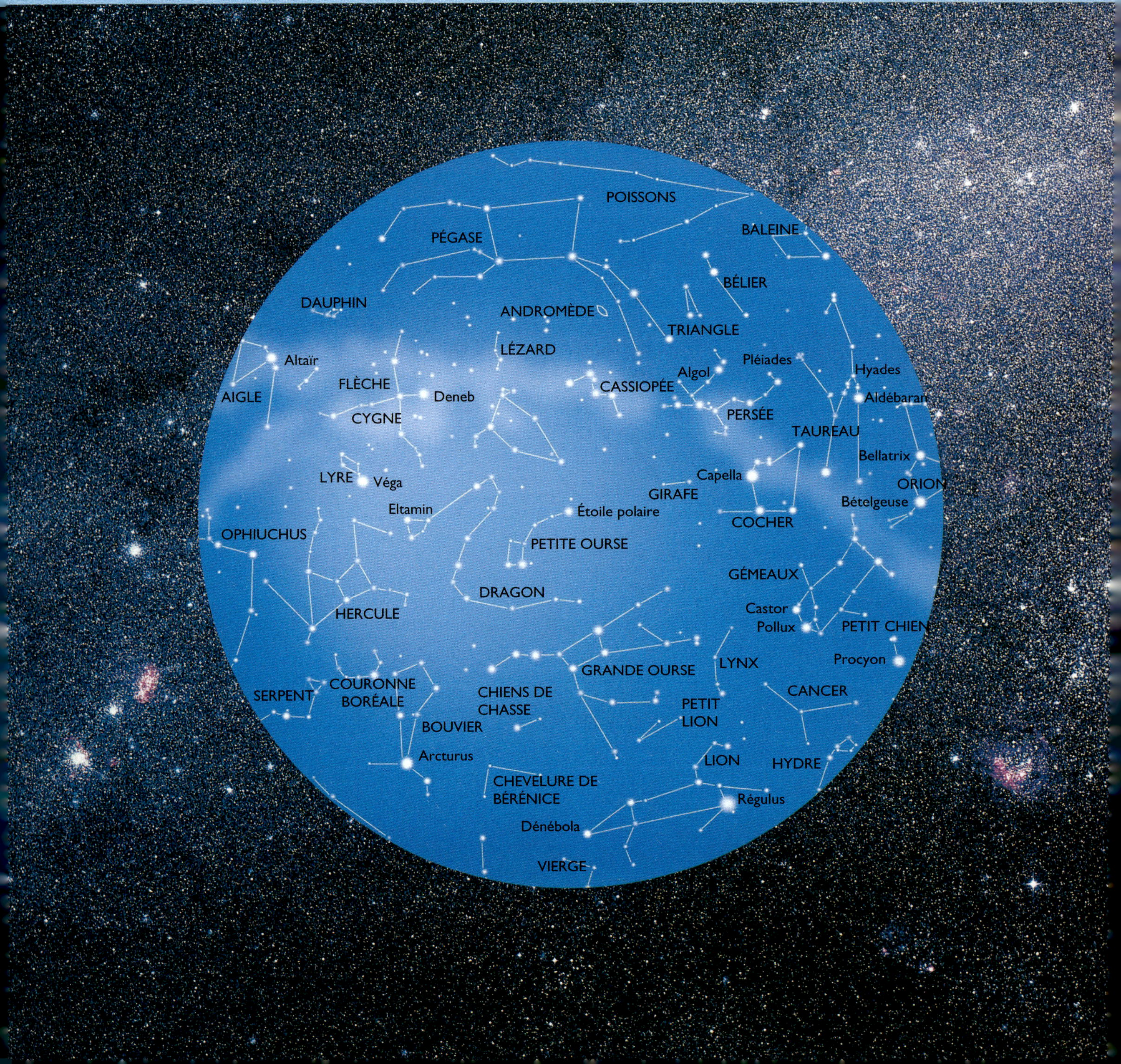

fet une portion de son orbite autour du Soleil. Les levers et couchers des étoiles retardent ainsi chaque jour de 4 minutes. Il faut attendre une révolution complète de la Terre autour du Soleil, soit un an, pour que les étoiles retrouvent la même position.

Certaines étoiles ou constellations ne sont visibles qu'à certaines heures ou certaines saisons. En hiver, au milieu de la nuit, on pourra admirer Orion. Au printemps, on contemplera plutôt la constellation du Lion. L'été sera la saison favorable à l'observation d'Hercule et du Sagittaire. En automne, ce sera le tour de Pégase...

La visibilité des astres dépend aussi de la latitude à laquelle se trouve l'observateur. Au pôle Nord comme au pôle Sud, aucune étoile ne se lève ni ne se couche. En revanche, à l'équateur, toutes les étoiles défilent pendant l'intervalle de 24 heures. Aux latitudes intermédiaires, leur visibilité dépend de leur distance des pôles célestes. Les astres les plus proches des pôles restent visibles toute l'année : on les qualifie de « circumpolaires ».

À la latitude de Paris, c'est le cas des constellations de la Grande et de la Petite Ourse. Plus on s'éloigne des pôles célestes, plus la durée de visibilité est courte. Le Cygne est présent dans le ciel presque toute l'année, alors que le Scorpion, par exemple, ne se montre qu'en été. ■

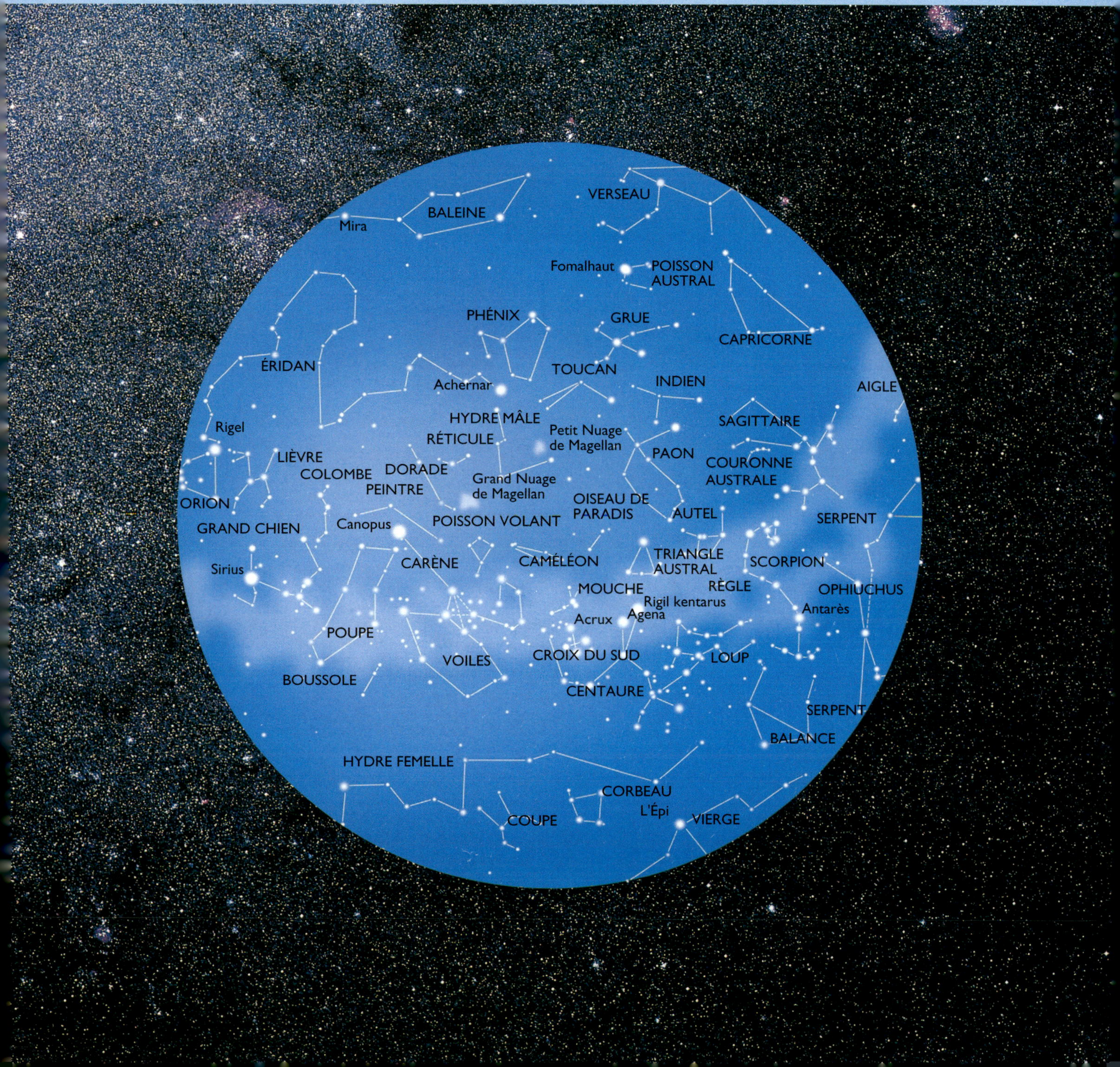

Messages de la lumière

déchiffrer le langage des astres

Nous connaissons les objets célestes principalement par l'analyse de leurs rayonnements, et notamment de leur lumière. Cette analyse permet d'évaluer la température, la composition chimique et la vitesse de l'astre étudié.

La nébuleuse de la lagune vue par Hubble est un vaste nuage d'hydrogène et de poussières illuminé par le regroupement d'étoiles jeunes très chaudes.

La lumière blanche qui nous parvient du Soleil est en réalité un mélange de rayonnements composé de multiples couleurs : celles que révèlent un prisme ou un arc-en-ciel. Ce flamboiement multicolore est aussi émis par les astres qui parsèment l'Univers, et peut être étudié, plutôt qu'avec un simple prisme, à l'aide d'un spectroscope ou un spectrographe. Il s'agit de dispositifs optiques dans lesquels la lumière à analyser pénètre par une fente. L'image de celle-ci est projetée sur un film photographique (ou sur un autre récepteur) et s'étale, se disperse, pour laisser apparaître les différentes couleurs qui composent la lumière. Le résultat obtenu forme ce que l'on appelle un « spectre ». Des détecteurs appropriés peuvent analyser des rayonnements invisibles à l'œil. Ces rayonnements ont des longueurs d'onde qui s'étendent de part et d'autre du spectre visible. Ainsi, au-delà du rouge, on rencontre les rayonnements infrarouge et radio ; au-delà du bleu, on a affaire aux rayonnements ultraviolet, X et gamma.

Tous ces rayonnements sont dits « électromagnétiques ». Ils sont véhiculés par une particule, le photon, que l'on pourra décrire soit comme un corpuscule (un infime grain de matière), soit comme une onde. Dans le premier cas, on se réfère à un petit corps porteur d'une énergie bien précise. Dans le second, le photon est caractérisé par sa longueur d'onde. On peut ainsi dire indifféremment qu'un photon transportant une certaine énergie est un photon d'une certaine longueur d'onde. Quant aux couleurs, elles correspondent à notre perception d'une gamme de rayonnements appartenant au domaine visible. Dans cet intervalle, plus une composante lumineuse est énergétique, plus sa longueur d'onde est petite et plus elle tend vers les bleus. À l'inverse, moins elle transporte d'énergie, plus sa longueur d'onde est grande, et plus elle tend vers les rouges. Les rayonnements infrarouge et radio correspondent ainsi à des ondes plus longues et plus faiblement énergétiques que la lumière visible. Les rayonnements ultraviolet, X et gamma sont, pour leur part, des rayonnements de très petite longueur d'onde et d'énergie élevée.

La couleur d'une étoile informe sur sa température et sur sa masse.

La lumière du Soleil et des étoiles provient essentiellement de la surface ou des régions périphériques de

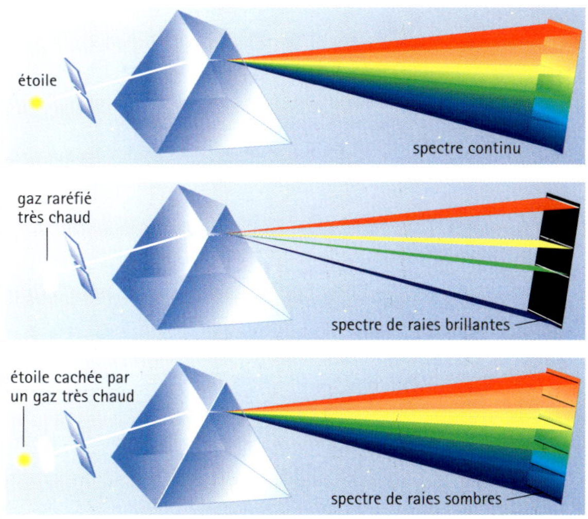

Un spectre décompose la lumière blanche provenant d'une étoile et la disperse en bandes colorées.

Quand un gaz chaud émet de la lumière, il produit des raies de couleur brillantes caractéristiques de sa composition chimique.

Placé devant la source lumineuse, le gaz absorbe les longueurs d'onde caractéristiques de sa nature et produit des raies sombres.

LE SAVIEZ-VOUS ?

Un corps chauffé à la température à 9000 degrés émet essentiellement un rayonnement vert. Les étoiles dont la surface est portée à cette température devraient donc sembler vertes. Or, nous n'en observons jamais aucune de cette couleur. Pourquoi ? Parce que notre système visuel est trompé par les rayonnements rouges et bleus qui accompagnent la lumière verte. Résultat, nous mélangeons tout, et les étoiles vertes nous apparaissent blanches...

l'astre. Elle traduit l'émission dans l'espace de l'énergie produite dans le cœur de l'étoile. Les étoiles émettent l'essentiel de leur rayonnement dans le domaine de la lumière visible. Les corps froids comme les poussières interstellaires ou les planètes, placées sous les feux des étoiles, émettent un rayonnement infrarouge dit « thermique ».

Le domaine de longueurs d'onde dans lequel un astre rayonne est donc le premier message que nous transmet sa lumière. Il informe sur sa température. La lumière émise par les gaz dilués, comme ceux que l'on rencontre dans les nuages interstellaires ou dans l'atmosphère des étoiles, fournit d'autres renseignements utiles. Lorsque l'on analyse la lumière d'une étoile, un ensemble de fines raies sombres hache le spectre continu des couleurs. Ces raies – des images de la fente du spectroscope qui se forment sur la surface où est projetée la lumière – correspondent aux lacunes,

> *Les corps froids, comme les poussières ou les planètes, rayonnent dans l'infrarouge.*

c'est-à-dire aux longueurs d'onde interceptées par les atomes de gaz présents dans l'atmosphère de l'astre, ainsi que par ceux de notre atmosphère. Chaque atome de gaz peut être considéré comme une sorte de petit réservoir électromagnétique, qui autorise l'entrée ou la sortie de paquets d'énergie bien définis – et donc de longueurs d'onde bien précises – selon la nature du gaz. Par exemple, les atomes d'hydrogène absorbent le rayonnement de 21 cm de longueur d'onde, car, au sein de l'atome d'hydrogène, il existe un saut électronique qui absorbe et requiert exactement l'énergie fournie par cette longueur d'onde. Les longueurs d'onde qu'un atome donné est susceptible d'émettre ou d'absorber forment ainsi un système de raies unique, qui l'identifie sans équivoque, comme le ferait un code-barres. Les raies sombres d'un spectre renseignent donc sur la nature du gaz qui est sur le trajet d'un rayonnement lumineux. On peut en tirer les mêmes conclusions quand les atomes émettent de la lumière au lieu d'en absorber. C'est le cas par exemple des nébuleuses diffuses, dont le spectre présente des raies brillantes.

Une autre information peut être déduite du spectre des astres : leur vitesse. On met ici à profit un phénomène appelé l'« effet Doppler ». Une même onde nous paraîtra plus longue si sa source s'éloigne de nous, et plus courte si elle se rapproche. On estime ainsi la vitesse des astres autour de notre galaxie et dans les galaxies voisines, en analysant l'étirement ou le raccourcissement du spectre qu'ils émettent. De la même façon, le décalage vers le rouge ou « rougissement » de la lumière provenant des galaxies lointaines permet de conclure à leur éloignement, donc à la dilatation de l'espace qui nous en sépare. ■

Annie Jump Cannon
(1863–1941)

Formée aux mathématiques, à la physique et à l'astronomie, cette Américaine, fille de sénateur, décrochera, en 1896, un poste à l'université Harvard, où elle consacrera des années à décrire et classer 350 000 spectres stellaires, jetant ainsi les bases d'une classification des étoiles toujours en usage.

MOTS-CLÉS

- Le **spectre électromagnétique** d'un objet, c'est l'ensemble des rayonnements électromagnétiques qu'il émet, l'ensemble des longueurs d'onde.
- Une **raie spectrale** est une interruption du spectre électromagnétique en raison de l'absence d'une longueur d'onde. Cette lacune indique souvent la présence d'un élément chimique (celui-ci absorbe une longueur d'onde précise).

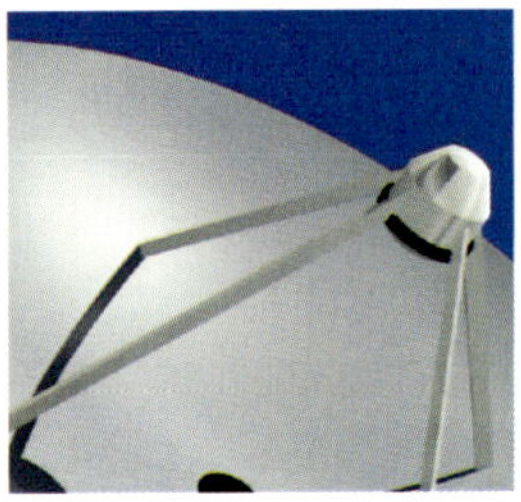

À l’écoute de l’Univers

les ondes radio de l’espace

La radioastronomie est l’étude des ondes radio émises par les astres. De grande longueur d’onde et de faible énergie, ces rayonnements de l’espace ont pu être étudiés grâce au perfectionnement des radars.

Ces paraboles sont celle d’un projet d’une série de radiotélescopes devant être construits sur le plateau d’Atacama, au nord du Chili. Il s’agit du projet ALMA (Atacama Large Millimeter Array) de l’ESO (European Southern Observatory).

L’atmosphère terrestre intercepte une grande partie des rayonnements en provenance des astres. Depuis le sol, les observations ne peuvent s’effectuer convenablement que dans deux domaines du spectre électromagnétique. Les longueurs d’onde comprises entre 0,3 et 1 micromètre (µm) constituent la première de ces « fenêtres » optiques. Elle autorise le passage des rayonnements visibles (0,4 à 0,7 µm), du proche ultraviolet (0,3 à 0,4 µm) et du proche infrarouge (0,7 à 1 µm). La seconde fenêtre ouverte sur l’espace laisse passer les longueurs d’onde comprises entre quelques millimètres et une quinzaine de mètres, ce qui correspond à une partie du domaine des ondes radio.

Les ondes radio ont permis de découvrir les quasars et les pulsars.

Les ondes radio et la lumière visible sont en réalité de même nature. Ce sont des rayonnements électromagnétiques qui ne diffèrent que par leur longueur d’onde ou par l’énergie de leurs photons. Leur détection requiert cependant des moyens techniques différents. L’astronomie optique met essentiellement à profit l’aspect corpusculaire des photons, car, à ces longueurs d’onde, les photons possèdent suffisamment d’énergie pour interagir avec le matériau des détecteurs. Au-delà d’un seuil situé à des longueurs d’onde légèrement inférieures au millimètre, les photons ne

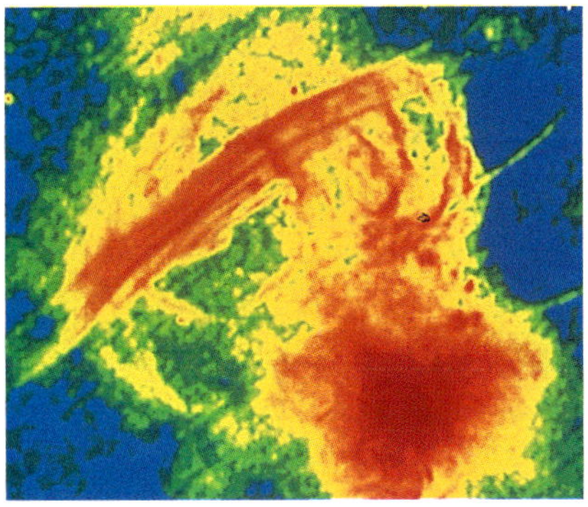

Les ondes radio ont révélé de gigantesques flots d'énergie cachés au centre de la Voie lactée.

> *Les ondes radio ont révélé plus d'une centaine de molécules interstellaires.*

transportent plus assez d'énergie pour être détectés comme des corpuscules. C'est leur aspect ondulatoire qui est mis à profit, et notamment leur capacité à faire vibrer les électrons d'un matériau conducteur. Cette fois, le récepteur sera construit autour d'une antenne.

La radioastronomie a longtemps occupé une place privilégiée aux côtés de l'astronomie optique. Son émergence date des années 1930. Mais il a fallu attendre que la technologie des radars développée durant la Seconde Guerre mondiale lui apporte la capacité de détecter des signaux faibles pour que la radioastronomie prenne son véritable essor. Ainsi, la première génération de grands radiotélescopes date seulement des années 1950. Elle sera suivie d'une avalanche de découvertes.

À commencer par celle du rayonnement radio des planètes, qui est pour partie le prolongement, vers les grandes longueurs d'onde, de leur rayonnement thermique dans l'infrarouge, et pour partie le résultat de la rencontre du vent solaire avec leur champ magnétique. Une situation courante en astronomie, et qui a permis la découverte de nouveaux objets célestes, tels que les radiogalaxies (1953), les quasars (1960) et les pulsars (1967). La détection en 1964 du rayonnement thermique émis par l'Univers à ses débuts a également contribué à la gloire de la radioastronomie. Les théoriciens ont vite compris qu'ils tenaient un excellent argument en faveur de l'hypothèse du big bang.

Moins spectaculaire, mais tout aussi fécond, a été l'accès offert par les radiotélescopes aux phénomènes de très basse énergie. Ainsi, les immenses nuages d'hydrogène froids qui peuplent notre galaxie ne sont-ils détectables que lorsqu'on les observe à la longueur d'onde de 21 cm, caractéristique de l'hydrogène. C'est en recherchant ainsi les nuages d'hydrogène de la Voie lactée que l'on a pu mettre en évidence sa forme spirale.

La radioastronomie a également permis, dès le début des années 1970, de prendre conscience de l'époustouflante richesse chimique du milieu interstellaire. Comme les atomes simples, les molécules absorbent et émettent de l'énergie par paquets. Le spectre des rayonnements qu'elles émettent ou absorbent se caractérise alors par des suites de raies et de bandes autorisant l'identification de la molécule.

Mais les molécules de l'espace ne peuvent se former que dans un milieu relativement froid. C'est dans le domaine des basses énergies, notamment des ondes millimétriques et centimétriques, qu'elles se signalent de préférence. À ce jour, une centaine de molécules interstellaires différentes, parfois simples comme le monoxyde de carbone (CO) ou l'acide cyanhydrique (HCN), parfois complexes (CH_3C_4H ou $HC_{11}N$), ont ainsi été détectées.

À partir des années 1980, le traitement informatique des signaux recueillis par les radiotélescopes a permis de produire des « images radio » du ciel. La maîtrise des techniques interférométriques (combinaison des signaux provenant de plusieurs antennes) a favorisé l'émergence d'une nouvelle génération de radiotélescopes à plusieurs antennes.

Malgré ces progrès, la radioastronomie a cependant quitté aujourd'hui le devant de la scène, car l'arrivée à maturité de l'astronomie spatiale a ouvert la fenêtre des hautes énergies (rayonnements X et gamma) et révélé les phénomènes violents de l'Univers. Quant à l'astronomie infrarouge, qui connaît un prodigieux développement depuis 1990, elle est un balcon sur l'Univers froid au même titre que la radioastronomie. Désormais, le ciel est accessible dans sa proliférante diversité : toutes les fenêtres sont grandes ouvertes. ■

Karl Jansky (1905–1950)

Pionnier de la radioastronomie, cet ingénieur a découvert par hasard, en 1931, le rayonnement radio en provenance de la Voie lactée, alors qu'il tentait de découvrir, pour le compte d'une compagnie téléphonique américaine, l'origine de certains parasites dans les communications transatlantiques.

LE SAVIEZ-VOUS ?

Les grandes dimensions des radiotélescopes – ils atteignent souvent plusieurs dizaines de mètres de diamètre – rappellent que les signaux radio en provenance des objets célestes sont excessivement faibles. La totalité de l'énergie reçue par l'ensemble des radiotélescopes du monde depuis leur construction est comparable à celle déposée par un pinson sur la branche où il se pose ! Un simple téléphone portable oublié sur la Lune en ferait la source radio la plus « brillante » du ciel…

MOTS-CLÉS

- Les **radiogalaxies** sont des galaxies qui présentent une émission radio anormalement forte.
- Les **quasars** sont des noyaux de galaxie très brillants.
- Les **pulsars** sont des étoiles à neutrons qui éjectent un fin pinceau d'ondes radio.

Les télescopes

de multiples fenêtres sur l'Univers

Les astronomes, pour qui la lumière n'est qu'un rayonnement parmi d'autres, disposent d'autant d'instruments qu'il existe de rayonnements différents. Certains sont placés au sol et d'autres dans l'espace.

Les quatre télescopes européens du VLT (Very Large Telescope) sont situés au sommet du cerro Paranal (2640 m d'altitude), au Chili. Le dernier a été achevé à la fin de l'année 2000.

Pendant des millénaires, les astronomes n'ont eu que leurs yeux pour scruter le ciel. En 1609, Galilée révolutionne l'observation du ciel en pointant pour la première fois une lunette vers les étoiles et les planètes. Malgré ses modestes performances, la lunette de 3 cm de diamètre permet à Galilée de voir les cratères de la Lune, les phases de Vénus, les satellites de Jupiter et de décomposer la Voie lactée en milliers d'étoiles.

En 1668, Isaac Newton met au point un nouveau genre d'instrument dans lequel les miroirs remplacent les lentilles : le télescope. Mais à cause du faible pouvoir réfléchissant des miroirs en bronze, les lunettes resteront majoritairement utilisées jusqu'à l'aube du XXe siècle.

> *C'est Isaac Newton qui, en 1668, invente le principe du télescope.*

Avec l'entrée en service, en 1917, du télescope de 2,5 m de diamètre du mont Wilson (États-Unis), les télescopes prennent l'avantage sur les lunettes, dont le diamètre ne peut excéder un mètre en raison du poids du verre qui déforme les lentilles.

En 1948, une limite technique semble atteinte avec le télescope de 5 m de diamètre du mont Palomar (États-Unis) : au-delà de cette taille, les miroirs sont si épais et ont des masses si imposantes qu'il devient impossible de fabriquer des montures assez fortes pour les soutenir. En dépit de ses 6 m de diamètre, le télescope russe de Zelentchouk n'est jamais parvenu à la hauteur des performances que l'on pouvait attendre de lui, en raison notamment d'une optique de mauvaise qualité…

Heureusement, à l'aube des années 1990, deux nouvelles techniques permettent d'entreprendre la

Mise en place d'Hubble en orbite terrestre.

construction de miroirs de 8 à 10 m de diamètre. La première, choisie par les Américains, consiste à assembler plusieurs petits segments pour obtenir un grand miroir. Ainsi est conçu le plus grand télescope du monde, le Keck (10 m), à Hawaii en 1991. Les Européens et les Japonais optent pour une autre solution. Elle consiste à fabriquer un grand miroir très mince (environ 20 cm d'épaisseur) d'un seul bloc, dont la courbure est constamment contrôlée par des dizaines de vérins placés au dos. Une technique dont bénéficient les quatre télescopes de 8,2 m de diamètre du Very Large Telescope, sur le cerro Paranal, au Chili. En 2004, les faisceaux lumineux recueilllis par ces quatre géants seront progressivement recombinés entre eux de façon à former un interféromètre optique. L'ensemble permettra d'atteindre une résolution correspondant à celle d'un télescope unique de 230 m de diamètre !

Ces progrès sont spectaculaires, mais il y a des limites insurmontables. L'atmosphère fait office d'écran et seule une infime partie des rayonnements émis par les astres parvient au sol : la lumière visible, celle du Soleil et des étoiles, et une partie des ondes radio. En revanche, les rayonnements infrarouge, ultraviolet, X ou gamma sont irrémédiablement bloqués, renvoyés ou absorbés par l'atmosphère.

Avec ses 4 télescopes de 8,2 m de diamètre, le VLT équivaut à un télescope de 230 m de diamètre.

Les astronomes ont donc placé en orbite terrestre un grand nombre de satellites qui observent le ciel dans toutes les longueurs d'onde du spectre électromagnétique : c'est la naissance de l'astronomie dite spatiale. Paradoxalement, le plus connu de tous est le télescope spatial Hubble, qui opère essentiellement dans le domaine de la lumière visible...

Lancé en 1990, il tourne autour de la Terre à 600 km d'altitude, échappant ainsi au brouillage causé par les turbulences atmosphériques. Résultat : en dépit de ses 2,40 m de diamètre, Hubble parvient à voir des détails plus fins qu'aucun autre instrument situé au sol.

Mais l'astronomie spatiale est née bien avant lui. Dès 1946, des instruments placés à bord d'une fusée V2 lancée au-dessus de l'atmosphère détectent l'émission de rayons X par le Soleil. Dans les années 1970, les astronomes découvrent de nouveaux objets tels que les binaires X à éclipses, les pulsars, les galaxies actives, les quasars et les amas de galaxies à l'aide des satellites Uhuru et HEAO. Et l'existence des trous noirs a été mise en évidence grâce aux données transmises par des satellites sensibles aux rayons X.

Plus énergétiques encore que les rayons X, les rayons gamma venus de l'espace ont été découverts par hasard en 1967, par un satellite militaire américain qui avait pour mission de surveiller les essais nucléaires atmosphériques soviétiques (une explosion atomique libère des rayons gamma). Il est rapidement apparu que le nombre de flashs gamma reçus par le satellite – soit un par jour ! – ne pouvait correspondre au nombre d'essais atomiques. Pendant plus de 30 ans, les flashs enregistrés demeureront un mystère total jusqu'à ce qu'une explication voie le jour en 1998 : les bouffées de rayons gamma pourraient être produites par la rencontre de deux trous noirs.

L'étude du rayonnement infrarouge émis par l'Univers doit également avoir lieu depuis l'espace. La plus grande avancée dans ce domaine est venue du satellite américain IRAS, lancé en 1983. Au cours de sa cartographie du ciel, il a été à l'origine de la découverte de systèmes planétaires en formation, dont le plus célèbre est celui de Bêta Pictoris. Les poussières et les glaces ont en effet la particularité de réémettre le rayonnement des étoiles dans le domaine des infrarouges. Ainsi des disques de poussières ont-ils pu être découverts autour de certaines étoiles avant même qu'elles soient visualisées. ■

LE SAVIEZ-VOUS ?

De 1989 à 1993, le satellite européen Hipparcos a déterminé la position de 118 218 étoiles avec une précision 100 fois supérieure à celle des meilleurs instruments au sol. Le satellite a découvert 8000 nouvelles étoiles variables et a tracé la carte du ciel la plus précise qui ait jamais été réalisée.

DATES

- En 1946, les premières observations du rayonnement ultraviolet sont réalisées au moyen d'une fusée V2 récupérée par les Américains après la Seconde Guerre mondiale.
- En 1990, mise en orbite du télescope spatial Hubble (États-Unis/Europe).
- En 1991, mise en orbite du satellite d'astronomie gamma Compton (États-Unis).
- En 1995, mise en orbite du satellite d'astronomie infrarouge ISO (Europe).
- En 1999, mise en orbite du XMM, satellite d'observation X (Europe).

Le système solaire

une étoile et son cortège de planètes

Le Soleil est une étoile autour de laquelle gravitent neuf planètes et des centaines de milliers d'astéroïdes et de comètes. Tous ces corps célestes, pris dans la sphère d'influence gravitationnelle du Soleil, constituent le système solaire.

Le système solaire (vue d'artiste) avec en toile de fond, la trace de la Voie lactée.

Contrairement à ce que croyaient les savants de l'Antiquité et du Moyen Âge, la Terre n'occupe pas une position centrale dans l'Univers : elle n'est que l'une des neuf planètes du système solaire. Toutes ces planètes sont situées dans le même plan, appelé plan de l'écliptique, sauf Pluton dont l'orbite est inclinée de 17° par rapport à ce plan. Toutes tournent dans le même sens autour du Soleil, et toutes, à l'exception de Vénus, tournent sur elles-mêmes dans ce même sens selon un axe généralement proche de la verticale (sauf Uranus dont l'axe a complètement basculé). Cette constance témoigne de la rotation du nuage primordial et des embryons de planètes tournant autour du Soleil naissant.

Le système solaire est oblique par rapport au plan de la Voie lactée.

Alors que Mercure, Vénus, la Terre et Mars constituent de petits globes rocheux, Jupiter, Saturne, Uranus et Neptune sont de gigantesques sphères gazeuses sur lesquelles il est impossible de poser une sonde quelconque. Pluton fait encore une fois figure d'exception. Elle s'apparente plutôt aux planètes rocheuses, mais, s'étant formée loin du Soleil, elle contient de grandes quantités de glace, ce qui la rapproche des comètes.

Les planètes sont toutes escortées de satellites naturels, à l'exception de Mercure et de Vénus. La Lune est l'unique satellite de la Terre. Mars a capturé Phobos et Deimos, deux petits astéroïdes de quelques kilomètres de diamètre. Jupiter, Saturne, Uranus et Neptune possèdent une véritable collection de satellites de toutes tailles, sans compter les milliards de blocs de roche et de glace qui constituent les anneaux.

Le système solaire ne se limite pas aux planètes principales et à leurs sa-

Dimensions comparées des planètes du système solaire, avec : en haut, le Soleil ; de gauche à droite, Mercure, Vénus, la Terre, Mars, Jupiter, Saturne, Uranus, Neptune et Pluton.

tellites. D'innombrables petits corps gravitent autour de l'astre du jour. On les classe en deux catégories : les astéroïdes et les comètes. Les premiers sont des astres rocheux, regroupés en majorité sur une sorte d'anneau très lâche appelé « ceinture d'astéroïdes » et situé entre Mars et Jupiter. Le plus gros d'entre eux, Cérès, mesure 800 km de diamètre tandis que les plus petits n'excèdent pas quelques dizaines de mètres.

Les comètes sont d'autres petits corps qui, à la différence des astéroïdes, sont surtout composés de glace et de poussières. On les classe aussi en plusieurs catégories : les comètes périodiques et les comètes apériodiques. Les comètes périodiques tournent autour du Soleil sur des orbites elliptiques très allongées qui les conduisent alternativement très loin (bien au-delà de Pluton) et très près du Soleil (jusqu'au niveau de Mercure). On les qualifie de périodiques parce qu'elles reviennent régulièrement, parfois au bout de longues périodes de temps. La comète de Halley, par exemple, revient tous les 76 ans.

Malgré le nombre considérable d'objets constituant le système solaire, celui-ci est quasiment vide. Le Soleil représente 99,8 % de sa masse totale, les neuf planètes 0,14 % et le reste, soit 0,06 %, revient aux comètes et aux astéroïdes. La Terre ne pèse pas bien lourd dans ce décompte : elle est 318 fois moins massive que Jupiter, la plus grosse des planètes, qui elle-même ne vaut que le millième de la masse du Soleil.

L'impression de vide dans le système solaire est confirmée lorsqu'on mesure les distances. Celles-ci peuvent être exprimées en kilomètres. Ainsi, Saturne se trouve en moyenne à 1,4 milliard de kilomètres du Soleil. Mais ces ordres de grandeur deviennent rapidement difficiles à utiliser et les astronomes préfèrent employer l'unité astronomique, notée ua, qui équivaut à la distance moyenne de la Terre au Soleil, soit un peu moins de 150 millions de kilomètres. Saturne est donc à 9,54 ua du Soleil.

À partir de 1992, l'observation du système solaire au-delà de Pluton a révélé une foule de petits astres glacés, baptisés « objets transneptuniens ». Les plus gros d'entre eux mesurent environ 200 km de diamètre. Éloignés du Soleil de 35 à 45 ua, ils constituent les premières preuves de l'existence de la « ceinture de Kuiper », sorte d'anneau d'où proviendraient les comètes à courtes périodes, c'est-à-dire celles qui bouclent leur parcours en moins de 200 ans.

Beaucoup plus loin, aux environs de 50 000 ua, se dessinent les contours d'un nuage qui englobe tout le système solaire. Pour certains astronomes, ce « nuage de Oort », qui tire son nom de l'astronome hollandais qui en a le premier suggéré l'existence, constituerait l'ultime frontière du système solaire. Pour d'autres, la limite se situerait à l'endroit où le vent solaire – un flux de particules chargées, éjecté continuellement par le Soleil – verrait son influence annulée par celle des rayons cosmiques – des particules émises par les étoiles de la Voie lactée. Les sondes Voyager 1 et Pioneer 10, qui ont dépassé l'orbite de Pluton, sont encore loin d'avoir rencontré cette limite. ■

LE SAVIEZ-VOUS ?

Au XVIIIe siècle, la mesure des distances séparant le Soleil des planètes a donné naissance à la loi de Titius-Bode, du nom des deux astronomes qui l'ont formulée. Cette loi postulait que la place occupée par chaque planète obéissait à une suite mathématique. Mais Neptune et Pluton, en contradiction avec les prédictions, ont relégué la loi au rang d'anecdote.

Johannes Kepler (1571-1630)

En voulant montrer que les planètes décrivaient des cercles parfaits autour du Soleil, l'astronome allemand Johannes Kepler découvrit qu'elles accomplissaient en réalité des ellipses dont le Soleil occupe l'un des foyers. Cette découverte conduira à la première des trois lois qu'il énoncera entre 1609 et 1618 et qui, aujourd'hui encore, constituent les fondements de la mécanique céleste.

DATES

- En 1781, l'Anglais William Herschel découvre une planète au-delà de Saturne, qui reçoit le nom d'Uranus.
- En 1846, le Français Urbain Le Verrier prédit la position d'une planète au-delà d'Uranus ; l'Allemand Johann Galle la repère à l'endroit indiqué. On la nomme Neptune.
- En 1930, l'Américain Clyde Tombaugh découvre Pluton.
- En 1992, les Américains David Jewitt et Jane Luu découvrent QB1, le premier objet transneptunien (situé au-delà de Pluton).

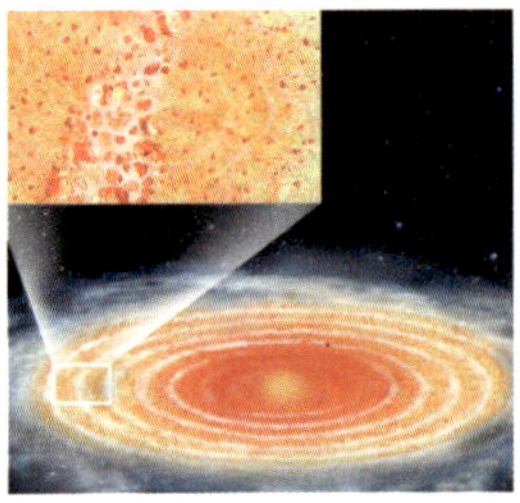

Une étoile est née

la formation du Soleil et des planètes

Le Soleil et son cortège de corps célestes ont vu le jour il y a plus de 4,5 milliards d'années. Tout a commencé par la condensation, la compaction d'un gigantesque nuage de gaz et poussières.

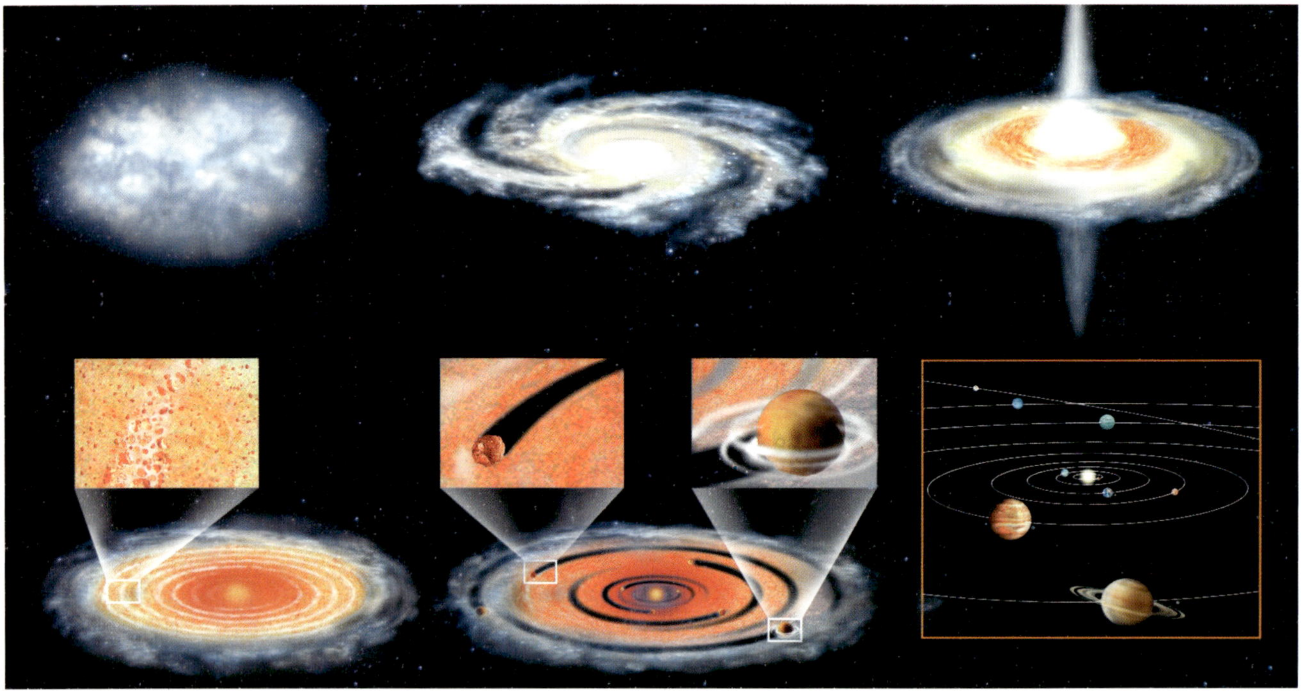

De gauche à droite : un vaste nuage de gaz et de poussières est en effondrement sur lui-même ; la matière prend un mouvement circulaire et s'aplatit progressivement en un disque ; en son centre, un objet compact s'allume et donne naissance au Soleil ; les grains de matière solide s'agglomèrent en blocs rocheux ; puis en planètes, qui baignent dans la poussière environnante. Enfin, le système solaire, aujourd'hui, est nettoyé de la majorité de ses débris.

Dès 1970, les roches lunaires ramenées par les astronautes américains des missions Apollo ont été datées : 4,55 milliards d'années. Figée depuis sa formation, la surface de la Lune a donc révélé son âge ainsi que l'époque à laquelle les planètes se sont constituées. L'histoire du système solaire commence quelques millions d'années plus tôt, par la formation du Soleil lui-même.

À l'origine était donc un nuage de gaz et de poussières d'un diamètre de quelques dizaines d'années de lumière comme il en existe beaucoup dans la Voie lactée. Les choses auraient pu en rester là indéfiniment, si la pression régnant à l'intérieur de la nébuleuse était suffisante pour empêcher que celle-ci ne s'effondre sur elle-même. Mais, sans doute grâce à un coup de pouce extérieur (l'onde de choc produite par l'explosion d'une supernova voisine), ce gigantesque nuage s'est condensé. En son sein, gaz et poussières n'étant pas répartis uniformément, il s'est créé des sortes de « grumeaux » de matières plus denses. Ces zones plus concentrées ont commencé à se resserrer de plus en plus. Au centre de certaines de ces zones, les gaz ont été tellement comprimés qu'ils ont commencé à s'échauffer, donnant le jour à des embryons d'étoiles.

> *L'onde de choc d'une supernova a pu déclencher la formation du système solaire*

Sous l'effet de la gravitation, l'effondrement s'est poursuivi et l'échauffement a fini par être tel que des réactions de fusion thermonu-

Cette zone fortement cratérisée est située sur la face cachée de la Lune. La densité des cratères est une indication de l'âge de l'astre.

cléaires se sont déclenchées. En moins d'un million d'années s'est mise à briller une nouvelle étoile : le Soleil.

Le jeune astre était encore entouré d'un nuage de gaz et de poussières, vestige de sa nébuleuse primordiale. Le nuage, animé d'un mouvement de rotation, s'est aplati pour former un disque.

Les grains de poussière se sont agglomérés par simples rencontres et ont grossi. Lorsque leur taille a atteint environ un million de fois la masse des molécules gazeuses, ils sont devenus autonomes et se sont mis à tourner plus rapidement autour du Soleil, favorisant encore davantage les rencontres. Un million d'années après le déclenchement des réactions de fusion, le disque qui entourait l'étoile est constellé de blocs d'environ un kilomètre de diamètre. À cette taille, chaque corps commence à avoir sa gravité propre. Les rencontres se poursuivant, certains blocs atteignent des tailles suffisantes pour attirer tous les blocs voisins, jusqu'à devenir une véritable planète.

Cependant, toutes les planètes ne se ressemblent pas. Jupiter, Saturne, Uranus et Neptune sont très massives et en majorité gazeuses, alors que la Terre, Mercure, Vénus et Mars sont bien plus petites et de nature essentiellement rocheuse. La raison principale de cette différence est que plus les planètes sont proches du Soleil, plus elles sont soumises à une température élevée et à la pression du vent solaire.

Aux orbites de Mercure, de Vénus, de la Terre et de Mars, c'est-à-dire relativement près du Soleil, tous les grains de poussière ont été débarrassés de leurs éléments volatils (gaz carbonique ou eau). Ne sont restés que les silicates à l'origine de la majorité des corps rocheux. À partir de l'orbite de Jupiter, la température est plus basse et les poussières sont restées enveloppées de glace. Pour ces raisons, il existe des planètes telluriques et des astéroïdes rocheux d'une part, des planètes gazeuses et des comètes, de l'autre. Quant à la différence de masse entre les planètes telluriques et les planètes gazeuses, elle vient tout simplement de la quantité de matériau disponible au moment de leur formation. Par exemple, en 10 millions d'années, un corps rocheux dix fois plus massif que la Terre s'est aggloméré à 5,2 unités astronomiques (ua) du Soleil. Celui-ci a attiré une grande partie du gaz résiduel de la nébuleuse pour en faire son atmosphère. Ainsi est née Jupiter, qui, aujourd'hui, est 318 fois plus massive que la Terre...

Les planètes ne sont qu'une accumulation de poussières et de blocs compactés

En attirant vers elles tous les petits corps du système solaire, les planètes ont « nettoyé » l'espace. Cette phase d'accrétion – qui correspond à la phase d'intense bombardement météoritique des planètes – a commencé il y a 4,5 milliards d'années et s'est poursuivie pendant 700 millions d'années. Progressivement, le système solaire s'est vidé de ses astéroïdes et de son gaz, est devenu plus calme, de sorte que, depuis 3,8 milliards d'années, les planètes ont cessé de grossir et leur orbite s'est stabilisée. ■

LE SAVIEZ-VOUS ?

Au-delà de Neptune se trouve une multitude de comètes qui forment la ceinture de Kuiper. Ces corps glacés, très éloignés du Soleil, n'ont jamais pu s'agglomérer en planètes. Certains astronomes avancent que Pluton n'est que l'un de ces blocs et qu'elle ne devrait pas, pour cette raison, être considérée comme une planète.

MOTS-CLÉS

- Une **nébuleuse** est un nuage de gaz et de poussières interstellaires au sein duquel peuvent naître des étoiles.
- Un **astéroïde** est un petit corps rocheux dont la taille est comprise entre quelques dizaines de mètres et quelques centaines de kilomètres de diamètre.
- Une **comète** est un petit corps constitué essentiellement de glace et de poussières.

Galileo Galilei (1564-1642)

Cet astronome florentin fut le premier à observer les planètes et l'Univers avec une lunette. Il en découvrit les caractéristiques essentielles. De ses travaux découle la connaissance actuelle du système solaire.

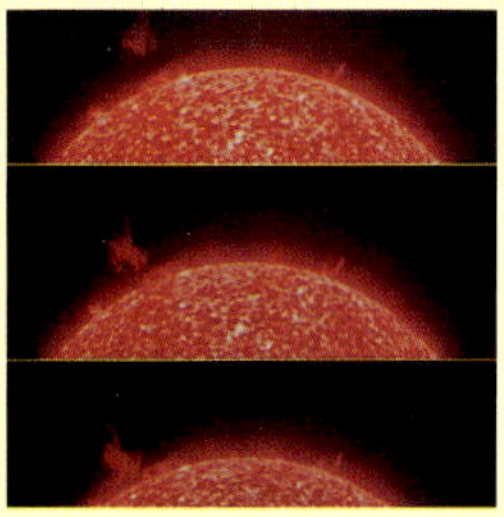

Le Soleil

sous toutes ses formes

Le Soleil est l'étoile la plus proche de la Terre : il n'est qu'à 150 millions de kilomètres. C'est une sphère de gaz de 1,4 million de kilomètres de diamètre et d'une masse de 2×10^{27} tonnes. Il dégage une énorme quantité d'énergie sous forme de photons – ou particules de lumière – dont l'origine vient de la force de gravitation qui augmente la pression interne de l'astre et provoque son échauffement.

Au centre du Soleil, dans une sphère de 250 000 km de rayon, le gaz est comprimé au point d'at-

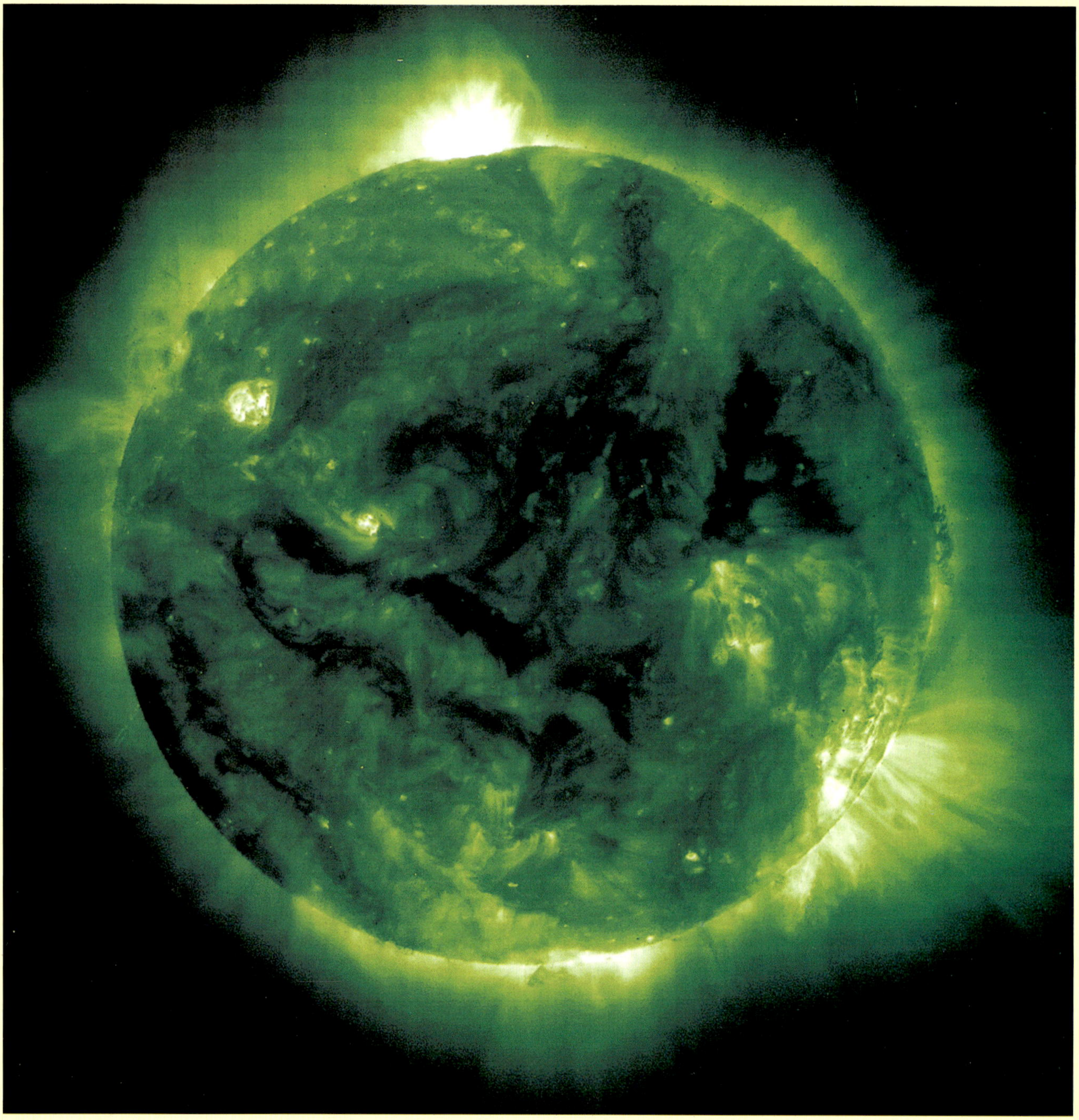

teindre la température de 15 millions de degrés. Les atomes d'hydrogène entrent en collision et fusionnent pour former de l'hélium. Au cours de cette réaction, une partie de la masse du Soleil se transforme en énergie sous forme de photons et de neutrinos.

Lorsque l'on remonte vers la surface et que la température tombe en dessous de 6 millions de degrés, les réactions de fusion ne peuvent plus avoir lieu.

Le noyau est au cœur d'une sphère de 500 000 km de rayon, appelée « zone convective », dans laquelle l'énergie s'évacue par émission de photons. En bordure de cette zone, la température n'est plus que de 2 millions de degrés. La couche de 200 000 km qui l'entoure est appelée « zone radiative ». L'énergie y est transportée jusqu'à la surface de l'astre – ou « photosphère » – avec des remontées de la matière. La pression y est mille fois plus faible que dans l'atmosphère terrestre et la température atteint 5800 K.

Au-delà de la photosphère se trouve la chromosphère, une zone de 2000 km d'épaisseur où le gaz présent à la surface du Soleil remonte le long des lignes de champ magnétique. La couronne de l'astre est un milieu moins dense mais très chaud (plus d'un million de degrés) qui s'étend jusqu'à trois ou quatre rayons solaires de la surface. ■

◀ *Cette vue prise par SOHO montre les couches juste au-dessus de la surface du Soleil, où le gaz est chauffé de 5000 degrés (régions sombres) à 1 million de degrés (régions blanches).*

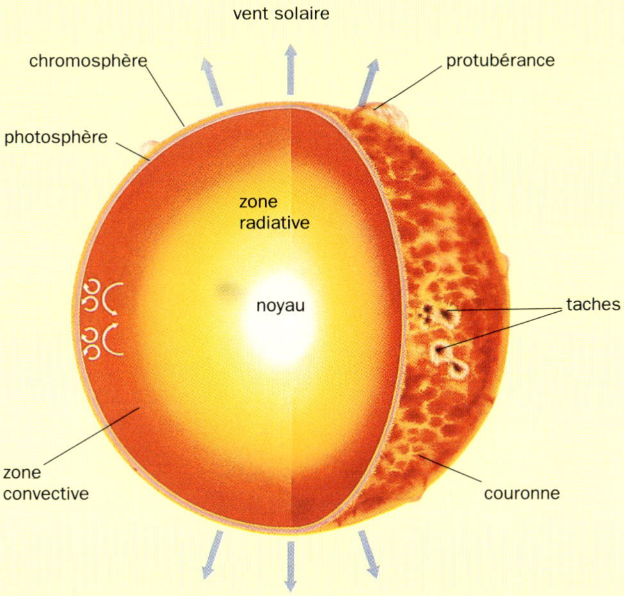

Le Soleil vu en coupe ▶

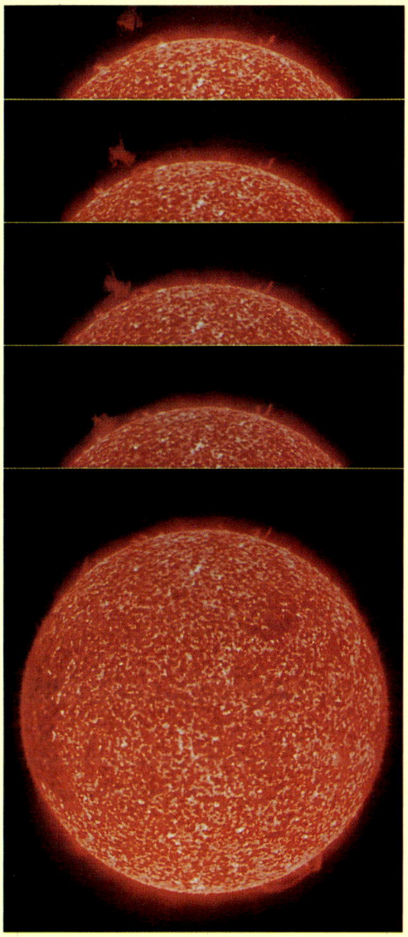

▲ *Cette série d'images montre le déroulement d'une éjection de gaz surchauffés dans l'espace.*

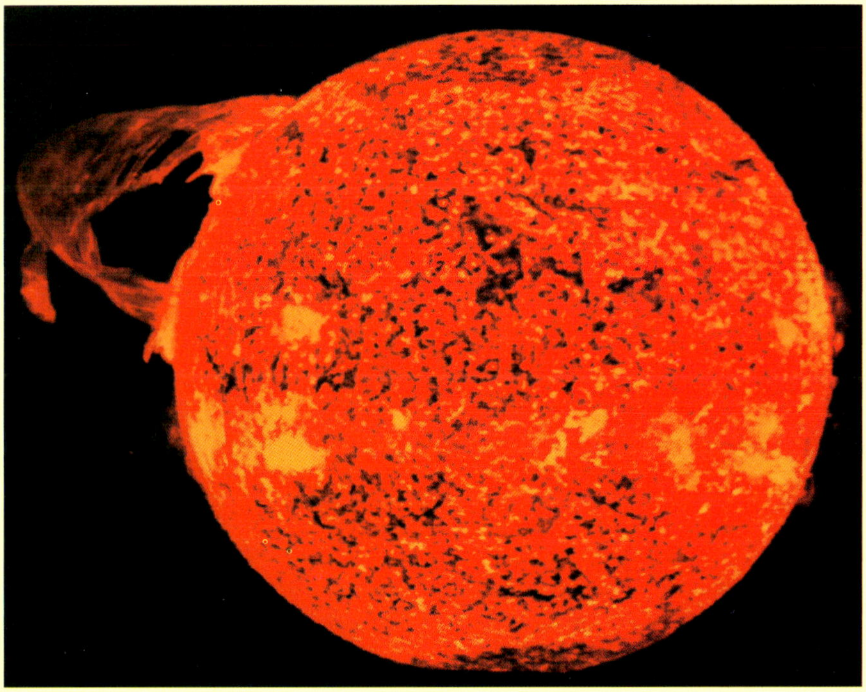

◀ *Certaines protubérances, comme cette arche, s'échappent à plusieurs centaines de milliers de kilomètres du Soleil, l'équivalent de la distance Terre-Lune.*

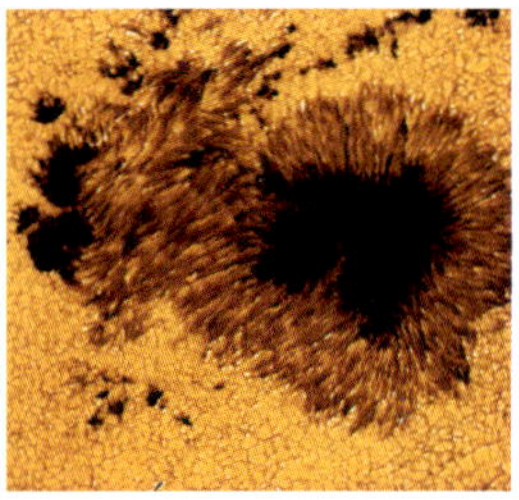

L'activité solaire

un flux d'énergie vital pour la Terre

L'énergie que la Terre capte du Soleil a rendu possible le développement de la vie sur notre planète. Cette énergie est fonction de l'activité solaire, elle-même gouvernée par le champ magnétique de l'astre.

Les premiers signes perceptibles de l'activité solaire sont les taches qui parsèment la photosphère de l'astre, c'est-à-dire son enveloppe extérieure. Dès le ve siècle avant notre ère, les astronomes chinois les distinguaient à l'œil nu lorsque le Soleil, peu avant son coucher, perdait une grande partie de sa luminosité.

En 1610, Galilée les repéra également avec sa lunette. Il établit la période de rotation du Soleil sur lui-même en observant leur déplacement sur le disque solaire. Les taches solaires sont des régions plus sombres que le reste de la surface parce qu'elles sont plus froides : leur température fluctue entre 3700 et 4200 K au lieu de 5800 K pour le reste de la surface. Leur taille peut atteindre plusieurs dizaines de milliers de kilomètres (plusieurs fois le diamètre de la Terre). Elles ont une existence éphémère qui s'étend de quelques jours à quelques mois et leur présence reste intimement liée à de forts champs magnétiques locaux.

En 1843, un astronome amateur allemand, Heinrich Schwabe, découvrit que le nombre de taches solaires varie selon un cycle de 11 ans. En parallèle, les spécialistes du Soleil avaient remarqué que la polarité du champ magnétique solaire s'inversait tous les 22 ans. L'astronome américain Babcock comprit que ce phénomène était dû au fait que toutes les parties du Soleil ne tournent pas à la même vitesse. L'équateur accomplit une rotation en 25 jours, alors que les régions polaires ne l'effectuent qu'en 29 jours. De cette rotation différentielle, il résulte que les lignes du champ magnétique solaire sont étirées, enroulées autour du Soleil. Avec le temps, elles s'enchevêtrent et les taches apparaissent. Au bout de 11 ans, les lignes sont tellement emmêlées qu'elles se rompent et se reconnectent pour former à nouveau des lignes simples courant le long des méridiens. Pendant ce processus, la polarité s'est inversée. Elle ne retrouvera son orientation initiale que 11 ans plus tard, c'est pourquoi le Soleil a un cycle magnétique dont la période est de 22 ans, soit l'équivalent de deux cycles de taches.

Au cours d'une éruption, le Soleil éjecte de grandes quantités de gaz (panaches brillants), qui atteindront la Terre au bout de 4 jours, provoquant des aurores boréales ou des perturbations magnétiques. Il éjecte simultanément une pluie de particules accélérées à 200 000 km/h, qui grêlent le détecteur et n'atteindront la Terre qu'en quelques heures.

Lors des éruptions solaires, la Terre est balayée par un vent de particules ionisées.

Bien que la relation entre le cycle magnétique et le cycle des taches ne soit pas encore totalement comprise, il apparaît clairement que c'est le champ magnétique qui gouverne l'apparition des taches et qui joue un rôle important dans les autres manifesta-

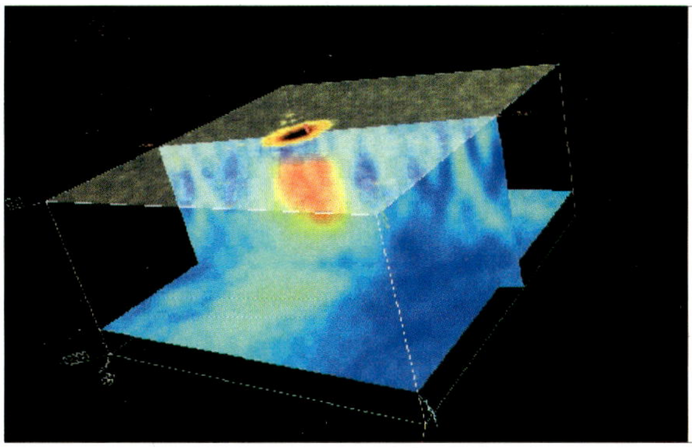

Reconstitution en 3 D d'une tache solaire. Les instruments de SOHO permettent de sonder à plusieurs milliers de kilomètres à l'intérieur du Soleil, et de faire apparaître pour la première fois l'étendue d'une tache solaire en profondeur.

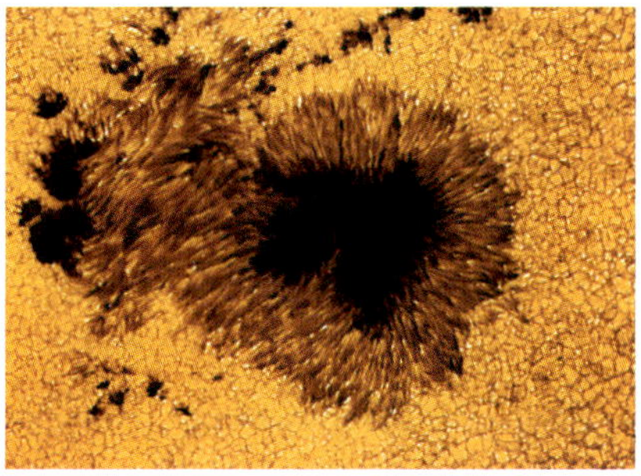

Une tache solaire (zone sombre, plus froide) entourée de granules.

Le champ magnétique solaire est à l'origine des taches et des éruptions.

tions de l'activité solaire, comme les protubérances et les éruptions. Les premières se forment au-dessus de la photosphère, dans la couronne solaire. Il s'agit de grandes vagues de matière « froide » plongées dans un gaz très chaud. Elles se développent le long de boucles magnétiques, qui émergent localement et replongent dans le Soleil. Souvent les protubérances se développent au-dessus de régions actives comportant des taches.

Les éruptions, en revanche, ne se produisent qu'au-dessus de régions actives. Ce sont les phénomènes les plus violents de l'activité solaire. De temps à autre, les boucles magnétiques à la surface de l'astre sont tellement entortillées par les mouvements de gaz qu'elles finissent par se rompre. Cette rupture libère de la matière solaire à 2000 km/s, ainsi que des particules propulsées à 200 000 km/s, et accompagnées d'une grande quantité d'énergie sous forme de rayons X et d'ultraviolets. Huit minutes après le début d'une éruption, la Terre reçoit ce flux de rayons X et d'ultraviolets. Puis, les particules arrivent une ou deux heures plus tard, suivies, au bout de quelques jours, par la matière éjectée par l'éruption.

Lorsqu'un tel nuage de particules, chargé électriquement, rencontre le champ magnétique terrestre, il crée des aurores polaires et peut provoquer des perturbations magnétiques, voire des coupures de courant dans les régions situées à de hautes latitudes.

En dehors des éruptions, le Soleil émet en permanence du gaz ionisé. C'est le vent solaire. Celui-ci s'échappe des régions équatoriales de l'astre à 400 km/s et des pôles à 700 km/s. Cette différence de vitesse s'explique par le fait que les lignes de champ magnétique polaires sont ouvertes et qu'elles facilitent davantage l'évasion des particules chargées que les lignes fermées en boucles des régions équatoriales. Ainsi, les éruptions peuvent être considérées comme des « rafales » de vent solaire. Leur fréquence dépend du cycle solaire de 11 ans et modifie la quantité de rayons cosmiques arrivant sur Terre (des particules chargées émises par l'ensemble des étoiles de notre galaxie). Quand les éruptions sont nombreuses, elles peuvent avoir une incidence sur le climat de notre planète. ■

MOTS-CLÉS

- Les **protubérances** sont de grands arcs de matière solaire qui se développent dans la couronne du Soleil, le long des boucles magnétiques.
- Le **vent solaire** est un flux continu de gaz ionisé qui s'échappe du Soleil.
- Les **éruptions solaires** sont de brusques éjections de gaz ionisé dans l'espace.

LE SAVIEZ-VOUS ?

Les taches solaires doivent leur existence à la poussée d'Archimède. Elles apparaissent à l'endroit précis où affleurent les lignes de champ magnétique courant sous la surface du Soleil. Si ces lignes sont assez resserrées, elles constituent une zone où la densité de matière est sensiblement plus faible que dans le milieu environnant. Résultat : la poussée d'Archimède s'exerce, et les lignes émergent pour former une boucle. Deux taches se créent aux deux points d'émergence de la boucle.

George Ellery Hale (1868-1938)

Considéré comme l'un des fondateurs de l'astronomie solaire moderne, cet astrophysicien américain fut le premier à découvrir le champ magnétique associé aux taches solaires. Hale est l'un des plus grands bâtisseurs de lunettes et de télescopes au monde puisqu'on lui doit la lunette de 1 m de Yerkes (États-Unis) et le télescope de 2,5 m du mont Wilson (États-Unis).

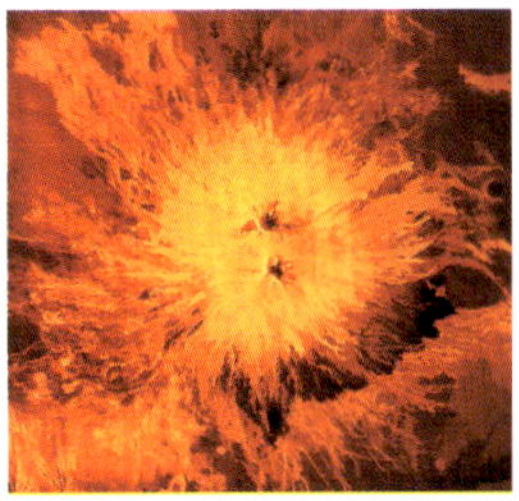

Les planètes rocheuses

mondes solides du système solaire

Les planètes Mercure, Vénus, Terre et Mars ont des tailles relativement modestes et un sol ferme. En cela, elles s'opposent aux planètes géantes comme Jupiter, Saturne, Uranus et Neptune, qui sont essentiellement gazeuses.

En plus d'une activité volcanique débordante, les planètes rocheuses, ou telluriques, ont subi un intense bombardement météoritique au début de leur histoire. L'espace était alors encore jonché de nombreux blocs en cours d'accrétion.

Avant que le Soleil ne s'allume existait une nébuleuse composée de poussières (riches en silicium, carbone, aluminium, calcium, etc.) et de gaz (hydrogène et hélium). Ces poussières et ces gaz, eux-mêmes issus d'étoiles défuntes, évoluaient dans un milieu glacé. Sous l'effet du froid, certains éléments volatils présents à la surface des grains de poussière se sont solidifiés. Des gangues de glace, d'oxydes de carbone, de méthane et d'ammoniac se sont constituées autour des grains de silicates.

Quand le Soleil s'est allumé, la chaleur produite par la jeune étoile a volatilisé la plupart des glaces qui enrobaient les grains de roche jusqu'à une distance de 1 ua (une unité astronomique équivaut à la distance Terre-Soleil). Puis le vent solaire, un flux constant de particules ionisées, a repoussé plus loin les molécules des gaz les plus légers comme l'hydrogène et l'hélium. Ce mécanisme a ainsi divisé le disque protoplanétaire en deux grandes zones il y a plus de 4,5 milliards d'années.

> *À l'origine, des gangues de glace entouraient les grains de poussière.*

Jusqu'à 5 ua du Soleil, seuls les grains de silicates ont subsisté. Au-delà de cette distance, les grains sont restés enrobés de glace. En réalité, il n'existe pas de « frontière » nette entre ces deux régions : la quantité d'éléments volatils présents à l'état solide augmente à mesure que l'on s'éloigne du Soleil. À partir de 5 ua commence le domaine des « glaces éternelles » que le rayonnement solaire ne fait jamais s'évaporer.

De cette distinction est née la différence entre les planètes telluriques, qui comme la Terre sont faites de roches et possèdent une surface solide, et les

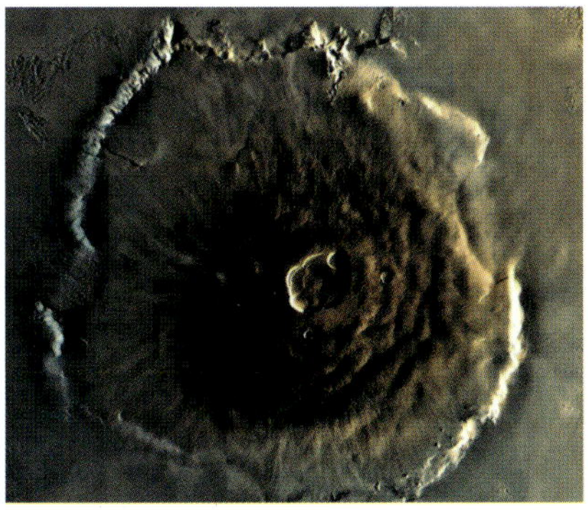

Le volcan martien Olympus Mons culmine à 27 km au-dessus du niveau de référence de la planète rouge.

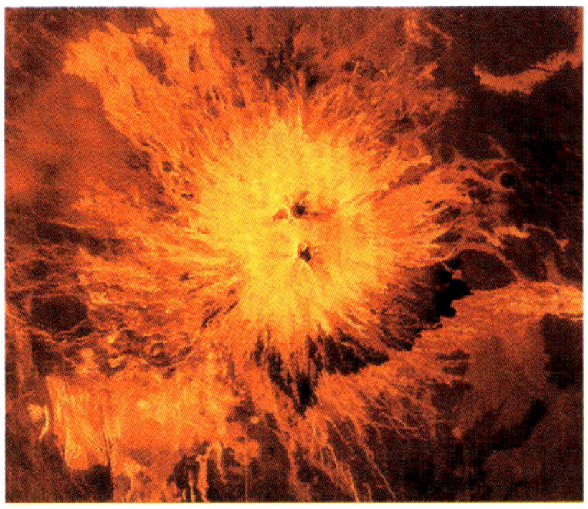

Les monts Sapas sont deux volcans jumeaux de Vénus, qui forment un large bouclier.

planètes gazeuses, qui comme Jupiter sont des sphères de gaz sans surface solide. À proximité du Soleil, le mécanisme d'accrétion s'est accompli en incorporant les grains de silicates et de métaux. Les poussières se sont agglomérées pour former des corps de plus en plus gros. Une infinité de planétoïdes de quelques kilomètres de diamètre ont ainsi vu le jour et, en se regroupant par attraction mutuelle et par chocs répétés, ont donné naissance à des objets plus gros. Par la suite, ces embryons de planètes plus massifs que les autres ont attiré les corps restants pour grossir encore davantage. Mercure, Vénus, la Terre et Mars ont été formées selon ce processus. Simultanément, Jupiter, Saturne, Uranus et Neptune ont évolué en globes gazeux du fait de la teneur en éléments volatils glacés du matériau d'origine et de la présence d'hydrogène et d'hélium dans cette région de l'espace.

La taille oppose également les planètes telluriques aux planètes gazeuses. Les premières sont en effet de cent à mille fois moins massives que les secondes. Cette différence s'explique par une plus faible quantité de matière disponible dans leur région lors de leur formation. La portion du disque située entre le Soleil et l'orbite de Mars est bien moins étendue qu'entre Jupiter et Neptune. De toutes ces particularités, il résulte que les planètes telluriques ont des densités comprises entre 3,3 et 5,4 contre seulement 0,7 à 1,8 pour les planètes gazeuses.

La formation des planètes telluriques n'a duré que quelques milliers d'années. Lorsque leur masse a été suffisamment importante, un processus de différenciation s'est alors produit. Du fait de la force de gravitation, les éléments composant ces corps célestes ont été chauffés et ont fondu. Les éléments les plus lourds comme les métaux ont migré vers le centre et ont formé un noyau. Les silicates les plus denses et les métaux légers ont constitué le manteau, qui enrobe le noyau. Enfin, en surface, les roches composées des éléments les plus légers ont commencé à se refroidir et ont formé la croûte.

C'est pendant ce processus de différenciation que les éléments volatils piégés dans les planètes ont repris leur état gazeux. Les gaz « lourds », tels que le dioxyde de carbone (CO_2), l'azote moléculaire (N_2) et l'oxygène moléculaire (O_2) se sont échappés des profondeurs de ces planètes à la faveur d'éruptions volcaniques. Ils ont participé à la genèse d'une atmosphère ou se sont perdus dans l'espace. L'origine de ces éléments volatils n'est pas bien connue. Certains astronomes pensent qu'ils entraient dans la composition des planétoïdes initiaux au sein desquels ils auraient subsisté malgré la chaleur du Soleil. D'autres supposent qu'ils sont arrivés plus tard, lorsque les planètes telluriques ont été arrosées par des corps glacés déviés de leurs routes par les planètes géantes.

Longtemps, la petitesse de la taille de Pluton l'a fait considérer comme une planète tellurique. Mais, en raison de son éloignement du Soleil, son processus de formation s'apparente plutôt à celui des comètes. Il s'agirait d'une planète à part, de taille tellurique, mais bâtie avec les matériaux des planètes gazeuses. ■

Pierre Simon de Laplace
(1749-1827)

Ce mathématicien et physicien français, qui a formulé les lois de l'électromagnétisme portant son nom, a effectué de nombreux travaux de mécanique céleste. Il est à l'origine d'une « hypothèse cosmogonique » parue en 1796, selon laquelle les planètes seraient nées d'une nébuleuse en rotation.

LE SAVIEZ-VOUS ?

Quand leur diamètre dépasse 200 km, les corps rocheux se différencient au point d'avoir un noyau métallique et un manteau rocheux. En dessous de cette taille, l'échauffement provoqué par l'énergie gravitationnelle du corps n'est pas assez fort pour provoquer cette différenciation. Pour cette raison, il existe des astéroïdes différenciés, comme Cérès, et d'autres qui demeurent tels qu'ils étaient lors de leur formation il y a 4,5 milliards d'années, comme Gaspra.

MOTS-CLÉS

- Un **disque protoplanétaire** est une nébuleuse aplatie tournant autour d'une étoile et contenant des protoplanètes, c'est-à-dire des corps primitifs à partir desquels naissent les planètes.
- La **différenciation** est le processus selon lequel les matériaux fondus à l'intérieur d'une planète se séparent et se répartissent en couches selon leur densité.

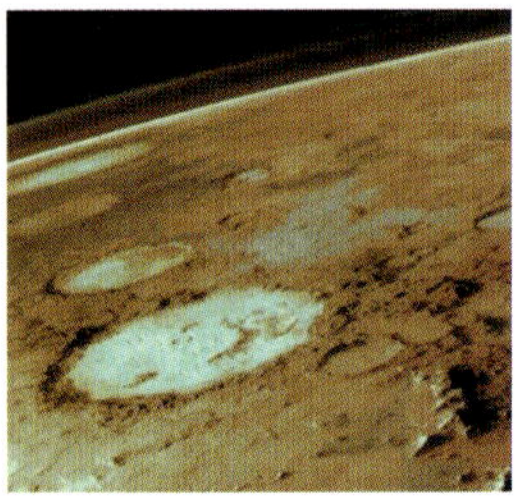

Fragiles atmosphères

un voile sur les planètes rocheuses

Trois des quatre planètes telluriques du système solaire possèdent une atmosphère. Sur Terre, elle a permis à l'eau de subsister sous forme liquide. Celle de Mercure a disparu, celle de Vénus est étouffante et celle de Mars extrêmement ténue.

À l'époque de leur formation, les planètes telluriques étaient très chaudes. Sous l'effet de cette chaleur intense, leurs matériaux internes se sont réorganisés en fonction de leur densité. Au cours de ce processus, les éléments les plus volatils, comme l'eau et le gaz carbonique (CO_2), sont remontés vers la surface sous forme de gaz, profitant d'un volcanisme intense pour s'échapper. Cette phase au cours de laquelle les planètes ont relâché leurs éléments volatils s'appelle le dégazage. Elle serait à l'origine de l'atmosphère de la plupart des planètes.

Trop près du Soleil, Mercure s'est fait « souffler » son atmosphère.

La Terre a la particularité d'être recouverte d'eau liquide sur les trois quarts de sa surface. Son atmosphère, parsemée de nuages de vapeur d'eau, est riche en oxygène, un signe caractéristique de la présence de la vie.

Ce scénario a la faveur des astronomes. Ils excluent que les planètes telluriques aient élaboré leur atmosphère en capturant des gaz de la nébuleuse protosolaire. En effet, cette hypothèse impliquerait que l'hydrogène et l'hélium, largement majoritaires dans le disque protoplanétaire, soient les éléments les plus abondants de notre atmosphère, ce qui est loin d'être le cas.

Il y a 4 milliards d'années, chacune des planètes telluriques était encore entourée d'une atmosphère. Mais Mercure était trop peu massive pour retenir efficacement les gaz qui l'enrobaient. De plus, la proximité du Soleil la soumettait à un fort rayonnement ultraviolet, scindant les molécules en molécules plus légères, et à un puissant vent de particules ionisées, qui s'est chargé de « souffler » son atmosphère, si épaisse fût-elle.

Vénus abritait vraisemblablement des océans. Même si le tout jeune Soleil brillait moins qu'actuellement, les océans de Vénus subissaient une très forte évaporation et la vapeur d'eau montait très haut dans le ciel. Le rayonnement solaire dissociait la molécule d'eau en hydrogène, très léger, qui s'est échappé dans l'espace, et en oxygène qui réagissait avec les roches. Le gaz carbonique, produit par le volcanisme, a provoqué un puissant effet de serre et une montée de la température de surface. En quelques centaines de millions d'années, les océans ont disparu et toute trace d'eau s'est évanouie.

Sur la Terre, l'eau a subsisté sous forme liquide en raison d'un effet de serre modéré. Les quantités de gaz carbonique présentes ont peu varié, le volcanisme en produisant autant que les roches en absorbaient.

Mars était dotée d'une atmosphère pendant les 700 premiers millions d'années de son existence. De même que sur la Terre et sur Vénus, les volcans ont relâché du gaz carbonique qui s'est mêlé à des roches

L'atmosphère de Mars, à la fois mince et tenue, est essentiellement composée de gaz carbonique et d'un peu de vapeur d'eau.

L'atmosphère de Vénus est encombrée de nuages opaques qui masquent en permanence la surface de la planète.

LE SAVIEZ-VOUS ?

L'atmosphère primitive de la Terre contenait du gaz carbonique (CO_2), de l'eau et du méthane (CH_4). La vapeur d'eau s'est condensée, donnant naissance aux océans voici 4 milliards d'années. Par le biais de la photosynthèse, les végétaux ont extrait du CO_2 de l'atmosphère et ont rejeté des quantités croissantes d'oxygène. La composition de l'atmosphère s'est modifiée jusqu'à devenir celle que nous connaissons aujourd'hui.

Sans effet de serre, une température de –20 °C régnerait sur la Terre.

pour former des carbonates. Du fait de sa petite taille, l'énergie interne de Mars s'est rapidement épuisée, réduisant très fortement l'activité volcanique de la planète. L'atmosphère martienne, qui n'était plus renouvelée, s'est lentement dissipée.

Aujourd'hui, l'atmosphère terrestre permet de maintenir une température globale moyenne de 15 °C, autorisant la présence d'eau liquide. Sans cet air, la température globale chuterait à –20 °C. Ces températures clémentes sont le résultat d'un effet de serre : les gaz de l'atmosphère absorbent 22 % du rayonnement solaire qui parvient à la Terre. Sur Mars, où la température moyenne est de –40 °C, la faible atmosphère ne provoque qu'une hausse de 5 °C. En revanche, sur Vénus, l'effet de serre est tel qu'il génère des températures de plusieurs centaines de degrés.

La pression atmosphérique, c'est-à-dire la densité de l'atmosphère, joue également un rôle climatique important. Ainsi, sur Terre, les régions équatoriales reçoivent plus de lumière solaire que les autres régions du globe. Il y fait plus chaud. Cette différence de température engendre des déplacements de masses d'air chaudes vers les régions plus froides, contribuant à réduire les écarts de température sans toutefois les éliminer complètement.

Sur Vénus, où la pression atmosphérique est 90 fois plus forte que sur Terre, ce processus d'égalisation thermique fonctionne à la perfection, si bien que la température est la même partout. En revanche, sur Mars, l'atmosphère est tellement ténue qu'elle ne parvient presque pas à estomper les écarts de température entre les pôles et l'équateur. En hiver, la température peut chuter à –120 °C aux pôles. Le froid est si intense qu'une fraction importante du gaz carbonique de l'atmosphère gèle au niveau des calottes polaires qui s'étendent jusqu'à 50° de latitude (ce qui sur Terre correspond au nord de la France), alors qu'à l'équateur règne un climat plus tempéré (avec des températures de –20 °C, qui passent rarement au-dessus de 0 °C).

Grâce à sa taille et à sa distance au Soleil, la Terre a pu héberger la vie pendant des milliards d'années. Mais il faut peu de chose pour que l'atmosphère d'une planète change de destin. Une modification de sa composition, due aux activités humaines, ou, à plus long terme, une diminution notable de l'activité volcanique suffiraient à bouleverser le destin de la planète. ■

Cette tornade, observée à la surface de Mars par la sonde Pathfinder, soulève un nuage de poussières qui s'étiole en altitude.

DATES

- Il y a 4,55 milliards d'années se formèrent les planètes telluriques.
- 150 millions d'années plus tard, elles se dotent d'une atmosphère.
- Il y a 4,3 milliards d'années, l'atmosphère de Mercure s'est entièrement dissipée.
- Il y a 3,8 milliards d'années, c'est la fin du volcanisme massif sur Mars et l'évaporation progressive de son atmosphère.

Mercure

une planète au cœur de fer

La planète la plus proche du soleil ressemble à la Lune. Comme notre satellite, elle semble avoir connu une histoire mouvementée. Sa forte densité suggère qu'elle a été percutée par un énorme planétoïde peu après sa formation.

Mercure est la planète la plus proche du Soleil. Elle tourne sur une orbite qui l'en sépare en moyenne de 58 millions de kilomètres. Cette proximité lui vaut d'être assez difficile à observer, ce qui ne l'empêche pas d'être connue depuis l'Antiquité. Cette planète a longtemps été scrutée à la lunette par les astronomes sans qu'il leur soit possible d'en tirer beaucoup d'informations. C'est seulement à la fin du XIXe siècle que l'Italien Giovanni Schiaparelli parvient à réaliser une cartographie succincte. Mais il faut attendre 1965 pour que des mesures effectuées à l'aide du radiotélescope d'Arecibo (à Porto Rico) révèlent que Mercure tourne sur elle-même en un peu moins de 59 jours. Sa période de révolution autour du Soleil étant de 88 jours, le temps qu'elle effectue un tour complet sur elle-même, elle a déjà parcouru les deux tiers de son orbite.

Mercure, révélé par Mariner 10, est un monde lunaire, criblé de cratère et dénué d'atmosphère.

De la glace pourrait subsister au pôle Nord de Mercure.

De taille comparable à Callisto, l'un des satellites galiléens de Jupiter, Mercure présente un diamètre de 4880 km (soit un gros tiers de la Terre). Les premières images détaillées de la surface de cette planète ont été fournies en 1974 par la sonde américaine Mariner 10. Son paysage rappelle étrangement celui de la Lune : partout s'étend une croûte qui a gardé les traces d'un intense bombardement météoritique. Le plus gros impact est un gigantesque cirque de 1300 km de diamètre baptisé bassin Caloris (du latin *calor*, qui signifie chaleur) vraisemblablement formé par la chute d'un bolide de 100 km de diamètre, qui aurait percuté la planète il y a 3,8 milliards d'années. Étrangement, la surface de Mercure semble figée depuis cette époque, alors que sur la Lune et sur les autres planètes d'autres cratères se sont formés après la fin du bombardement météoritique primordial. Par ailleurs, aucune

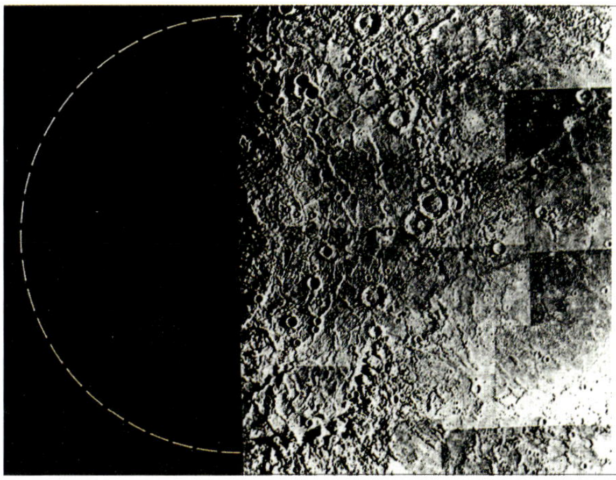

Le bassin Caloris est une région de Mercure relativement moins cratérisée, de forme circulaire, qui résulte très probablement de l'impact d'un corps céleste de belle taille. Autre indice d'une telle collision : le pourtour de cette région est jalonné de reliefs qui seraient les vestiges de l'ancien « mur » de cratère.

LE SAVIEZ-VOUS ?

À ce jour, une seule sonde spatiale, Mariner 10, a fait le voyage jusqu'à Mercure. Mais, à chaque survol de la planète, c'est toujours le même hémisphère qui était éclairé par le Soleil. Résultat : aujourd'hui encore, les astronomes ne connaissent que la moitié de la surface de cette planète. Des missions vers Mercure sont prévues dans les prochaines années. L'Agence spatiale européenne, les États-Unis et le Japon ont des projets de sonde orbitale avant 2005.

La composition riche en fer de Mercure résulte d'une énorme collision avec un astéroïde.

véritable trace d'activité volcanique n'a été repérée sur son sol très sombre, qui ne reflète que 5,5 % de la lumière solaire.

Mercure ne possède quasiment pas d'atmosphère. Ceci explique pourquoi la température de surface varie de 430 °C le jour à –170 °C la nuit. La très faible pression atmosphérique enregistrée par Mariner 10 est due à la présence ténue d'hélium. Mais ce gaz, éjecté par le Soleil tout proche, pourrait être capturé de manière éphémère par Mercure.

En 1991, toujours avec le radiotélescope d'Arecibo, des astronomes ont détecté une région particulièrement brillante au pôle Nord de la planète. Il pourrait s'agir de glace restée piégée au fond de certains cratères, apportée par des comètes voici des milliards d'années. En dépit de la proximité du Soleil, cette glace a pu subsister, car les rayons rasants du Soleil à ces hautes latitudes ne parviennent jamais au fond de certains cratères encaissés et il y règne toujours une température largement négative.

En coupe, Mercure présente un volumineux noyau de fer.

Les innombrables cratères qui grêlent la surface de Mercure témoignent qu'elle s'est formée de la même manière et à la même époque que les autres planètes telluriques, il y a 4,5 milliards d'années, par accrétion de petits corps rocheux. Toutefois, son histoire a semble-t-il été marquée par un événement cataclysmique. En effet, Mercure est de loin la planète la plus dense du système solaire. Elle contient un noyau de fer qui occupe pratiquement la moitié de son volume et les deux tiers de sa masse totale. Or ceci est une anomalie. Certes, la planète s'est formée près du Soleil, dans une zone où les éléments légers et gazeux ont été volatilisés par le rayonnement solaire, laissant les roches à nu.

L'origine d'un corps aussi riche en fer ne peut malgré tout s'expliquer par un processus d'accrétion classique. Les astronomes envisagent l'hypothèse selon laquelle un gros bolide aurait percuté Mercure, alors que son noyau de fer était déjà partiellement formé. Le choc aurait entraîné la dislocation du manteau rocheux entourant le noyau et sa dispersion dans l'espace. Ainsi, il ne serait plus resté qu'une planète à forte proportion de fer.

La sonde Mariner 10 a également détecté un champ magnétique émanant de Mercure. Or, le champ magnétique d'une planète tellurique est généralement associé aux mouvements de son cœur métallique. Mais la période de rotation extrêmement lente de la planète et l'absence de volcanisme, même ancien, ne plaident pas en faveur d'un noyau de fer liquide. De plus, d'étonnants escarpements supérieurs à un kilomètre de haut et de plusieurs centaines de kilomètres de long, observés à sa surface, semblent indiquer que la planète a subi une contraction générale depuis l'époque de sa formation. Ce tassement pourrait provenir de la réduction du gros noyau de fer qui se serait solidifié en refroidissant. ■

CHIFFRES

- Distance au Soleil : de 45,9 à 69,7 millions de kilomètres
- Distance à la Terre : de 80 à 220 millions de kilomètres
- Durée du jour : 58 jours 15 heures 38 minutes
- Durée de l'année : 87,969 jours
- Diamètre : 4880 km
- Densité : 5,43

Vénus
la planète infernale

Vénus semblait devoir connaître un destin voisin de celui de la Terre. Mais que ce soit du point de vue de son atmosphère ou de ses formations géologiques, on compare plutôt cette planète à une cocotte-minute !

Par sa taille, sa situation et son aspect dans le système solaire, Vénus est longtemps passée pour la sœur jumelle de la Terre. En effet, la deuxième planète du Soleil après Mercure a un diamètre de 12 104 km (la Terre 12 756 km) et possède une atmosphère nuageuse.

Distante de 108 millions de kilomètres du Soleil, elle accomplit sa révolution en moins de temps qu'il ne lui en faut pour faire un tour complet sur elle-même. Sur Vénus, la journée (243 jours terrestres) est plus longue que l'année (224,7 jours terrestres). De plus, la rotation de la planète sur elle-même s'effectue en sens inverse de celle de toutes les autres planètes : ce sens est dit rétrograde. Pour expliquer cette anomalie, découverte en 1962 lors d'observations réalisées par radar, les astronomes avancent deux hypothèses. Soit il s'agit du résultat d'une résonance gravitationnelle avec la Terre, soit Vénus a été percutée par un énorme bolide au cours de sa jeunesse, ce qui a stoppé et même légèrement inversé son sens de rotation.

Trouver Vénus dans le ciel n'est pas difficile puisqu'il s'agit de l'astre le plus brillant après le Soleil et la Lune ! Celle que l'on nomme communément l'étoile du Berger, cible facile des astronomes en herbe, a été observée pour la première fois en 1610 par Galilée au travers d'un instrument d'optique. À partir de 1962, une armada de sondes russes et américaines révéla que, contrairement aux apparences, Vénus est très différente de la Terre. Son atmosphère de 100 km d'épaisseur, composée à 85 % de gaz carbonique et riche en acide sulfurique, n'est pas seulement irrespirable ; elle est aussi infernale avec une température de surface de 470 °C et une pression atmosphérique 93 fois plus élevée que sur la Terre.

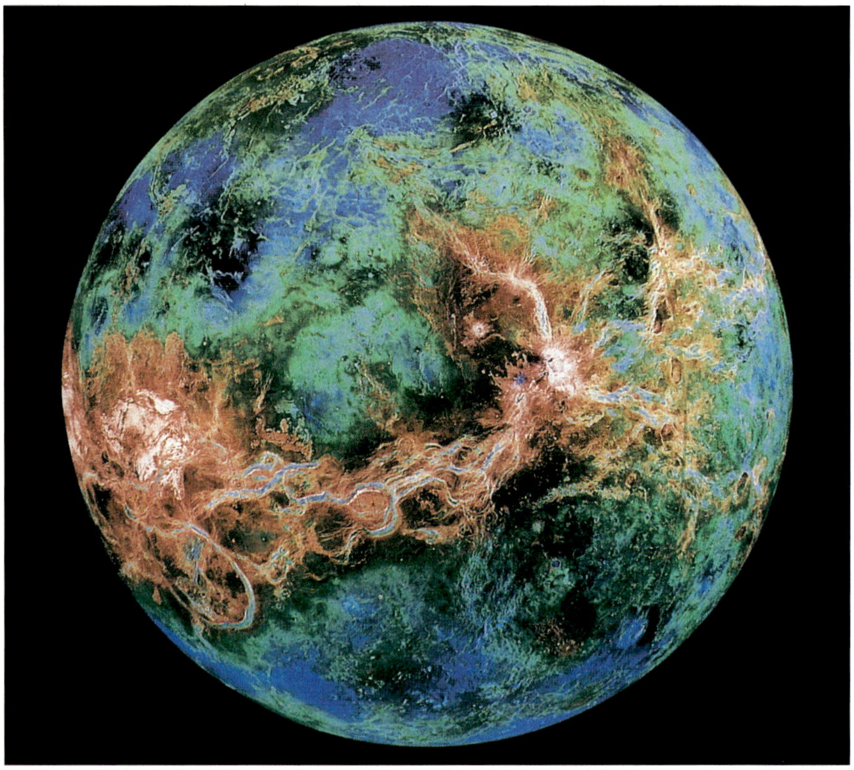

En s'affranchissant de l'épaisse couche nuageuse, le radar de la sonde Magellan a permis de relever la topographie de la planète Vénus. Les points les plus hauts sont en blancs, les plus bas, en bleu sombre.

L'atmosphère de Vénus est bouillante (470 °C) et chargée d'acide sulfurique.

La géologie vénusienne semble aussi très particulière : là où les scientifiques espéraient retrouver un arrangement des couches superficielles de la planète conforme à la théorie de la tectonique des plaques, comme sur Terre, ils ont découvert un volcanisme engendrant d'énigmatiques structures. Ces particularités de l'atmosphère et de la surface sont liées. Elles forment un tout dont l'origine s'inscrit dans l'histoire de la planète.

Comme les autres planètes telluriques, Vénus s'est formée il y a 4,5 milliards d'années par l'accrétion de petits corps rocheux. Sa surface

Ces photos du sol vénusien, prises par la sonde russe Venera 14, montrent un sol rocheux craquelé.

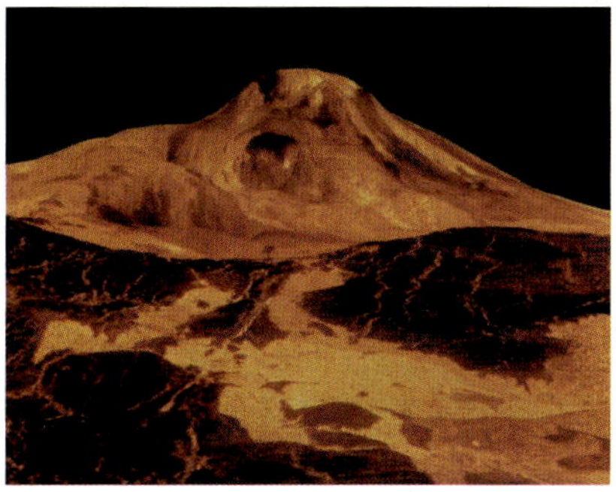

Reconstitution en 3 D d'un volcan vénusien avec ses coulées de laves au premier plan.

surchauffée a alors expulsé les gaz qui constituent aujourd'hui son épaisse atmosphère. Mais Vénus se situe plus près du Soleil que la Terre d'environ 40 millions de kilomètres. Cette différence a suffi pour que la vapeur d'eau de son atmosphère ne puisse se condenser en océans comme ce fut le cas sur Terre. Mais cette vapeur d'eau, associée au dioxyde de carbone (CO_2), a produit un important effet de serre qui a chauffé encore davantage l'atmosphère de Vénus. Exposée au rayonnement du Soleil, l'eau s'est sans doute dispersée dans l'espace, au point d'avoir totalement disparu aujourd'hui.

Des astronomes pensent que l'absence d'eau, à laquelle on impute l'exceptionnelle dureté des roches vénusiennes, pourrait expliquer l'absence de tectonique des plaques. Sur Terre, 95 % de l'énergie qui s'échappe naturellement de l'intérieur de notre planète s'évacue par le biais de ce mécanisme de renouvellement des roches superficielles. Faute de malléabilité, la croûte de Vénus ne pourrait se déformer, empêchant toute possibilité de mouvement tectonique aux roches superficielles. Pourtant, d'après les explorations récentes de la sonde américaine Magellan, la surface de la planète ne semble être âgée que de 500 millions d'années. Cette estimation est fondée sur le nombre de cratères météoritiques décomptés sur Vénus (un millier au total).

Même sans tectonique des plaques, l'aspect de Vénus s'est donc considérablement modifié depuis 4,5 milliards d'années. Comme il semble improbable que les milliers de volcans observés sur Vénus puissent produire de tels changements, les scientifiques ont élaboré d'autres hypothèses. L'une d'elles suggère que la croûte solide se serait progressivement épaissie au point d'entraver la dissipation d'une partie de l'énergie de la planète. Cet effet « cocotte-minute » aurait provoqué une augmentation de la température interne de la planète. Audelà d'un certain seuil, les roches chaudes et fluides du manteau de Vénus auraient suinté au travers de la croûte et se seraient épandues à la surface de la planète entière, la remodelant entièrement. Le nouveau magma aurait refroidi et le cycle se serait renouvelé plusieurs fois.

Sur Vénus, la journée est plus longue que l'année !

Cela ressemble au volcanisme fissural qui s'est produit plusieurs fois au cours de l'histoire de la Terre. Ce volcanisme est à l'origine de vastes épanchements de laves sur des millions de kilomètres carrés. Sur Vénus, il serait à plus grande échelle encore. ■

DATES

- En 1610, Galilée observe Vénus à la lunette et lui reconnaît des phases.
- En 1962, la sonde américaine Mariner 2 est le premier engin spatial à s'approcher à 36 600 km de Vénus.
- En 1967, le module russe de Venera 4 est le premier à se poser à la surface de Vénus.
- De 1989 à 1994, la mission Magellan établit une cartographie de Vénus par radar, avec une résolution de 100 m.

LE SAVIEZ-VOUS ?

Le 19 octobre 1967, la sonde américaine Mariner 5 mesure – sans se poser – le diamètre équatorial de la planète et effectue une première analyse de la composition de l'atmosphère. Mais la veille, le module russe de Venera 4 avait été le premier à se poser sur le sol vénusien et à y effectuer des mesures in situ. En tout, 15 sondes russes se poseront sur Vénus dont Venera 9, en 1975, qui prendra la première des deux seules photographies du sol.

CHIFFRES

- Distance au Soleil : de 107,4 à 109 millions de kilomètres
- Distance de la Terre : de 41 à 258 millions de kilomètres
- Durée du jour : 243 jours
- Durée de l'année : 224,695 jours
- Diamètre : 12 102 km
- Densité : 5,25

La Terre

la planète de la vie

Trois éléments singularisent la Terre : un fractionnement de sa surface en plaques mobiles les unes par rapport aux autres, l'abondance d'eau à l'état liquide, et la présence d'organismes vivants.

La Terre, à l'instar des autres planètes, s'est formée il y a 4,6 milliards d'années. Sa structure interne ressemble à celles de Vénus et de Mars. Autour d'un noyau principalement constitué de fer et de nickel, on rencontre un manteau formé de matériaux plus légers, essentiellement des composés du silicium. Le manteau lui-même est surmonté par une dure et mince coquille, la croûte.

Notre planète est cependant la seule où se poursuivent les grandes transformations géologiques. Son sol, en particulier, est en moyenne très jeune, comparé à l'âge de la planète. Cela est dû au renouvellement permanent de la croûte terrestre par un mécanisme unique dans le système solaire : la croûte rigide et la partie supérieure du manteau (qui, ensemble, forment ce que les géologues appellent la lithosphère) se sont cassées en une douzaine de plaques principales, et une multitude de microplaques. Certaines de ces plaques sont minces et forment la plupart du temps le fond des océans ; d'autres sont plus épaisses et constituent la majeure partie des continents. Les mouvements de ces plaques, que l'on qualifie de tectoniques ou lithosphériques, sont à l'origine des tremblements de terre. Elles se déplacent de quelques centimètres par an, engendrant des frictions le long de leurs zones de contact. Considérés sur des durées de quelques dizaines à quelques centaines de millions d'années, ces mêmes déplacements sont à l'origine de la surrection des chaînes montagneuses, dans les régions où les plaques se rencontrent, se chevauchent et se compriment.

Notre globe mérite bien l'appellation de planète bleue.

> *De l'eau salée recouvre plus des deux tiers du globe terrestre.*

L'existence d'eau liquide en abondance constitue un autre facteur de transformation de la surface de la Terre. L'eau provient en partie du dégazage des roches du manteau. Elle a été initialement injectée dans l'atmosphère par les volcans. Mais une fraction importante de cette eau, pense-t-on, a aussi été apportée au début de son histoire lors du pilonnage de la planète par des myriades de comètes. Aujourd'hui, l'eau recouvre plus des deux tiers de la surface du globe.

Les océans jouent le rôle de réservoirs énergétiques. Ils accumulent la chaleur apportée par le rayonnement solaire et la restituent selon leur propre rythme. De ce fait, la présence de grandes masses océaniques affecte de façon notable le climat terrestre. Les océans contribuent à homogénéiser la température aux différentes latitudes en transportant, grâce aux courants, l'énergie solaire reçue en abondance dans les régions équatoriales vers les régions polaires. Les interactions perpétuelles entre océans et atmosphère, par le biais du cycle de l'eau (succession d'évaporations et de précipitations), ajoutent encore à la complexité des transports d'énergie entre les différents points du globe.

L'eau à l'état liquide existe sur notre planète depuis au moins 3,8 milliards d'années. La distance de la Terre au Soleil n'explique que partiellement cette situation. L'échauffement direct par l'astre du jour est en réalité insuffisant pour assurer sans « aide extérieure » la température requise pour observer de l'eau liquide. De plus, le flux de rayon-

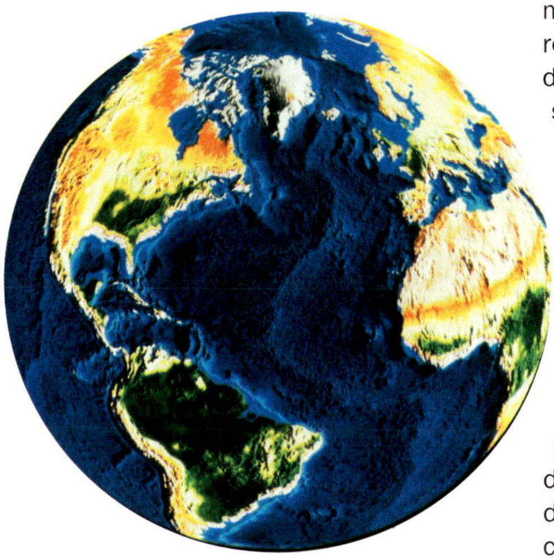

La topographie de la Terre montre des continents rocheux qui émergent des océans.

Une atmosphère riche en oxygène est le signe de la vie.

nement solaire n'est pas constant. Selon la théorie de l'évolution des étoiles, il a augmenté d'un tiers depuis la formation du système solaire. La permanence de l'eau liquide sur notre planète oblige donc à supposer l'existence d'un thermostat climatique, c'est-à-dire d'un ensemble de mécanismes régulant les conditions à la surface du globe. Le fonctionnement d'un tel thermostat – particulièrement complexe – repose sur l'effet de serre, lui-même contrôlé, pour l'essentiel, par l'abondance de deux gaz dans l'atmosphère : le dioxyde de carbone libéré par les phénomènes volcaniques et la vapeur d'eau.

La présence d'eau liquide ainsi que la belle stabilité climatique de la Terre ont permis l'apparition et le développement d'organismes vivants, d'abord dans ses océans puis sur les continents. Ces formes de vie, attestées depuis 3,5 milliards d'années, ont progressivement changé le visage de la planète en y constituant un domaine nouveau, appelé la biosphère. Grâce au mécanisme de la photosynthèse, apparu il y a 2,6 milliards d'années, les organismes vivants ont commencé à récupérer directement le carbone du dioxyde de carbone atmosphérique dissous dans l'eau. Ils ont ainsi progressivement enrichi l'atmosphère en oxygène, une caractéristique unique dans le système solaire. Par ailleurs, de nombreuses roches ont une origine biologique, des charbons aux roches sédimentaires, en passant par un grand nombre de calcaires.

Un phénomène encore plus extraordinaire caractérise la Terre : l'action de notre espèce, dont les effets ont pris l'ampleur d'un phénomène géologique global, au cours des dernières décennies. Les conséquences de l'intensification de l'activité industrielle tout au long du XXe siècle sont désormais perceptibles sur la composition chimique de l'atmosphère, des sols et des eaux, ainsi que sur le devenir de nombreuses espèces vivantes. Fait unique, du moins dans le système solaire, le sort d'une planète – notre planète – ne dépend plus des seules nécessités astronomiques et géologiques. Il relève de l'exercice de choix, voire de la prise de conscience d'une responsabilité. C'est toute l'étrangeté de la Terre. ■

Certaines régions de la Terre montrent des volcans et des ravinements caractéritiques d'une érosion intense due au ruissellement d'eau liquide en surface.

LE SAVIEZ-VOUS ?

La quantité d'énergie solaire reçue en un point donné à la surface du globe dépend de l'inclinaison de l'axe de rotation terrestre par rapport au Soleil. Que cet axe bascule, et c'en serait fini de la stabilité climatique de notre planète. Heureusement, la Lune est là ! Son attraction gravitationnelle tend à stabiliser l'axe de rotation terrestre, qui aurait pu basculer inopinément du fait des perturbations occasionnées par Jupiter et les autres planètes géantes...

GROS PLAN

La Terre ne tourne pas sur elle-même à la même vitesse selon que l'on considère son manteau et son écorce, son atmosphère ou son noyau. L'atmosphère circule ainsi avec une vitesse supérieure de 10 mètres par seconde à celle de la partie solide du globe. Quant au noyau, il prend tous les ans une petite avance de 1° par rapport au reste de la planète. En 360 ans, il accomplit donc 361 rotations.

CHIFFRES

- Distance au Soleil : de 147,1 à 152,1 millions de kilomètres
- Durée du jour : 23 heures 56 minutes 4 secondes
- Durée de l'année : 365 jours 6 heures 9 minutes 9,5 secondes
- Diamètre équatorial : 12 756 km
- Densité : 5,52

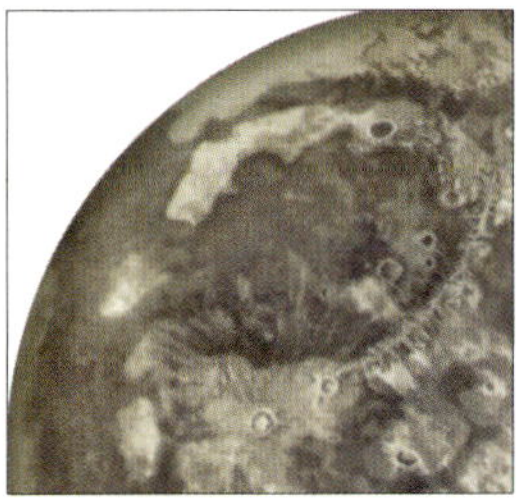

La Lune
un compagnon vital

La Lune est un astre figé. Sa surface garde la trace de tous les événements qui ont jalonné son existence. Longtemps mystérieux, le scénario de sa création semble aujourd'hui établi.

Au début de son histoire, la Terre a été percutée par un astre volumineux, projetant de multiples débris dans l'espace environnant. L'accrétion de ces blocs satellisés a conduit à la formation de notre satellite naturel en quelques dizaines d'heures seulement.

La Lune est un corps désolé de 3476 km de diamètre, dépourvu d'atmosphère. Les températures y sont extrêmes : de –170 °C à l'ombre à +130 °C au soleil. Distante en moyenne de 384 400 km de la Terre, elle accomplit sa révolution en 27,3 jours (révolution sidérale) autour de la Terre. Mais, dans le même temps, la Terre se déplace sur son orbite, si bien qu'en réalité il s'écoule 29,5 jours pour que la Lune reprenne la même position par rapport à l'astre du jour. Autrement dit, 29,5 jours séparent deux mêmes phases lunaires (révolution synodique).

Le paysage lunaire n'est que plaines, montagnes et failles constellées de cratères de toutes tailles. Cette surface, figée depuis des centaines de millions d'années, a conservé la mémoire des grands événements de son histoire. Les missions Apollo ont permis de récolter des roches lunaires afin de les dater et de reconstituer le passé de notre satellite.

La Lune serait née d'une collision entre un objet de la taille de Mars et la Terre.

En analysant ces échantillons, les scientifiques ont établi que la Lune avait 4,5 milliards d'années, c'est-à-dire le même âge que la Terre. L'astre possède ses continents, des terrains clairs et chaotiques criblés de cratères, et ses mers, zones sombres et lisses relativement pauvres en cratères. Les continents affichent plus de 3,8 milliards d'années. Les mers se sont formées plus récemment : de 3,2 à 3,8 milliards d'années. Par la suite, les planétologues ont établi une corrélation entre ces datations et le degré de cratérisation (ou densité de cratères) des zones d'origine des échantillons. Il en résulte que plus un terrain est ancien, plus il comporte d'impacts météoritiques. Cette méthode, extrapolée aux autres planètes, donne une indication de l'âge des terrains par la seule observation.

L'étude globale de la Lune révèle un fort déficit en fer par rapport à la Terre. Et cela pose un problème quant à sa formation. En effet, si l'on suppose qu'elle s'est constituée dans une région du système solaire proche de la Terre, sa composition devrait être quasi similaire à celle de notre

DATES

- De –4,5 à –3,8 milliards d'années, période d'intense bombardement météoritique.
- De –3,8 à –3,2 milliards d'années, formation des mers lunaires par remontées de basalte.
- Il y a 110 millions d'années s'est formé Tycho, l'un des derniers gros cratères de la Lune.
- Le 20 juillet 1969, l'homme marche pour la première fois sur la Lune.

planète. La Lune se serait-elle formée dans une autre région et aurait-elle ensuite été capturée par la Terre ? Un tel scénario n'est possible que pour un corps gravitant déjà sur une orbite très voisine.

Depuis 1975, les astronomes pensent plutôt que la jeune Terre a été percutée de manière tangentielle par un objet de la taille de Mars il y a 4,5 milliards d'années. Sous le choc, de grandes quantités de matières issues du manteau rocheux de la Terre, moins riches en fer que le centre, auraient été éjectées autour de la Terre. En quelques dizaines d'heures seulement, ces débris se seraient agglomérés pour constituer un nouveau corps en orbite autour de la Terre : la Lune. Comme les autres planètes telluriques, le tout jeune astre avait à ses débuts l'allure d'un globe rougeoyant, sous l'effet de la chaleur engendrée par l'intense bombardement météoritique qui se poursuivit de 4,4 à 3,8 milliards d'années. Puis, en une centaine de millions d'années, l'océan de magma de 450 km d'épaisseur qui le recouvrait se refroidit. Les minéraux les plus lourds, comme l'olivine et le pyroxène, sombrèrent pour constituer le manteau, alors que les éléments les plus légers, tels que les feldspaths, se solidifièrent en surface pour constituer la croûte. Celle-ci,

La Lune sert de référence à la datation des planètes du système solaire.

épaisse de 60 à 80 km selon les régions, forme les continents lunaires.

Les chutes de météorites qui se poursuivirent par la suite ont largement abîmé cette croûte, imprimant dans ses roches de larges cicatrices telles que le cirque Clavius. Simultanément, de très gros bolides météoritiques ont creusé d'immenses bassins circulaires. Il y a 3,7 milliards d'années, ces cuvettes géantes se sont remplies de basalte en fusion remonté des entrailles de la Lune pour former ces étendues sombres que l'on nomme les « mers ». Cette phase n'a duré que 500 millions d'années, puis l'activité volcanique de la Lune a presque totalement cessé il y a 3,2 milliards d'années.

La Lune présente des zones sombres, appelées « mers », relativement jeunes (peu cratérisées), qui sont des bassins d'épanchement de basaltes.

LE SAVIEZ-VOUS ?

En 1998, la sonde américaine Lunar Prospector a décelé la présence d'eau près du pôle Sud de la Lune. Il s'agirait d'une modeste poche souterraine de 300 millions de tonnes de cristaux de glace mêlés à du régolite (roches pilées par le bombardement météoritique), qui subsisterait à 50 cm de profondeur. Cette eau aurait été apportée par la chute de comètes sur plusieurs centaines de millions d'années.

Jean-Baptiste Riccioli
(1598-1671)

Ce jésuite italien publia en 1651 l'*Almagestum Novum*, dont il consacre plusieurs chapitres à la cartographie lunaire. C'est lui qui a donné les noms encore employés aujourd'hui pour désigner les mers lunaires ainsi que les principaux cratères, comme Copernic, Archimède ou Grimaldi, qui n'était autre qu'un de ses confrères.

C'est pour cette raison qu'il n'existe sur la Lune aucun relief de taille similaire à ceux de la Terre. Les seules montagnes existantes, comme la chaîne des Apennins en bordure de la mer des Pluies, ne sont en réalité que les remparts des énormes cratères que constituent les mers. Celles-ci occupent 31,2 % de la surface de l'hémisphère visible de la Terre, mais ne couvrent que 2,6 % de l'hémisphère caché. L'attraction terrestre a probablement joué un rôle dans cette dichotomie, en favorisant l'écoulement des laves sur la face tournée vers notre planète. ■

CHIFFRES

- Distance de la Terre : de 356 375 à 406 720 kilomètres
- Diamètre : 3476 km
- Densité : 3,34

Mars

la planète des sables

Les paysages de la planète rouge offrent l'image d'étendues arides battues par de grandes tempêtes de sable saisonnières. Mais ce monde désert conserve les traces d'un passé où l'eau coulait en abondance et où, peut-être, la vie a éclos...

Les déserts martiens sont d'une grande variété : des étendues jonchées de blocs rocheux, des dunes de sable brun-jaune, des lits de rivières asséchées, des cratères aux éjectats lobés, des volcans gigantesques et des canyons démesurés. Ces reliefs suggèrent que dans un passé lointain Mars a probablement ressemblé à la Terre, non pas dans sa morphologie actuelle mais dans celle qui était la sienne il y a 4 milliards d'années.

Mars abrite le plus grand volcan du système solaire : Olympus Mons (27 km d'altitude).

Vue d'orbite, la planète Mars montre deux grandes structures : le canyon Valles Marineris, qui entaille la planète sur toute sa largeur, et le plateau volcanique de Tharsis, sur lequel ont poussé les principaux volcans martiens (taches sombres, à gauche).

La première exploration approfondie de Mars, réalisée en 1976 par les deux sondes américaines Viking, a permis aux planétologues d'élaborer les premiers scénarios de formation de ce monde deux fois plus petit que la Terre, et d'en reconstituer l'histoire. Les missions suivantes n'ont fait que confirmer et préciser les théories. Durant une période comprise entre –4,5 milliards d'années et –3,8 milliards d'années, Mars, comme la Terre ou Vénus, a subi un intense bombardement de météorites. À cette époque, l'énergie interne de la planète alimentait un volcanisme très actif. Les éléments les plus volatils contenus dans les tréfonds de la planète, tels que le gaz carbonique (CO_2) et la vapeur d'eau, étaient peu à peu relâchés par les volcans pour former une atmosphère dense et chaude. La température et la pression atmosphériques autorisaient la présence d'eau à l'état liquide. Celle-ci ruisselait à la surface de la planète, formait des rivières et des fleuves dont les sondes observent aujourd'hui les lits asséchés. Ces cours d'eau se déversaient très probablement dans des lacs et des mers qui occupaient en particulier les basses plaines de l'hémisphère Nord.

La planète rouge et la Terre se ressemblaient alors beaucoup, même si sur Mars, plus éloignée du Soleil, la température est plus froide. Si des formes de vie se sont développées sur Mars, c'est à cette époque qu'elles ont dû naître. Cette hypothèse est étayée par le fait que lorsque la Terre connaissait des conditions similaires, elle abritait déjà des micro-organismes.

Mais le destin de Mars et de ses éventuels Martiens a tourné court. Ce monde voisin, trop petit pour contenir

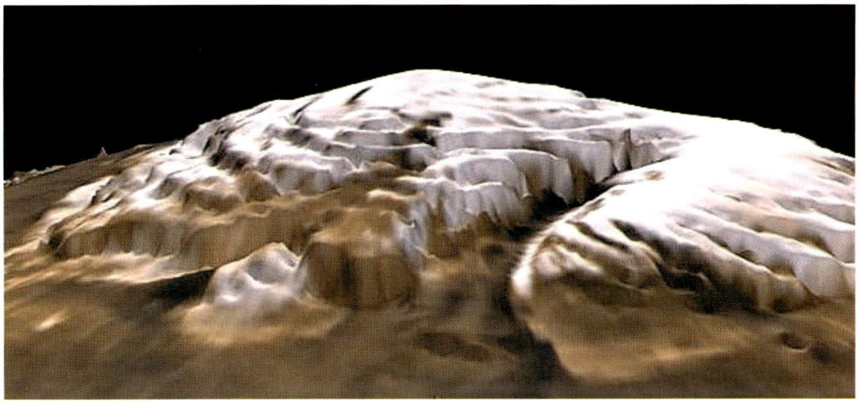

Cette reconstitution (relief exagéré) de la calotte glaciaire nord montre de profondes crevasses qui entaillent les couches de glace d'eau et de glace carbonique.

La surface de la planète rouge est un désert de sable et de rochers. On remarque les traces laissées par la pelle de la sonde Viking.

de l'énergie interne en quantité, s'est peu à peu refroidi et figé. Une partie du gaz carbonique s'est échappée dans l'espace, une autre partie a vraisemblablement réagi avec le sol pour former des carbonates. Mais le volcanisme s'est arrêté et n'a plus fourni de gaz carbonique à l'atmosphère. Voilà pourquoi l'atmosphère de Mars s'est raréfiée jusqu'à disparaître presque totalement. Par ailleurs, l'eau n'a pu se maintenir sous forme liquide. Elle s'est soit échappée dans l'espace, soit solidifiée sous forme de glace dans le sous-sol ou les calottes polaires.

Depuis, l'eau n'a coulé qu'épisodiquement sur la planète devenue aride, à l'occasion d'impacts de météorites ou de petits sursauts de volcanisme. Il y a 800 millions d'années, le réveil passager du plateau de Tharsis, qui abrite les volcans les plus imposants de tout le système solaire (dont Olympus Mons et ses 27 km d'altitude), a sans doute réchauffé des parties de la croûte et liquéfié de grandes quantités de glace qui ont provoqué des inondations aussi brèves que catastrophiques. En l'absence d'atmosphère dense, donc de pression suffisante, l'eau suinta à travers les sables de Mars et ne resta liquide que peu de temps. Le dernier épanchement de ce genre eut lieu il y a seulement 2 millions d'années. Ces événements montrent qu'une grande quantité d'eau gît encore dans le sous-sol martien.

Aujourd'hui, Mars ne garde comme similitude avec la Terre que sa période de rotation, proche de 24 h 37 min, et ses calottes polaires qui s'étendent et s'étiolent au fil des saisons. La pression de son atmosphère ne dépasse pas 0,08 fois celle de la Terre et sa température moyenne oscille autour de −40 °C, avec de très rares poussées supérieures à zéro, en été, à l'équateur. ■

Des inondations torrentielles ont raviné le sol de la planète rouge.

LE SAVIEZ-VOUS ?

Mars possède deux minuscules satellites, baptisés Phobos et Deimos (Peur et Terreur, en grec) qui ne sont autres que des astéroïdes capturés par la planète rouge. Découverts en 1877 par l'astronome américain Asaph Hall, ils ont grossièrement la forme de deux ballons de rugby mesurant respectivement 22 et 11 km de diamètre.

DATES

- 1907 : L'astronome américain Percival Lowell parvient à convaincre une grande partie de l'opinion publique qu'il observe sur Mars les traces d'une civilisation.
- 1965 : Mariner 4, première sonde à survoler Mars.
- 1976 : Les sondes Viking 1 et 2 cartographient l'essentiel de la planète et déposent deux stations au sol afin de détecter la vie.
- Juillet 1997 : Mars Pathfinder dépose sur Mars le premier robot mobile Sojourner qui parcourra quelques dizaines de mètres sur la planète rouge.

CHIFFRES

- Distance au Soleil : de 207 à 249 millions de kilomètres
- Distance de la Terre : de 56 à 400 millions de kilomètres
- Durée du jour : 24 heures 37 minutes 22 secondes
- Durée de l'année : 686,93 jours
- Diamètre à l'équateur : 6792 km
- Densité : 3,91
- Satellites : 2, Phobos et Deimos

On a roulé sur Mars

la mission Pathfinder

Le 4 juillet 1997, à 19 h 07 (heure de Paris), la sonde Mars Pathfinder s'est posée avec succès sur la planète rouge. Le site d'atterrissage, baptisé Ares Vallis, est situé au confluent de deux anciens chenaux, maintenant asséchés, où se sont produites des inondations catastrophiques d'eau et de boues, il y a 2 à 3 milliards d'années.

Il s'agissait avant tout pour la NASA de tester un nouveau concept

de sonde moins onéreuse. Envoyée en « tir direct », la sonde s'est posée sur la planète sans mise en orbite préalable, opération coûteuse en carburant. Un bouclier thermique, puis un parachute ont freiné sa vitesse dans l'atmosphère martienne. Enrobé de ballons protecteurs, ou airbags, le module d'atterrissage a rebondi sur le sol avant de s'immobiliser et de déployer ses trois pétales tapissés de cellules solaires. Puis un petit robot mobile de 10,5 kg, Sojourner, a été guidé parmi les rochers afin d'analyser leur composition chimique.

Les premières images ont montré un paysage beaucoup plus chaotique que celui observé par Viking : de nombreux blocs de roche, arrachés en amont, charriés, puis abandonnés, jonchent la surface du sol. Certains sont gris, d'autres tapissés de vacuoles partiellement remplies de poussières, attestant une érosion éolienne. Le sol brun-jaune est de nature sableuse et non poussiéreuse. À l'horizon, sur les flancs des deux collines baptisées « Twin Peaks », hautes de 30 à 40 mètres, des planétologues ont cru voir des traces d'érosion dues au passage des eaux.

La couleur rose du ciel martien est essentiellement due aux fines poussières rouges en suspension dans l'atmosphère. ■

Les planètes géantes

quatre globes de gaz

Circulant dans la partie externe du système solaire, Jupiter, Saturne, Uranus et Neptune sont des planètes gazeuses très massives, mais aussi très dilatées en volume. Elles méritent à double titre le qualificatif de planètes géantes.

Les planètes géantes forment une famille relativement homogène, tant par leurs caractéristiques internes que par leur environnement immédiat. Ainsi, par exemple, sont-elles toutes les quatre entourées de systèmes complexes de satellites et d'anneaux. Jupiter, qui est la plus grosse planète du système solaire, illustre parfaitement la spécificité de ce groupe. Sa masse, 300 fois supérieure à celle de la Terre, correspond à 71 % de la masse totale des objets gravitant autour du Soleil. Comme ses congénères gazeuses, elle détient en son centre un noyau rocheux gros comme la Terre. Mais, pour l'essentiel, la composition chimique de Jupiter et de ses sœurs reflète celle de la nébuleuse primitive, à savoir une forte proportion d'hydrogène et, dans une moindre mesure, d'hélium.

Jupiter renferme un océan d'hydrogène liquide profond de plusieurs milliers de kilomètres.

Jupiter se distingue par ses bandes colorées, sa grande tache rouge et ses nombreux tourbillons géants.

Au cœur de ces planètes gazeuses, dans les régions internes où règne une pression excessivement élevée, l'hydrogène est à l'état liquide et constitue un océan profond de plusieurs milliers de kilomètres enrobant le noyau rocheux. Dans la partie externe, ce gaz, accompagné de nombreux autres constituants, forme une épaisse atmosphère où se superposent plusieurs couches nuageuses. Le caractère le plus marquant de cette enveloppe gazeuse est l'alternance, parallèlement à l'équateur, de régions sombres, appelées ceintures ou bandes, et de régions claires, baptisées zones.

Depuis trois siècles, on observe sur Jupiter une immense structure nuageuse, la « grande tache rouge », dans laquelle tiendraient aisément trois planètes de la taille de la Terre. Cette tache est un gigantesque tourbillon anticyclonique (il tourne dans le sens des aiguilles d'une montre). Des perturbations de plus petite ampleur se signalent par l'apparition et la disparition épisodique de taches plus petites, blanchâtres ou brunes, nommées ovales.

L'identification des molécules responsables de la coloration très marquée de la grande tache et des autres régions a récemment progressé grâce aux données recueillies par la sonde Galileo et par le télescope spatial infrarouge ISO. Mais la variété des couleurs observées, où dominent les bruns, le jaune, le roux et le bleu-vert, relève d'une chimie complexe à élucider.

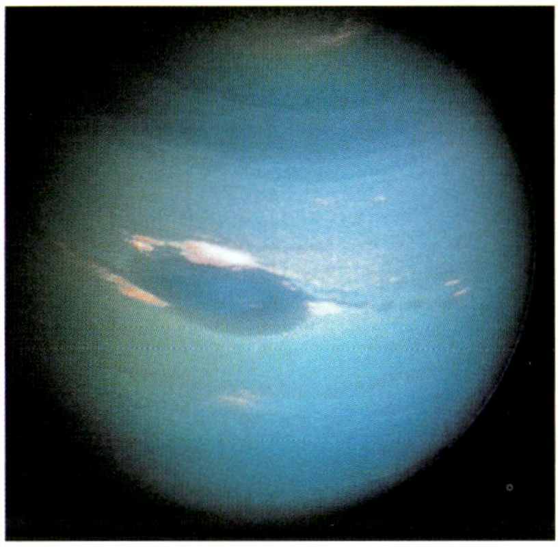

La tache sombre visible sur Neptune serait un immense tourbillon.

Les planètes géantes gazeuses possèdent un noyau rocheux aussi gros que la Terre.

LE SAVIEZ-VOUS ?

S'il existait quelque part un océan suffisamment grand pour que l'on y plonge Saturne, la planète flotterait à sa surface. La planète aux anneaux majestueux est la moins dense du système solaire. Sa densité de 0,7 gramme par centimètre cube est nettement inférieure à celle de l'eau (1 g/cm^3).

Un autre facteur intervient pour expliquer le contraste entre les zones et les ceintures : leur éclairement. Les nuages formant les zones sont les plus hauts et apparaissent donc plus clairs car ils reçoivent directement la lumière de l'astre du jour. Ceux qui se situent en profondeur, et appartiennent aux ceintures, sont à l'ombre des précédents et apparaissent donc plus sombres.

Saturne doit à son système d'anneaux brillants d'être l'astre le plus spectaculaire du système solaire. Cette planète ressemble beaucoup à Jupiter, bien que légèrement plus petite. Sa composition globale est presque identique et l'on observe dans son atmosphère la même alternance de bandes et de zones nuageuses. Celles-ci sont cependant beaucoup moins contrastées, probablement parce qu'une couche de brume formée de cristaux d'ammoniac (NH_3) les enveloppe et estompe leurs contours. Comme sur Jupiter, enfin, des tempêtes se révèlent sous forme de taches colorant la surface de Saturne.

Les deux dernières planètes sont beaucoup plus éloignées et bien moins connues. Découverte en 1781 par William Herschel, Uranus a également une atmosphère essentiellement constituée d'hydrogène, mais elle est colorée d'un bleu-vert laiteux par du méthane. Alors que l'axe de rotation des autres planètes est à peu près perpendiculaire au plan de leur orbite, Uranus est presque complètement couchée sur son axe. Ce basculement pourrait avoir été provoqué par une violente collision avec une planète de la masse de la Terre, au tout début de la formation du système solaire.

La découverte de Neptune par l'Allemand J.G. Galle remonte à 1846, après que le Français Le Verrier en a prédit l'existence en se basant sur les perturbations de l'orbite d'Uranus. Neptune n'est réellement connue que depuis son survol par Voyager 2, en août 1989. La sonde a révélé une planète encore plus bleue que notre Terre. Cette couleur a été attribuée, à l'instar d'Uranus, à l'abondance de méthane dans une atmosphère essentiellement constituée d'hydrogène. Lors de ce survol, de nombreux tourbillons, des perturbations atmosphériques et des nuages ressemblant à des cirrus ont été observés alors qu'ils évoluaient très rapidement autour de Neptune. Nommé la « grande tache sombre », l'un de ces ouragans géants ressemble beaucoup à la grande tache rouge de Jupiter. ■

Saturne semble moins tourmenté que Jupiter. Ses larges bandes, moins marquées que celles de Jupiter, montrent peu de tourbillons.

CHIFFRES

Jupiter
- Distance au Soleil : de 740 à 816 millions de kilomètres
- Durée de l'année : 11 ans 315 jours
- Diamètre : 143 000 km

Saturne
- Distance au Soleil : de 1346 à 1511 millions de kilomètres
- Durée de l'année : 29 ans 167 jours
- Diamètre : 120 500 km

Uranus
- Distance au Soleil : de 2742 à 3008 millions de kilomètres
- Durée de l'année : 84 ans 7,4 jours
- Diamètre : 51 000 km

Neptune
- Distance au Soleil : de 4460 à 4540 millions de kilomètres
- Durée de l'année : 164 ans 280 jours
- Diamètre : 49 500 km

Turbulences et tempêtes

l'atmosphère agitée des planètes géantes

Bien qu'elles reçoivent très peu d'énergie en provenance du Soleil à cause de leur éloignement, les planètes géantes ont des atmosphères très perturbées. Au programme, vents d'une violence inouïe et ouragans monstrueux...

Cette tache noire est en réalité un trou dans la couche nuageuse de Jupiter.

La tache rouge de Jupiter est un ouragan géant de 30 000 km de diamètre.

Jupiter, la plus grosse planète du système solaire, est aussi la planète de tous les superlatifs en ce qui concerne son climat et sa météorologie. Des vents soufflant à plus de 300 km/h en surface entraînent en permanence les ceintures nuageuses. D'autres circulant sur des milliers de kilomètres de profondeur peuvent atteindre la vitesse de 800 km/h. De terribles tempêtes se lèvent parfois dans l'atmosphère jovienne : elles se manifestent sous la forme de vastes taches persistant des mois ou des années. La grande tache rouge, par exemple, est une tempête qui existe depuis au moins 300 ans (depuis qu'on l'observe). Il s'agit d'un tourbillon de plus de 30 000 km de diamètre, au sein duquel les vents déroulent une interminable procession de nuages venus des profondeurs de l'atmosphère. Des taches appelées ovales, plus petites et plus claires, cernent cette perturbation. D'autres taches évoluent à une vitesse effrénée le long des bandes nuageuses. Entraînées par les vents, ces structures font le tour de l'immense globe en seulement quelques heures. Parfois ces tempêtes se rattrapent, s'enchevêtrent et fusionnent. C'est ce qui est arrivé, en 1998, à deux ovales clairs dont l'évolution était suivie depuis un demi-siècle. Chacun d'entre eux affichait un diamètre de plus de 8000 km. L'ouragan résultant est désormais assez grand pour avaler une planète comme la Terre...

Saturne semble avoir un climat plus tranquille et constant. Peut-être est-ce parce que ses formations nuageuses apparaissent plus estompées. Cette planète reste toutefois sensible au rayonnement solaire, comme le révèle l'apparition périodique d'une grande tache blanche dans son atmosphère. Elle rappelle les ovales de Jupiter et semble, comme eux, correspondre à un courant ascendant d'ammoniac (NH_3) qui se solidifierait en fins cristaux brillants à partir d'une certaine altitude. Cette tache s'est manifestée pour la dernière fois en 1990 ; elle était beaucoup plus étendue que les précédentes. Le phénomène se reproduit approximativement tous les trente ans. Une durée qui est justement celle de la période de révolution de la planète autour du Soleil. Des saisons existent donc sur Saturne et l'on peut situer l'apparition de la perturbation au milieu de l'été dans l'hémisphère Nord.

Uranus représente un cas très spécial. Les données recueillies par la sonde Voyager 2 lors de son survol de la planète en 1986 en avaient donné

Tous les 30 ans (une année saturnienne), une gigantesque tempête saisonnière (flèche) se déclenche dans la zone équatoriale de Saturne.

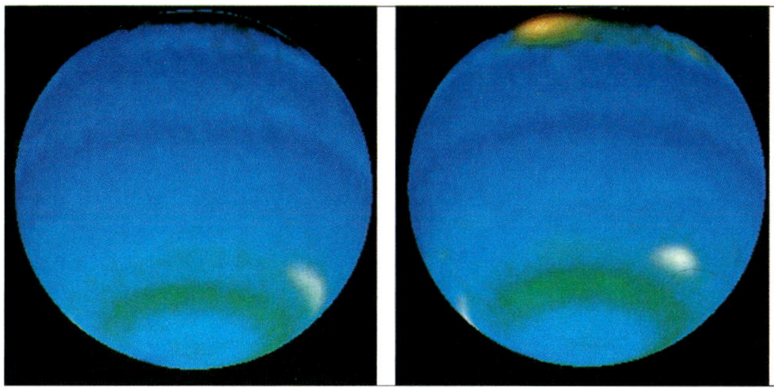

Grâce à Hubble, des mouvements de l'atmosphère neptunienne ont pu être détectés. On a notamment observé le déplacement de fins nuages blancs d'ammoniac dans la haute atmosphère de cette planète.

Neptune connaît des vents soufflant à 2000 km/h : ce sont les plus rapides du système solaire.

une image assez décevante, avec une atmosphère dépourvue de nuages. Pourtant, Uranus est la seule planète dont l'axe de rotation soit couché sur son orbite. Résultat, ses régions polaires sont alternativement exposées au Soleil ou plongées dans l'obscurité pendant la moitié de l'année d'Uranus, qui dure 84 ans terrestres. Cette situation implique l'existence de saisons très marquées, dont on commence seulement à découvrir les effets. Ainsi, des images récentes fournies par le télescope spatial Hubble ont révélé de notables changements dans l'atmosphère uranienne. De la brume est apparue au-dessus d'un pôle Sud encerclé de nuages aussi grands qu'un continent terrestre. Dans l'hémisphère Nord, des nuages ont été vus pour la première fois, ainsi que des ceintures qui rappellent celles de Jupiter et de Saturne. Ces transformations semblent correspondre à l'arrivée du printemps dans l'hémisphère Nord d'Uranus, et nous réservent peut-être des surprises pour les années à venir.

Tout aussi originale apparaît la météorologie de Neptune. Des vents très violents – les plus rapides du système solaire – agitent sa froide atmosphère. Leur souffle dépasse les 2000 km/h. Voyager 2 a montré en 1989 l'existence de quelques nuages blancs et d'une grande tache sombre, comparable à la grande tache rouge de Jupiter, mais qui semble avoir disparu depuis 1996. La raison de ces vitesses extrêmes pour les vents d'Uranus, comme pour ceux de Jupiter, reste mystérieuse. Ces planètes reçoivent en effet peu d'énergie du Soleil.

Deux hypothèses sont avancées pour expliquer des phénomènes aussi énergétiques. À l'exception d'Uranus, l'énergie dont disposent les atmosphères des planètes géantes ne provient pas que du Soleil. Neptune, par exemple, rayonne 3 fois plus d'énergie qu'elle n'en reçoit du Soleil, et Jupiter 1,7 fois plus. Une partie de cette énergie est produite dans les régions internes de ces planètes géantes. Elle chauffe peut-être suffisamment l'atmosphère pour entraîner une circulation violente des masses gazeuses.

L'autre raison avancée par les astronomes est que l'énergie solaire est bien mieux utilisée par l'atmosphère de ces planètes gazeuses que par l'atmosphère des planètes rocheuses où les masses d'air en mouvement sont freinées efficacement par celles qui sont au repos. Dans le cas des planètes géantes, les immenses masses de gaz sont difficiles à dévier ou à freiner. Une fois un processus atmosphérique lancé, il a beaucoup de mal à disparaître. Ce qui expliquerait la longévité d'une structure comme la grande tache rouge. ■

LE SAVIEZ-VOUS ?

Compte tenu du basculement de l'axe de rotation d'Uranus, ce sont ses pôles, et non ses régions équatoriales, qui reçoivent le plus d'énergie en provenance du Soleil. Cette particularité engendre une circulation de l'énergie très spéciale. Les régions les plus froides se situent ainsi aux latitudes qui correspondent à nos tropiques et, plus déroutant encore, le pôle plongé dans l'obscurité parvient à être légèrement plus chaud que le pôle exposé au Soleil !

CHIFFRES

- Températures mesurées au sommet des nuages :

Jupiter : de –120 °C à –150 °C
Saturne : de –180 °C à –190 °C
Uranus : –220 °C
Neptune : –215 °C.

- Dans les régions centrales de ces planètes, on estime que les températures sont de l'ordre de 20 000 à 30 000 °C.

Les satellites des géants

une escorte de nature surprenante

Les quatre planètes géantes du système solaire possèdent une riche escorte de satellites. Le survol de la plupart d'entre eux par des sondes spatiales a révélé une diversité aussi surprenante qu'inattendue.

Découvertes en 1610 par Galilée, les quatre principales lunes de Jupiter – Io, Europe, Ganymède et Callisto – portent aujourd'hui le nom de satellites galiléens. À l'heure actuelle, 16 satellites ont été identifiés autour de cette planète, en particulier grâce aux images transmises par les sondes spatiales Voyager. Pour sa part, Saturne compte au moins 18 satellites. Le plus gros, Titan, est par ailleurs le seul à posséder une atmosphère épaisse, comparable à celles des planètes rocheuses. Une vingtaine de satellites entourent Uranus, parmi lesquels Obéron, Ariel, ou encore l'étrange Miranda. Neptune, enfin, beaucoup plus éloignée, n'a révélé jusqu'ici que huit satellites, dont Triton, une grosse lune dont on fait souvent la sœur jumelle de Pluton.

Ganymède, satellite de Jupiter, est plus gros que Mercure.

Deux satellites remarquables de Jupiter (au milieu) : Europe et sa croûte de glace (à droite), Io et ses éruptions volcaniques soufrées (à gauche).

Le nombre exact des satellites gravitant autour des planètes géantes n'est pas connu. Une soixantaine ont été répertoriés, beaucoup ont des dimensions comparables à notre Lune. Avec un rayon de 2634 km, Ganymède est même plus gros que la planète Mercure (2439 km). La plupart sont cependant de très petites dimensions (de l'ordre d'une dizaine de kilomètres) et constitués d'un matériau sombre qui rend leur détection difficile. La liste n'est donc pas close. En 1999, deux nouveaux corps ont encore été identifiés autour d'Uranus.

Pendant très longtemps, les satellites n'étaient que des points brillants vaquant à proximité de leur planète de tutelle, dont on se contentait d'étudier les orbites. Mais depuis que les sondes spatiales ont révélé la surface de tous ces corps, c'est littéralement un nouveau système solaire que les astronomes ont eu à étudier. Ainsi, on connaît mieux Ariel ou Dioné que Mercure ou Pluton. Tous ces nouveaux mondes se sont avérés d'une extraordinaire diversité. Certains, tels que Callisto, ou les saturniens Mimas ou Rhéa, possèdent des surfaces très anciennes. Ils sont couverts de cratères causés par les bombardements de météorites au début de leur histoire. D'autres, à l'instar d'Europe et du minuscule saturnien Encelade, possèdent au contraire des surfaces étonnamment lisses et presque dépourvues de traces d'impacts. Ceux-là ont connu une activité géologique importante. Le record est ici détenu par Io, sur lequel on a identifié plus de cent volcans, dont plusieurs encore en activité. Mais la plupart du temps, ce n'est pas par un processus volcanique que le sol s'est renouvelé. C'est en raison de l'épanchement, au travers de grandes fissures, d'un matériau liquide (eau ou ammoniac) venu des profondeurs. Ces inondations à grande échelle expliqueraient les différences de couleur observées chez les gros satellites, notamment sur Ganymède ou sur l'uranien Ariel.

Io renferme plus de 100 volcans dont plusieurs sont encore en activité.

Les fissures par lesquelles le matériau liquide a atteint la surface peuvent avoir plusieurs causes. Dans le cas de certains satellites, la croûte de glace qui recouvre leur surface semble avoir été brisée par des météorites. Ce phénomène serait à l'origine de l'immense balafre qui barre la surface du saturnien Téthys. Les variations de forme et de volume des satellites pourraient également être invoquées. En se refroidissant, la plupart des gros satellites, composés pour moitié de glace et de roche, ont dû en effet grossir légèrement et se craqueler...

Cette image prise par Voyager 1 montre deux satellites de Jupiter : Io (à gauche) et Europe (à droite) sont respectivement à 350 000 km et 600 000 km de la planète géante.

Ganymède est parcouru de sillons s'étendant sur plusieurs centaines de kilomètres.

La diversité des satellites tient, pour une grande part, aux circonstances de leur naissance. Nombre de grosses lunes de Jupiter et de Saturne ne sont qu'un sous-produit de la formation de leur planète de tutelle, de la même façon que les planètes sont un sous-produit de la formation du Soleil. Les satellites d'Uranus, en revanche, proviendraient plutôt des débris agglomérés d'un corps de la masse de la Terre, entré en collision avec leur planète. Le scénario adopté pour expliquer l'origine des lunes de Neptune est tout aussi violent. Un premier système de satellites – dont Néréide resterait le seul survivant – se serait d'abord formé. Mais très vite un intrus, Triton, capturé par Neptune, aurait déstabilisé les satellites déjà présents. En se heurtant, ceux-ci se seraient brisés et éparpillés. Les nouvelles lunes seraient nées de ces débris.

La capture de corps étrangers semble aussi pouvoir expliquer l'origine de nombreux petits satellites. Caliban et Sycorax, deux des lunes récemment découvertes autour d'Uranus, s'apparentent visiblement aux noyaux cométaires qui circulent sur des orbites proches de celles des planètes géantes. Et l'on pourrait dire la même chose de Phœbé, la lune la plus lointaine de Saturne, ou encore des quatre satellites externes de Jupiter, dont l'aspect rappelle certains astéroïdes. ■

LE SAVIEZ-VOUS ?

Les forces gravitationnelles qui s'exercent entre les différents satellites synchronisent leurs mouvements orbitaux. Ainsi, lorsque Ganymède accomplit un tour complet sur son orbite, Europe effectue exactement deux tours et Io, quatre. Certaines lunes de Saturne partagent la même orbite sans jamais se rencontrer. C'est le cas de Dioné, escortée par la minuscule Hélène, ainsi que de Téthys, encadrée par Télesto et Calypso.

DATES

Découverte des satellites

- Jupiter : Io, Europe, Ganymède et Callisto (1610), Amalthée (1892), Élara et Himalia (1904), Pasiphaé (1908), Sinope (1914), Carme et Lysithéa (1938), Ananké (1951), Léda (1974), Adrastée, Métis et Thébé (1979).
- Saturne : Titan (1655), Japet (1671), Rhéa (1672), Téthys et Dioné (1684), Mimas et Encelade (1789), Hypérion (1848), Phœbé (1898), Janus (1966), Épiméthée (1978), Atlas, Prométhée, Pandore, Calypso, Télesto et Hélène (1980), Pan (1990).
- Uranus : Titania et Obéron (1787), Ariel et Umbriel (1851), Miranda (1948); satellites shakespeariens : Cordélia, Ophélie, Bianca, Cressida, Desdémone, Juliette, Portia, Rosalinde, Bélinda et Puck (1986), Caliban et Sycorax (1997), plus deux non encore nommés (1999).
- Neptune : Triton (1846), Néréide (1949), Naïade, Thalassa, Despina, Galatée, Larissa et Protée (1989).

Europe, Io, Triton...

des mondes variés et étranges

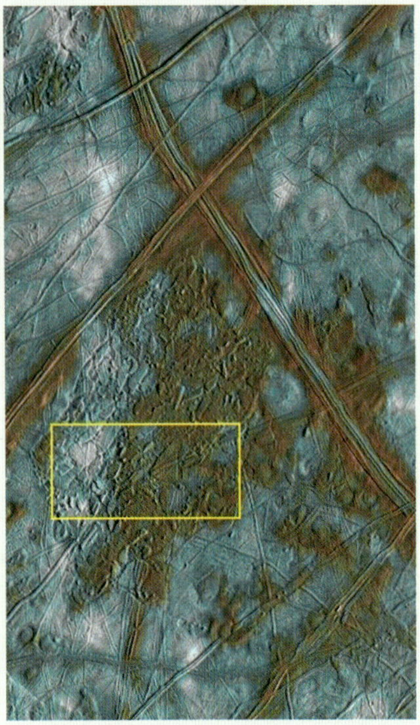

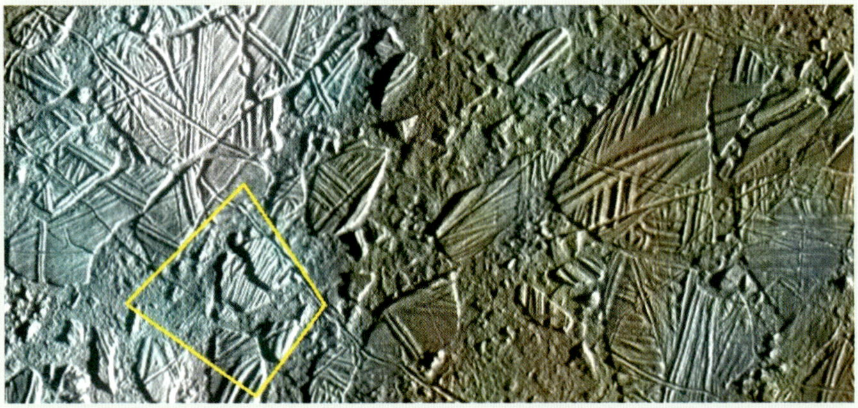

Europe présente une surface très lisse (pas de relief supérieur au kilomètre), très brillante, parcourue par un réseau de fractures qui s'étendent sur des centaines de kilomètres. Pratiquement dépourvu de cratère d'impact, ce satellite de Jupiter semble encore aujourd'hui géologiquement actif : sa surface se modifie en permanence en raison de mouvements profonds qui craquellent sa surface.

Celle-ci est constituée principalement d'une croûte de glace d'eau sur près de 150 km d'épaisseur. Sous cette croûte, il pourrait exister un océan d'eau liquide ou une couche de glace fondue, les deux étant rendus possibles grâce à la chaleur interne de la planète ou à des mouvements – des forces de marée – induits par la proximité de Jupiter. Ces fluides, se déplaçant en profondeur, seraient à l'origine des fractures visibles à la surface.

De près, cette croûte ressemble à une banquise. Les blocs sont ridés, cannelés sur de grandes distances, ce qui permet de tenter de reconstituer leurs positions initiales les uns par rapport aux autres.

La présence d'un tel océan liquide a relancé l'idée d'une vie possible même aux confins du système solaire. En effet, comme toutes les autres planètes, Europe a été bombardée au début de son histoire par des comètes et des astéroïdes qui l'ont arrosée d'eau et de molécules organiques. Ces molécules ont peut être trouvé ici des conditions favorables à l'éclosion d'autres molécules, dites prébiotiques, voire à l'éclosion d'une vie archaïque... ■

Io est criblé de grands cratères cernés d'un matériau sombre. Tous sont des volcans. Certains renferment des lacs de lave dont les épanchements dessinent de longs tentacules alentour. Une dizaine d'entre eux projettent d'immenses panaches dans l'espace. Un sol de couleur rouge, orangée ou encore blanche trahit les divers composés soufrés expulsés par les volcans. Le malaxage permanent des matériaux internes de Io, constamment ballotté par l'attraction gravitationnelle de ses voisins Europe et Ganymède, serait responsable de cette activité volcanique. ■

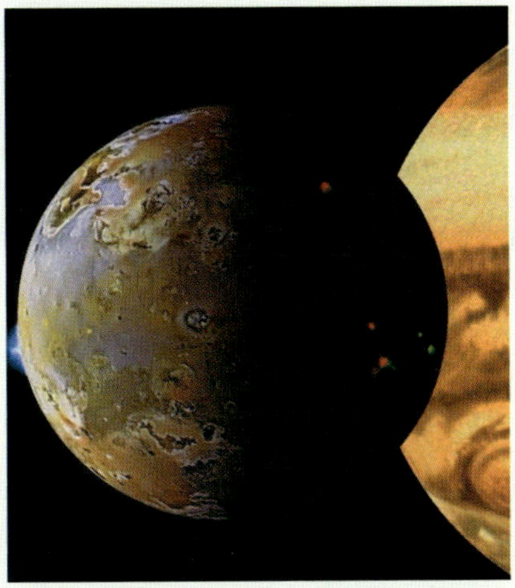

Titan, le plus gros satellite de Saturne, est le seul, dans le système solaire, qui soit doté d'une atmosphère épaisse. Celle-ci est principalement composée d'azote et on suppose qu'elle accueille une chimie proche de celle qui a dû précéder l'apparition de la vie sur la Terre. Le rayonnement ultraviolet du Soleil casse les molécules de méthane et favorise la formation de molécules carbonées telles que l'éthane ou l'acétylène. Ces molécules, condensées en fines gouttelettes, forment un brouillard impénétrable qui englobe la totalité de Titan et rend son sol pratiquement inobservable.

La surface lisse d'**Encelade**, satellite de Saturne, témoigne d'une importante activité géologique. Ses anciens cratères ont été gommés par l'irruption d'un matériau liquide qui s'est ensuite figé. Difficile d'expliquer la nature de ce phénomène. La très petite taille d'Encelade ne devrait pas pouvoir fournir une énergie interne suffisante pour faire fondre ce matériau. De plus, les conditions d'un malaxage analogue à celui qui échauffe l'intérieur de Io sont ici absentes. D'où un certain mystère… ■

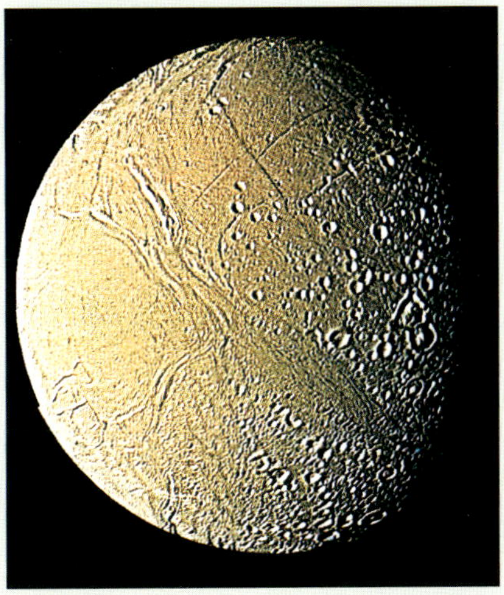

Miranda est le plus petit et le plus bizarre des satellites d'Uranus. Sa surface, couverte de cratères, est marquée par de très grosses masses, comme encastrées dans le sol. Ces énigmatiques chevrons, bordés de falaises parfois hautes de plus de 5 km, sont parcourus de cannelures aux formes géométriques, qui leur donnent l'aspect de feuillets superposés. Est-ce la conséquence d'une forme inédite de volcanisme ? Le satellite a-t-il été percuté par une météorite qui l'aurait fait voler en éclats ressoudés les uns aux autres ? ■

Triton est constitué pour trois quarts de roches et pour un quart de glace. Sa surface relativement jeune a un aspect qui rappelle la croûte d'un melon… L'astre possède une mince atmosphère d'azote, avec des traces de méthane. L'existence de cette atmosphère est paradoxale, car à la température de Triton (–235 °C), ces gaz devraient être solidifiés. En fait, le satellite expose alternativement ses pôles au Soleil sur des durées relativement longues. Autre particularité de Triton : de grands geysers crachent – peut-être de l'azote, du méthane et des poussières – à plus de 8 km d'altitude. ■

Les anneaux des géants

un des mystères du système solaire

Les quatre planètes géantes du système solaire sont entourées d'anneaux de blocs et de poussières. À l'exception de ceux de Saturne, très brillants, ils sont difficiles à observer et leur découverte est récente.

Tout comme les principales lunes de Jupiter, les anneaux de Saturne ont d'abord été signalés par Galilée, en 1610, qui les a pris pour des satellites. Mais c'est seulement en 1654 que Christiaan Huygens, disposant de meilleurs instruments d'observation, a pu affirmer que la planète était entourée d'un anneau brillant, d'un diamètre dépassant 500 000 km. On a alors émis l'idée que cette étrange structure pouvait être composée d'une multitude de petits satellites gravitant autour de Saturne sur des orbites très proches les unes des autres. Cette hypothèse a été confortée par des études théoriques qui ont montré qu'un anneau solide ne pourrait subsister et serait disloqué par la force gravitationnelle de Saturne. Grâce au survol de la planète par les sondes Voyager, on sait aujourd'hui que ces anneaux ont une épaisseur maximale de un kilomètre et qu'ils sont constitués de milliers d'anneaux. Ceux-ci abritent des milliards de cailloux recouverts de glace, dont les tailles vont de celle d'un grain de poussière à celle d'un rocher de quelques dizaines de mètres.

Les anneaux de Jupiter n'ont été découverts qu'en 1979.

Les anneaux de Saturne sont constitués de milliards de blocs de roche et de glace.

Jusqu'en 1977, les astronomes pensaient que Saturne était la seule planète du système solaire à posséder des anneaux. Ceux d'Uranus ont été détectés cette année-là depuis la Terre. À l'occasion de l'occultation d'une étoile, c'est-à-dire en passant devant celle-ci, les anneaux d'Uranus ont temporairement atténué sa luminosité. Mais c'est la sonde Voyager 2 qui les a réellement observés en 1986 et qui a permis de fixer – peut-être provisoirement – leur nombre à onze. De forme elliptique plutôt que circulaire, extrêmement étroits et écartés les uns des autres, les anneaux d'Uranus diffèrent beaucoup par leur aspect de ceux de Saturne. Ils s'en distinguent aussi par le matériau sombre, de composition inconnue, qui les constitue, et par l'absence relative de poussières.

Plus déroutants encore sont les anneaux de Jupiter. Ceux-ci n'ont été découverts, à la surprise générale, qu'en 1979, par la sonde Voyager 1, et sont presque indécelables depuis la Terre. Immergées dans un pâle halo aux contours indécis, les particules qui les constituent forment deux structures principales et sont un milliard de fois plus dispersées que celles des anneaux de Saturne. Très proches de Jupiter, ces anneaux en frôlent presque les nuages.

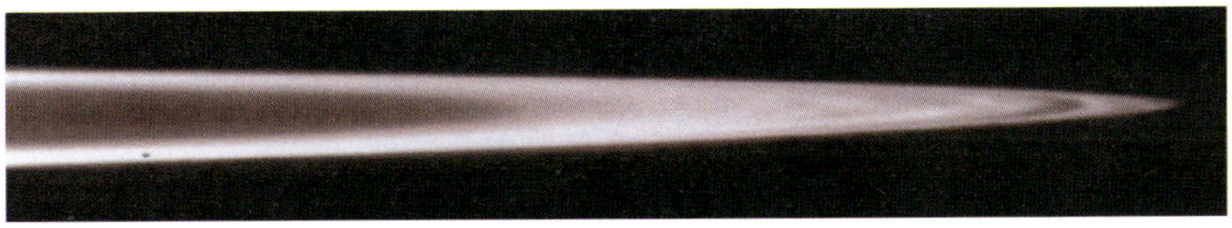

Jupiter possède des anneaux beaucoup plus discrets que ceux de Saturne. Et pour cause, les éléments qui le composent sont un milliard de fois plus dispersés.

Les anneaux d'Uranus ont été photographiés par Voyager 2. Leur couleur réelle est gris sombre.

Neptune possède également des anneaux sombres. Certaines parties, plus brillantes, ont fait penser à des arcs.

Le système d'anneaux qui entoure Neptune partage les caractéristiques des anneaux des deux précédentes planètes. Comme dans le cas d'Uranus, on a affaire à des composantes étroites et très écartées. Comme dans celui de Jupiter, ces anneaux sont en nombre réduit – quatre seulement ont été photographiés par Voyager 2 en 1989 – et se révèlent excessivement sombres et difficiles à observer. L'anneau externe de Neptune présente cependant une particularité que l'on ne rencontre nulle part ailleurs : il est serti de plusieurs arcs brillants, dont trois ont été initialement détectés en 1984 et 1985 depuis la Terre. L'origine de ces arcs, capables de persister pendant plusieurs années, est mal comprise.

Le mystère plane également sur l'aspect torsadé de plusieurs anneaux de Neptune. Les astronomes soupçonnent l'action perturbatrice de petits satellites proches, en particulier du minuscule Galatée. De fait, nombre de petits satellites paraissent étroitement liés aux anneaux. Il en est ainsi de Cordélia et Ophélie, qui encadrent l'anneau externe d'Uranus, ou de Janus et Épiméthée, qui jouent le même rôle de « gardiens » de part et d'autre d'un des anneaux de Saturne. Toujours autour de cette planète, Pan et Mimas semblent être les causes principales du vide qui subsiste entre certains anneaux. Bien que les mécanismes soient difficiles à élucider, la présence des satellites pourrait donc expliquer nombre de caractéristiques des anneaux, comme le bord bien net de la plupart d'entre eux. Ils pourraient aussi être directement à l'origine de certains anneaux.

Plusieurs scénarios sont envisagés pour expliquer la formation des anneaux. Le premier exclut les satellites. Les anneaux se seraient formés à partir du matériau résiduel qui entourait les planètes géantes à leur naissance. Selon la deuxième hypothèse, les satellites ne sont envisagés que comme des réservoirs de matière. On soupçonne ainsi Encelade d'éjecter des matériaux dans l'espace autour de Saturne, ce qui aurait pour effet de nourrir l'un des anneaux. La troisième solution est apparue en 1999 dans le cas de Jupiter : les anneaux auraient été alimentés par l'impact de météorites frappant trois des lunes internes (Adrastée, Amalthée et Thébé). Le dernier scénario invoque la dislocation d'un ancien satellite par les effets de marée de sa planète de tutelle. La formation des anneaux de Saturne, dont la masse totale est celle d'un petit satellite de glace, pourrait entrer dans ce cadre. L'affaire reste cependant débattue et devra probablement attendre, pour être tranchée, les données de la sonde d'exploration Cassini-Huygens, partie le 15 octobre 1997 pour rejoindre Saturne en 2004. ■

GROS PLAN

Les milliards de blocs qui constituent les anneaux ne cessent de se cogner les uns aux autres. À la suite de ces chocs, certains acquièrent suffisamment de vitesse pour s'évader dans l'espace. D'autres tombent en pluie sur leur planète. Pour perdurer, les anneaux doivent donc être alimentés en permanence, par exemple par des météorites. Les effets de tels impacts expliqueraient que les anneaux de Saturne soient sans cesse parcourus de grandes vagues sombres s'étendant sur plusieurs dizaines de milliers de kilomètres.

LE SAVIEZ-VOUS ?

Il n'existe aucune certitude concernant l'origine des anneaux observés actuellement autour des planètes géantes. Mais on dispose d'indices annonçant la formation future d'un magnifique anneau autour de Neptune. Il suffit d'attendre 100 millions d'années. Le satellite Triton, dont l'orbite se resserre très lentement autour de sa planète, sera suffisamment proche pour être disloqué par celle-ci.

CHIFFRES

Jupiter

Anneau principal large de 6000 km, distant de 50 000 km de la planète

Saturne

Distances des trois principaux anneaux par rapport au centre de Saturne

Anneau A :
de 136 500 à 121 000 km

Anneau B :
de 117 500 à 92 200 km

Anneau C :
de 89 300 à 73 000 km

Pluton et Charon

un couple excentrique

Dernière planète du système solaire à avoir été découverte, Pluton est la seule à n'avoir encore jamais été visitée par une sonde spatiale. Ce monde glacé accompagné de son satellite géant Charon reste la dernière terra incognita du système solaire.

Sans le savoir, l'astronome américain Percival Lowell, qui cherchait une neuvième planète au-delà de Neptune, a photographié Pluton dans les toutes premières années du XXe siècle. À la fin des années 1920, Clyde Tombaugh, un astronome de l'observatoire Lowell (États-Unis), entreprend de chercher lui aussi la neuvième planète du système solaire. Lorsque sa quête aboutit, en 1930, il se rend compte qu'elle était déjà imprimée sur les plaques photographiques de Percival Lowell.

Depuis sa découverte, en 1930, Pluton n'a parcouru qu'un tiers de son orbite.

Vue (d'artiste) de Pluton et de son satellite Charon. Le Soleil, distant de plusieurs milliards de kilomètres, fait pâle figure.

Mais personne ne l'avait vue, car cette planète est dix fois moins brillante que prévu. Même au travers des plus puissants télescopes, elle n'apparaît que comme un petit point blanc de magnitude 14,5, sans détail visible. Les seules informations obtenues pendant de nombreuses décennies se limitent à sa distance moyenne au Soleil, qui est de 39,8 ua (l'unité astronomique correspondant à la distance Terre-Soleil), et à sa période de révolution qui dure 247 ans et 314 jours. Depuis sa découverte, elle n'a donc pas encore bouclé une orbite. Son parcours est très excentrique. Son aphélie (le point le plus éloigné du Soleil) et son périhélie (le point qui en est le plus proche) va de 7,4 à 4,4 milliards de kilomètres de l'astre. Du 21 janvier 1979 au 14 mars 1999, Pluton a même été plus proche du Soleil que Neptune. Mais les deux planètes ne risquent pas de se rencontrer, car le plan de l'orbite de Pluton est incliné de 17° par rapport à l'écliptique.

D'un diamètre de 2400 km, Pluton a une masse équivalente à 0,002 fois celle de la Terre. C'est un monde glacé : sa température de surface oscille autour de –233 °C. Pour certains astronomes, ce corps s'apparenterait davantage à une très grosse comète qu'à une planète. De fait, avec une densité de 1,92, il se situe à mi-chemin entre un corps glacé et un corps rocheux. Les modèles actuels en font un globe différencié (à deux couches) dont le centre est occupé par un noyau rocheux de 50 à 70 % de la masse totale. La surface, quant à elle, serait tout simplement une épaisse couche de glace.

Mais un indice va à l'encontre de l'hypothèse de la grosse comète. Pluton est bien trop brillant ; il ne ressemble pas à une comète car il réfléchit 20 fois plus de lumière que les comètes les plus brillantes.

Ce n'est qu'en 1978 que James Christy découvre un satellite de Pluton. Baptisé Charon, il est recouvert de glace d'eau, est dépourvu d'atmosphère et accomplit sa révolution et

Pluton et Charon sont plutôt considérés comme une planète double.

Clyde Tombaugh (1906-1997)
Alors que Neptune a été découverte par la théorie, Pluton a été mise en évidence par une recherche systématique, menée par l'Américain Clyde Tombaugh. À l'aide d'un télescope de 33 cm de diamètre, il a exploré minutieusement le ciel avant de trouver la nouvelle planète.

LE SAVIEZ-VOUS ?

Lorsque Neptune effectue deux révolutions, Pluton, dans le même temps, en accomplit également deux. Les deux planètes se retrouvent alors dans la même position relative qu'au début de ce cycle. Cette « résonance orbitale » tient les deux corps à distance respectable l'un de l'autre.

sa rotation sur lui-même en 6,39 jours. Or, Pluton tourne sur elle-même exactement dans le même temps, ce qui signifie que les deux corps présentent toujours l'un vers l'autre le même hémisphère et que, de la surface de Pluton, Charon reste toujours à la même place dans le ciel. Enfin, Charon ayant un diamètre à peine deux fois plus petit que Pluton et les deux corps n'étant distants que de 19 000 km, les astronomes considèrent qu'il s'agit d'une planète double.

En juillet 1994, le télescope spatial Hubble a permis pour la première fois de déceler quelques détails à la surface de Pluton. Ainsi, une première carte sommaire de la planète a été dressée. Elle comporte douze régions, sombres ou claires, dont les astronomes ignorent la provenance. La similitude avec Japet, un satellite de Saturne, est frappante, puisque ce sont les deux seuls corps sur lesquels on remarque de forts contrastes entre des zones pâles et des zones sombres. Ces différences peuvent être dues à des poussières de roche mêlées à la glace de surface, provenant de collisions avec des comètes ou des astéroïdes.

Sur ce point, des données sur les températures obtenues avec le satellite infrarouge européen ISO montrent que les plages sombres sont légèrement plus chaudes que les claires. Ces différences pourraient être à l'origine d'une météo particulière sur Pluton puisqu'une très fine atmosphère, dont la pression en surface est de 1 Pa, a été détectée en 1988.

Les astronomes suggèrent que cette atmosphère constituée d'azote et de méthane est le produit d'un dégazage comme celui que subissent les comètes lorsqu'elles s'approchent du Soleil. Par conséquent, l'air de Pluton doit être éphémère et n'exister que durant la période où la planète passe au périhélie, entre 28 et 40 ua du Soleil. En effet, depuis 1989, cette atmosphère tend à se condenser de nouveau. ■

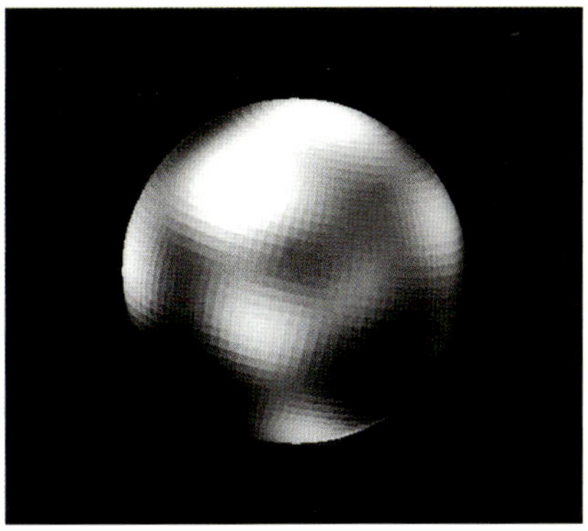

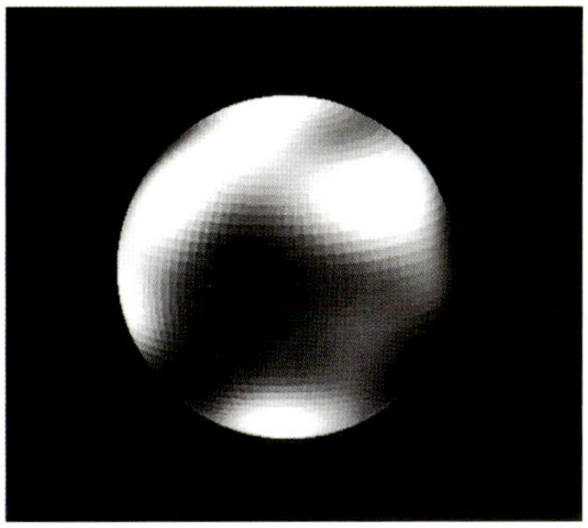

En prenant des vues successives de Pluton, Hubble permet de tenter un début de cartographie.

Les zones claires de Pluton semblent plutôt localisées vers les pôles.

DATES

- En 1930, Clyde Tombaugh découvre Pluton.
- En 1978, James Christy observe pour la première fois Charon, le satellite de Pluton.
- En 1994, le télescope spatial Hubble réalise la première cartographie sommaire de Pluton.

CHIFFRES

- Distance au Soleil : de 4425 à 7400 millions de kilomètres
- Distance de la Terre : de 4300 à 7500 millions de kilomètres
- Durée du jour : 6 jours 9 heures 18 minutes
- Durée de l'année : 248 ans et 8 jours
- Diamètre à l'équateur : 2400 km
- Densité : 1,92

Un réservoir de comètes
la ceinture de Kuiper

La ceinture dite de Kuiper est un anneau d'objets glacés situé au-delà de l'orbite de Pluton. C'est de cette région de l'espace que partent les comètes qui viennent rendre visite régulièrement à notre région du système solaire.

Après la découverte de Pluton en 1930, quelques astronomes ont tenté de savoir s'il n'existait pas un ou plusieurs astres au-delà de la neuvième planète. Mais leurs recherches restèrent vaines. Seules quelques comètes semblaient provenir de ces régions.

C'est précisément dans les années 1950 que l'astronome néerlandais Jan Hendrik Oort entreprit de découvrir d'où venaient les comètes. Pour cela, il étudia en détail la trajectoire de vingt comètes et extrapola leurs orbites en tenant compte, à chacun de leur passage, des perturbations gravitationnelles engendrées par les planètes géantes. Il parvint ainsi à montrer que l'immense majorité des comètes venaient d'une zone située entre 40 000 et 100 000 ua du Soleil (une unité astronomique correspond à la distance Terre-Soleil). Cette région fut appelée « nuage de Oort ».

Mais l'existence du nuage de Oort posait un problème : comment ces astres glacés ont-ils pu s'agglomérer si loin du Soleil, dans une région dont la faible densité n'autorisait pas, a priori, la moindre accrétion ?

Les astronomes ont pensé que les comètes du nuage de Oort se sont formées il y a 4,6 milliards d'années, non pas aux confins du système solaire mais au contraire beaucoup plus près du Soleil. L'astre du jour qui venait tout juste de s'allumer était encore cerclé d'un disque de gaz et de poussières, ultimes résidus du nuage interstellaire qui lui avait donné naissance. Au-delà de 3 ua du Soleil, les éléments volatils ont pu se condenser et constituer les blocs de glace que sont les comètes. Lorsque les planètes massives comme Jupiter et Saturne se sont formées, elles ont per-

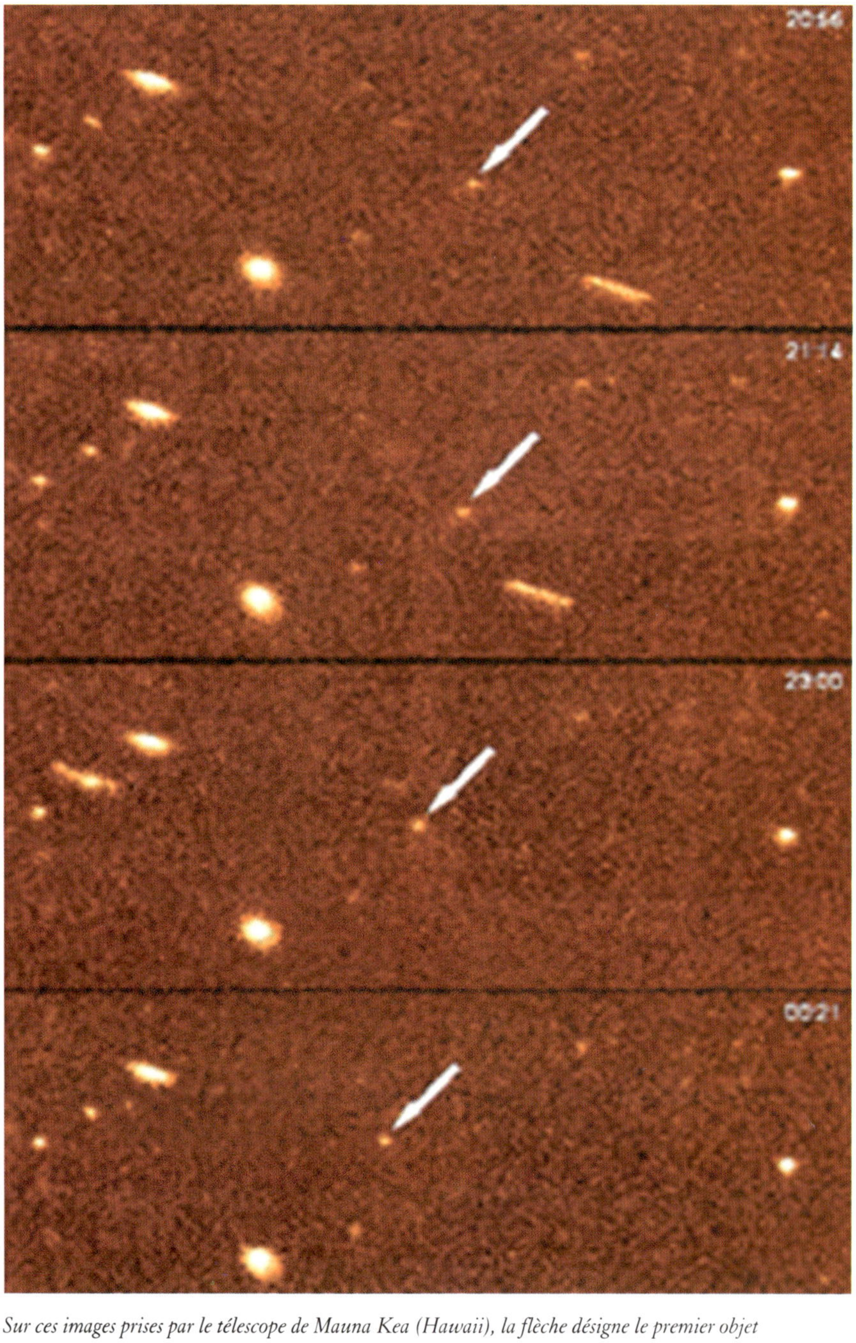

Sur ces images prises par le télescope de Mauna Kea (Hawaii), la flèche désigne le premier objet transneptunien (appartenant à la ceinture de Kuiper) appelé 1992 QB 1.

turbé la trajectoire de ces millions de comètes situées entre les orbites d'Uranus et de Pluton, au point de les expulser du système solaire.

Cependant, si ce scénario est conforme à la réalité, des comètes n'ayant pas rejoint le nuage de Oort devraient subsister quelque part au-delà de l'orbite de Neptune, dans une zone relativement protégée des perturbations de Jupiter et de Saturne. Demeurées sur leur lieu de formation et situées approximativement dans le plan de l'écliptique, elles constitueraient la « ceinture de Kuiper », du nom de l'astronome américain qui pour la première fois en supposa l'existence. La ceinture de Kuiper s'apparenterait donc à un anneau contenant de petits corps glacés.

> *L'existence de la ceinture de Kuiper n'est prouvée que depuis 1992.*

Bien que largement admise par l'immense majorité des astronomes, cette idée ne put être vérifiée avant longtemps. Jusqu'au début des années 1990, les détecteurs photographiques placés au foyer des télescopes n'étaient pas assez sensibles pour déceler de tels objets, dont la magnitude (ou éclat apparent) ne dépassait pas 22. Grâce notamment à l'apparition des caméras CCD, qui remplacent avantageusement les plaques photographiques, les Américains David Jewitt et Jane Luu parvinrent en 1992 à un résultat. En explorant systématiquement une portion de ciel équivalente à deux fois la surface apparente de la pleine lune, au moyen d'un télescope de 2,2 m situé à Hawaii, ils découvrirent un corps de 100 km de diamètre distant de 7 milliards de kilomètres, qu'ils baptisèrent provisoirement QB1. En mars de l'année suivante, ils recensèrent un autre objet similaire (1993 FW), puis quatre autres, suivis d'une dizaine de plus en 1994.

La comète de Halley proviendrait de la ceinture de Kuiper.

Depuis, le nombre de ces objets appelés « transneptuniens » a encore augmenté. D'un diamètre de 100 à 400 km, ils se trouvent tous à des distances du Soleil comprises entre 35 et 45 ua. Leur faible albédo (quantité de lumière solaire réfléchie) est voisin de celui des noyaux de comètes : on serait bien en présence de la fameuse ceinture de Kuiper.

Au milieu des années 1990, certains astronomes ont remis en question le statut de planète de Pluton, estimant qu'il pouvait s'agir d'un objet transneptunien particulièrement gros. Mais les caractéristiques de Pluton (telles que l'albédo et la composition), étudiées par le télescope spatial Hubble, indiquent qu'il s'agit bien d'une planète et non d'une immense comète appartenant à la ceinture de Kuiper.

Il restait à savoir comment les comètes de cette ceinture pouvaient quitter leurs orbites pour évoluer sur des trajectoires très elliptiques les amenant régulièrement à frôler le Soleil. Il semble que sous l'influence gravitationnelle d'étoiles proches, le périhélie (le point de leur orbite le plus proche du Soleil) de certaines d'entre elles se rapproche lentement des orbites de Neptune et d'Uranus tant et si bien que les deux planètes géantes finissent par les attirer à leur tour très fortement et à les dévier. Ainsi insérées sur des orbites « plongeantes » vers l'intérieur du système solaire, elles deviennent des comètes dont les périodes varient de 70 à 200 ans. Quelques-unes seraient capturées au passage par Jupiter, pour alimenter une famille de comètes à très courtes périodes (moins de 7 ans), appelée « famille de Jupiter ». ■

DATES

- En 1950, Gerard Kuiper prédit l'existence d'une ceinture de comètes au-delà de Pluton.
- En 1992, deux astronomes américains, David Jewitt et Jane Luu, découvrent le premier objet de la ceinture de Kuiper.

LE SAVIEZ-VOUS ?

En extrapolant à partir du nombre d'objets transneptuniens découverts, les astronomes pensent que 35 000 corps d'un diamètre supérieur à 100 km existent dans la ceinture de Kuiper. Ils représenteraient une masse équivalente à 0,03 fois celle de la Terre, mais, si l'on tient compte de la multitude d'objets encore plus petits, la masse totale de la ceinture de Kuiper pourrait atteindre un dixième de celle de la Terre.

Gerard Pieter Kuiper
(1905-1973)

Cet astronome américain d'origine néerlandaise a mené des recherches importantes en planétologie à l'université de l'Arizona. Il fut le premier, vers 1950, à émettre l'hypothèse, qu'un anneau de comètes se trouvait au-delà de Pluton. Il découvrit aussi la présence de glace sur Mars.

Les comètes
des corps glacés qui s'évaporent

Vestiges d'une époque où les planètes n'étaient pas encore formées, les comètes sont les derniers témoins de la naissance du système solaire. Leurs glaces renferment des parcelles de la nébuleuse où le Soleil et son cortège de planètes ont pris naissance.

Comme toutes les comètes, Hale-Bopp possède deux queues bien visibles : la blanche et large est un panache de gaz, alors que la bleue, plus fine, est constituée de poussières.

L'histoire des comètes précède celle des planètes. Elle commence il y a plus de 4,5 milliards d'années. À cette époque, le système solaire n'était encore qu'un disque de gaz et de poussières tournant autour d'une jeune étoile qui venait à peine de s'allumer : le Soleil. À l'intérieur de ce disque, les grains de poussière ont progressivement commencé à s'agglomérer pour former des corps de plus en plus gros. Du centre du disque jusqu'à l'orbite de Jupiter, la chaleur était trop élevée pour permettre la formation de glace. Seuls gravitaient des grains rocheux.

Au-delà de Jupiter et de Saturne, en raison de l'éloignement du Soleil et des faibles températures, les grains de poussière de la nébuleuse primitive étaient entourés d'une belle couche de glace d'eau et de gaz carbonique. En se collant les unes aux autres, ces particules ont donné naissance à des blocs de plus en plus gros composés essentiellement de glace et de poussières. Ainsi sont apparues les comètes. Il s'agit, selon l'expression employée par l'astronome américain Fred Whipple dès 1950, de boules de neige sale, c'est-à-dire de glace mêlée à des poussières de roches. De formes irrégulières, les comètes ont une taille qui varie de quelques dizaines de mètres à plusieurs dizaines de kilomètres de diamètre.

Les comètes sont de véritables boules de neige sale.

Beaucoup de ces corps glacés ont été happés par les planètes gazeuses, Jupiter et Saturne, alors qu'elles étaient en pleine formation. Leurs silicates et leurs glaces sont venus alimenter les noyaux solides de ces planètes.

Puis les forces gravitationnelles très puissantes de Jupiter et de Saturne ont perturbé les trajectoires des comètes restantes au point de les projeter sur des orbites beaucoup plus lointaines, quelque part entre 40 000 et 100 000 ua du Soleil (pour mémoire,

Dans le système solaire, les comètes parcourent des trajectoires paraboliques.

LE SAVIEZ-VOUS ?

Les passages de comètes sont relatés depuis l'Antiquité par les Chaldéens, les Grecs, les Chinois et les Babyloniens. Leur caractère imprévisible et spectaculaire a conduit les hommes à en faire des messagères annonciatrices d'événements catastrophiques. Cette croyance tenace perdurera jusqu'au XIXe siècle.

Pluton se trouve à 40 ua). Elles ont ainsi progressivement formé un nuage sphérique qui englobe aujourd'hui complètement le système solaire. Décrite pour la première fois par l'astronome néerlandais Jan Hendrik Oort dans les années 1950, cette structure porte le nom de « nuage de Oort ».

Cependant, un certain nombre de comètes, situées légèrement au-delà de Pluton, ont échappé à l'influence des planètes géantes et sont demeurées à leur place dans le plan du système solaire ; elles constituent depuis lors la ceinture de Kuiper, du nom de son découvreur.

Mais les choses n'en sont pas restées là. La force gravitationnelle des étoiles proches perturbe régulièrement la trajectoire d'une petite partie des comètes du nuage de Oort. Celles-ci sont déviées de leur orbite pour plonger vers le Soleil. Elles viennent périodiquement le frôler en passant à quelques centaines de millions de kilomètres de lui avant de repartir pour leur lointain aphélie – point de leur orbite le plus éloigné du Soleil. La force gravitationnelle de Neptune produit un effet semblable sur quelques-unes des comètes de la ceinture de Kuiper. Mais alors que les comètes de Oort ne repassent près du Soleil qu'après plusieurs siècles ou plusieurs millénaires, celles de Kuiper reviennent dans un intervalle inférieur à 200 ans. Cette durée séparant deux passages au périhélie – point de l'orbite le plus proche du Soleil – distingue les comètes à courte période des comètes à longue période.

Lorsqu'une comète s'approche à quelques centaines de millions de kilomètres du Soleil, elle s'échauffe. Sa glace se vaporise en une gigantesque atmosphère dont le diamètre peut atteindre 1 million de kilomètres. Remplie de poussières jusque-là emprisonnées dans les glaces, cette atmosphère forme la chevelure de la comète, une nébulosité souvent visible à l'œil nu. Soufflée par le vent solaire, la chevelure se disperse dans l'espace en formant la queue de la comète, elle aussi visible la plupart du temps sans instrument d'optique. Les astronomes étudient la composition de la chevelure et du noyau des comètes afin d'apprendre quels étaient les éléments présents il y a plus de 4,5 milliards d'années autour du Soleil. ■

Des bouffées de gaz émanent de la surface de la comète de Halley, photographiée de près par la sonde Giotto.

Edmund Halley (1656-1742)

L'astronome britannique Edmund Halley comprit que les comètes revenaient périodiquement.
Il annonça que la comète de 1682 était la même que celles de 1607, de 1531 et de 1456. Il prédit avec succès son retour pour 1758.
Cette comète porte désormais le nom de Halley.

DATES

- Au IVe siècle avant notre ère, Aristote émet l'hypothèse que les comètes sont d'origine atmosphérique.
- Au XVIe siècle, le gentilhomme savant véronais Fracastoro remarque que la queue des comètes est toujours orientée en direction opposée au Soleil.
- En 1577, le Danois Tycho Brahe démontre que les comètes évoluent à des distances bien plus élevées que celle qui sépare la Terre de la Lune.
- En 1705, Edmund Halley publie sa théorie sur la périodicité des comètes.
- En 1950, Fred Whipple révèle la véritable nature des comètes.
- En 1986, la sonde européenne Giotto photographie de près pour la première fois le noyau d'une comète, celle de Halley.

Les astéroïdes
vestiges d'un lointain passé

Autour du Soleil, les planètes principales cohabitent avec des milliers de petits corps rocheux appelés astéroïdes. Ces objets, similaires à ceux qui ont pris part à l'accrétion des planètes, font peser sur elles des menaces en risquant de les percuter.

À la fin du XVIIIe siècle, plusieurs astronomes étaient persuadés qu'il devait exister une planète entre Mars et Jupiter. C'est en tout cas ce que semblait indiquer la loi de Titius-Bode, qui établissait une suite mathématique dans l'échelonnement des distances de chaque planète par rapport au Soleil. Selon cette loi, il y avait un manque entre la quatrième et la cinquième, c'est-à-dire entre Mars et Jupiter.

En 1801, Giuseppe Piazzi découvre un petit globe de 800 km de diamètre aussitôt baptisé Cérès. Trop modeste, la prise s'avère décevante et les recherches se poursuivent. Dans la même portion de l'espace, en 1802, 1804 et 1807 sont découverts respectivement Pallas, Junon et Vesta. En réalité, ces quatre petites planètes ne sont que les premières d'une liste qui avoisine aujourd'hui 18 000 objets référencés. Ainsi a été mise en évidence la ceinture d'astéroïdes qui contient sans doute plus d'un million d'objets de taille supérieure au kilomètre.

La ceinture d'astéroïdes est une planète qui n'a jamais pu se former.

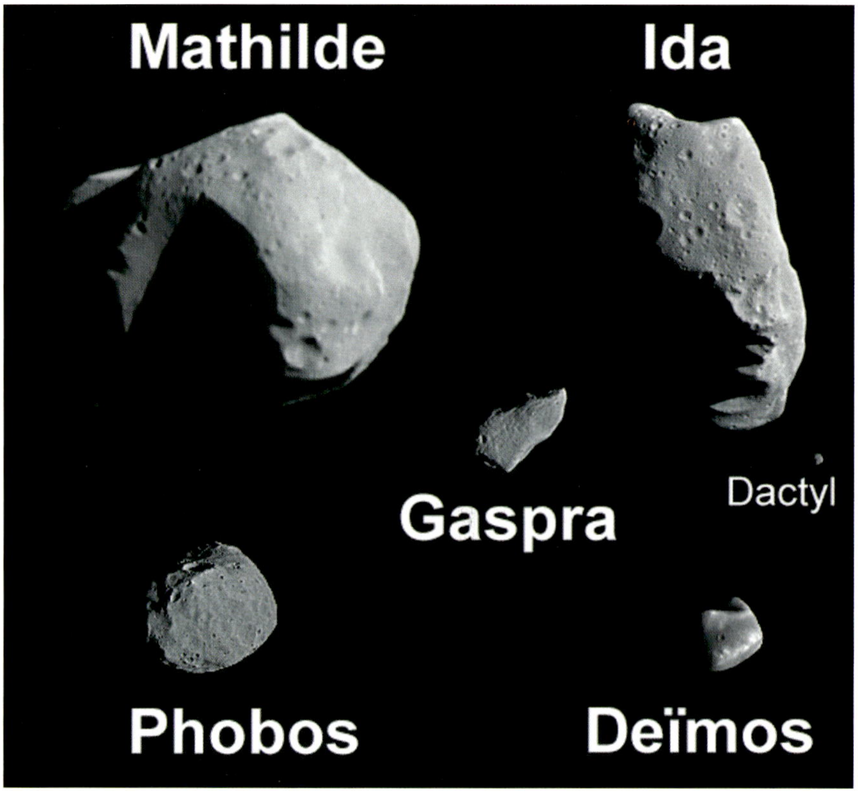

Mathilde, Gaspra et Ida (accompagné de son compagnon Dactyl), sont des astéroïdes qui fréquentent la région située entre Mars et Jupiter. Phobos et Deimos, les deux satellites de Mars, sont probablement des astéroïdes capturés par la planète rouge.

Située entre Mars et Jupiter, cette ceinture consiste en une sorte d'anneau formé par une multitude de petites planètes. Si les plus grosses, comme Cérès, Pallas, Junon et Vesta, sont à peu près sphériques, les plus petites affichent des formes oblongues aux contours irréguliers, de quelques dizaines de kilomètres de long et quelques dizaines de mètres de large.

Le milieu dans lequel évoluent ces rochers de l'espace ne ressemble pas à un champ très dense d'astéroïdes qui s'entrechoquent. En moyenne, chaque astéroïde important est séparé de son plus proche voisin de 5 millions de kilomètres, et les collisions ne surviennent qu'au rythme de une tous les 100 000 ans.

À l'époque où Guiseppe Piazzi fit la découverte de Cérès, les astronomes pensaient que la ceinture d'astéroïdes était le vestige de la planète qu'ils cherchaient, détruite dans un cataclysme. En fait, elle correspond à une zone située entre 2 et 4 unités astronomiques (ua) du Soleil, où aucune planète n'a pu s'assembler en raison des perturbations engendrées par Jupiter. Pour cette raison, les astronomes pensent qu'une bonne partie de ces corps date d'environ 4,6 milliards d'années, une époque où les planètes n'existaient pas encore.

La Terre recèle encore quelques cratères, comme ici Meteor Crater, en Arizona, qui résultent de l'impact d'une météorite.

LE SAVIEZ-VOUS ?

La grande extinction des espèces (parmi lesquelles figurent les dinosaures) qui s'est produite à la fin du crétacé, il y a 65 millions d'années, est attribuée aux conséquences de la chute d'un astéroïde sur la Terre. Celui-ci, dont le cratère a été retrouvé dans le golfe du Mexique, mesurait 10 km de diamètre. Il a percuté notre planète à une vitesse de 90 000 km/h.

Des astéroïdes peuvent croiser la trajectoire de la Terre et menacer ses habitants.

Il y a plus de 4,5 milliards d'années en effet, seuls de petits blocs tournaient autour du Soleil. Au-delà de 3 ua, ces corps faits de roches mais surtout de glaces ont formé des comètes. En deçà de cette distance, la température a fait fondre leur glace et les silicates se sont regroupés pour former des astéroïdes rocheux. La plupart d'entre eux ont été attirés par des corps plus massifs, les planètes en formation. Celles-ci ont donc joué le rôle de gigantesques aspirateurs en nettoyant l'espace des astéroïdes... Pour cette raison, une partie de ces rochers rescapés constitue des vestiges qui témoignent des conditions qui régnaient au voisinage du Soleil il y a 4,5 milliards d'années.

Seuls deux tiers des astéroïdes, ceux de type C, appartiennent à cette époque primordiale. Les autres sont soit rocheux (type S), soit métalliques (type M) et résultent de la fragmentation d'objets plus gros dont le diamètre aurait dépassé 200 km. C'est en effet à partir de cette taille que la chaleur interne engendrée par la propre gravité de l'objet est suffisante pour que débute une différenciation. Les éléments lourds comme les métaux sombrent vers le centre pour constituer un noyau métallique alors que les éléments rocheux les plus légers remontent pour former un manteau. Quand, à la suite d'une collision, un tel astre se fragmente, les débris du noyau constituent des astéroïdes de type M et ceux du manteau des astéroïdes de type S.

Quelques-unes de ces petites planètes, perturbées par la présence des planètes géantes, s'échappent de la ceinture d'astéroïdes. Elles croisent parfois l'orbite de la Terre, comme Éros, le plus gros de ces corps, qui a la forme d'un ballon de rugby de 14 x 40 km. Enfin, une cinquantaine d'astéroïdes partagent l'orbite de Jupiter. Ils devancent ou suivent la planète en deux régions de relative stabilité situées à 60° en avant ou en arrière par rapport au Soleil. Ils sont dénommés les astéroïdes troyens ou les Troyens. ■

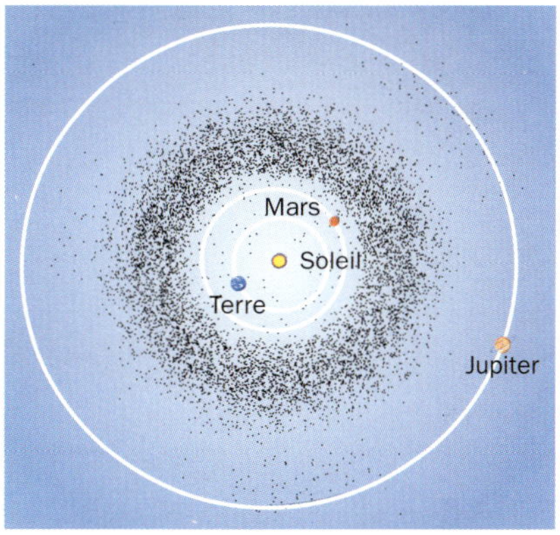

Localisation des astéroïdes entre Mars et Jupiter.

William Herschel (1738–1822)

Cet astronome britannique d'origine allemande découvre Uranus en 1781. Il propose, en 1807, d'appeler « astéroïdes » les petits objets mis en évidence entre Mars et Jupiter, se fondant sur le mot grec *asteroeidês,* qui signifie « similaire à une étoile ».

DATES

- En 1801, Giuseppe Piazzi découvre Cérès, le premier et le plus gros des astéroïdes.
- En 1970, on établit un classement des astéroïdes en fonction de leur composition chimique.
- En 1991, premier cliché en gros plan d'un astéroïde (Gaspra) pris par la sonde américaine Galileo faisant route vers Jupiter.

Les plus gros astéroïdes et date de leur découverte

- Cérès 930 km (1801)
- Pallas 520 km (1802)
- Vesta 500 km (1807)
- Junon 250 km (1804)
- Astrée 125 km (1845)

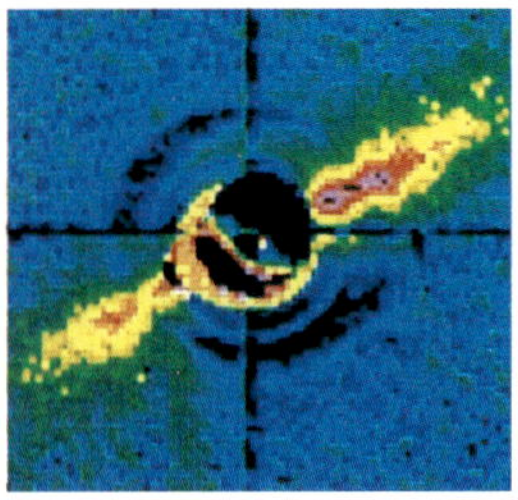

Les nouvelles planètes

elles tournent autour d'autres soleils

Depuis 1995, les astronomes savent qu'il existe des planètes en orbite autour d'autres étoiles que le Soleil. Ils en ont découvert une vingtaine, toutes d'une masse comparable à celle de Jupiter.

La recherche de planètes hors du système solaire est longtemps restée infructueuse. Au début des années 1980, les astronomes essayaient de détecter d'imperceptibles « zig-zag » dans le mouvement des étoiles. Car, si un astre est accompagné d'une ou de plusieurs planètes, l'attraction que ces dernières exercent sur lui doit se traduire par de petites perturbations de son mouvement. Mais pour déceler ces oscillations périodiques, il faut relever, pendant de longues années, la position exacte des étoiles que l'on observe. Cette méthode n'a pas encore porté ses fruits : aucune découverte n'a été réalisée par ce moyen.

La première annonce est survenue en 1992 : trois planètes furent détectées autour du pulsar PSR 1257+12. Un pulsar est une étoile dont la caractéristique est de tourner très vite sur elle-même selon une périodicité constante. Les ondes qu'elle émet nous parviennent régulièrement comme la lumière d'un phare. Ce sont les infimes variations de la rotation de son faisceau qui furent donc attribuées à la présence de ces trois planètes. Situées dans l'environnement d'une étoile à neutrons dégageant quantité de rayons X et gamma, ces planètes sont des mondes impropres à accueillir toute forme de vie. Ce n'est pas un hasard si des planètes extrasolaires furent précisément découvertes près d'un pulsar. Car chez cet astre qui émet ses rayonnements à un rythme de chronomère ultraprécis, il est plus facile de détecter la moindre perturbation d'ordre gravitationnel.

En 1995, les Suisses Michel Mayor et Didier Queloz annoncèrent la découverte d'une planète de la taille de Jupiter en orbite autour de 51 Pegasi. La nouvelle était d'importance, car cette étoile distante de seulement 44 années de lumière ressemble beaucoup au Soleil.

Cette vue pourrait être celle qu'offre une planète rocheuse extrasolaire : une étoile relativement éloignée, une planète avec des anneaux, des cratères abondants...

> *Les planètes extrasolaires découvertes jusqu'à présent sont impropres à toute forme de vie.*

Depuis, d'autres planètes ont été détectées à proximité d'autres étoiles. La technique utilisée est très efficace. Elle consiste à mesurer la vitesse de déplacement de l'étoile sur une ligne de visée. Si une planète massive tourne autour de l'étoile, sa présence va modifier régulièrement la vitesse de l'étoile. D'infimes ralentissements et accélérations seront observés périodiquement le long de la trajectoire de l'étoile. Les variations mesurées sont extrêmement fines, de l'ordre de quelques mètres par seconde, ce qui revient à percevoir la vitesse d'un vélo à un million de milliards de kilomètres de distance. Pour comparaison, Pluton n'est qu'à quelques milliards de kilomètres.

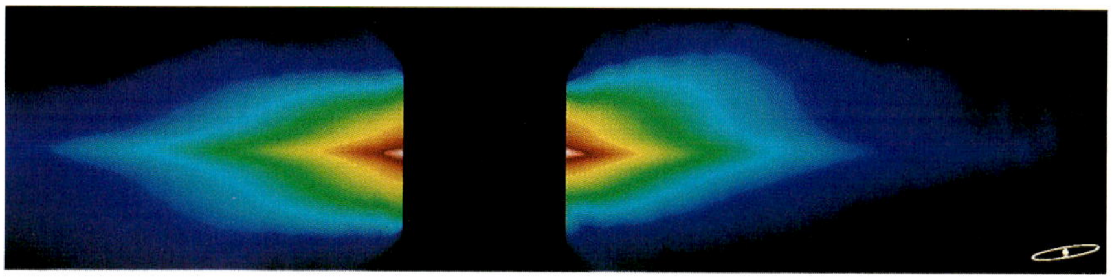

Le disque de gaz et de poussières qui entoure l'étoile Bêta Pictoris est gigantesque comparé à la taille du système solaire, schématisé à droite par l'orbite de Pluton.

LE SAVIEZ-VOUS ?

51 Pegasi, l'étoile autour de laquelle a été découverte la première planète extrasolaire, est visible à l'œil nu. Située dans la constellation de Pégase, elle brille dans le ciel nocturne avec une magnitude de 5,6 et peut être vue le soir en automne dans l'hémisphère Nord.

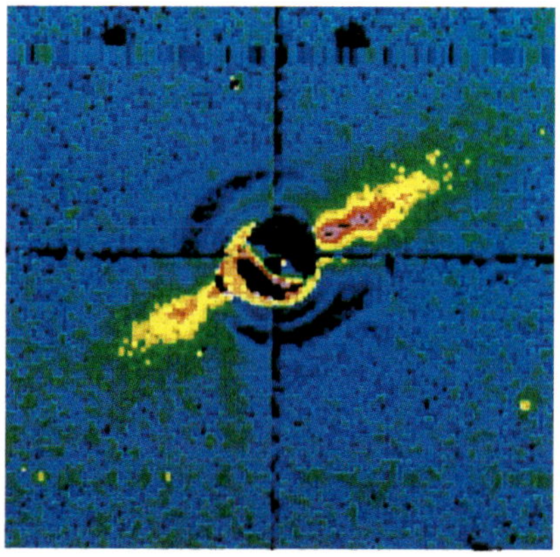

Bêta Pictoris, située dans la constellation australe du peintre, n'est distante de notre système solaire que de 63 années de lumière.

Toutes les nouvelles planètes découvertes par cette méthode sont de type jovien (du nom de Jupiter), c'est-à-dire géantes et gazeuses. En effet, les planètes telluriques (ou rocheuses, comme la Terre) sont plusieurs centaines de fois moins massives. Elles induiraient des variations de la vitesse des étoiles beaucoup trop faibles (autour de quelques centimètres/seconde) pour être détectées par les instruments actuels.

La plupart des planètes extrasolaires connues présentent une propriété surprenante : une période de révolution autour de leur soleil extrêmement courte. La planète de 51 Pegasi, par exemple, effectue une révolution en 4 jours et 6 heures, ce qui signifie qu'elle est six fois plus proche de son étoile que Mercure ne l'est du Soleil... Au total, plus de la moitié des nouvelles planètes sont au moins dix fois plus près de leur étoile que la Terre ne l'est de l'astre du jour.

Dans des systèmes planétaires de ce type, où les planètes joviennes sont très proches de leur étoile, la possibilité qu'il puisse exister de petites planètes telluriques comparables à la Terre semble très faible. En effet, lorsque les planètes géantes se forment, elles se rapprochent sensiblement de leur étoile. Au cours de cette migration, il est probable qu'elles aient poussé les planètes telluriques contre l'astre. Cette hypothèse semble étayée par une étude détaillée du spectre de ces étoiles (c'est-à-dire du rayonnement qu'elles émettent) qui révèle une composition de surface légèrement enrichie en métaux, fournis peut-être par d'anciennes planètes telluriques.

Toutes les planètes extrasolaires découvertes n'ont pas des périodes de révolution aussi courtes que celle de 51 Pegasi. Ainsi, celle qui tourne autour de l'étoile 47 Ursae Majoris parcourt son orbite en un peu plus de quatre ans, ce qui est le cas de la ceinture d'astéroïdes dans le système solaire. Mais il est également difficile de découvrir des planètes de longue révolution. Là où quelques mois suffisent pour confirmer la présence d'une planète à courte période, il faut au moins une décennie pour découvrir une planète qui, comme Jupiter, tournerait en 11 ans... Car elle doit accomplir une révolution complète pour qu'on puisse détecter une oscillation significative.

En 1998, la découverte de planètes autour d'étoiles doubles fut une surprise.

En novembre 1998, Michel Mayor annonça la découverte d'une nouvelle planète autour d'une étoile double de la constellation de l'Éridan : Gliese 86. Avant cette observation, les astronomes pensaient que la formation de planètes autour d'étoiles doubles avait de fortes chances d'être contrariée par les effets gravitationnels conjugués des deux étoiles. La planète de Gliese 86 montre que cet obstacle peut être surmonté, ce qui accroît de façon notable le nombre possible de planètes dans l'Univers. ■

DATES

- 1992 : découverte de trois planètes telluriques extrasolaires autour du pulsar PSR 1257+12.
- 1995 : découverte de la première planète extrasolaire autour de 51 Pegasi.
- 1998 : découverte de la première planète autour d'une étoile double, Gliese 86.

MOTS-CLÉS

- La **vitesse radiale** est la vitesse de déplacement d'un corps (une étoile, par exemple) dans la ligne de visée de l'observateur, c'est-à-dire qui s'approche de l'observateur ou qui s'en éloigne.
- Une **étoile double** est un système de deux étoiles qui sont liées gravitationnellement et qui tournent toutes les deux autour de leur centre de masse commun.
- Un **pulsar** est un astre très compact et très dense qui tourne sur lui-même très rapidement en émettant un faisceau d'ondes électromagnétiques. Il résulte de l'explosion d'une supernova.

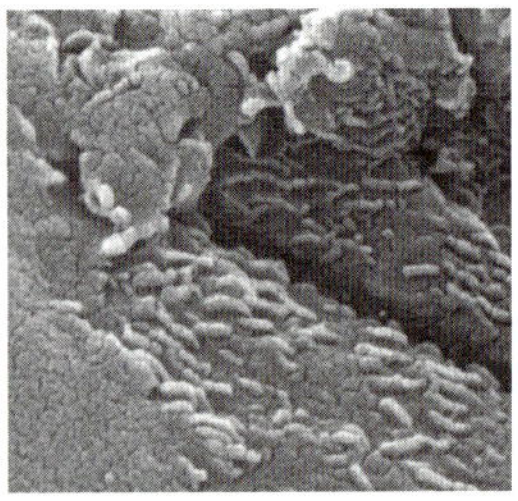

La vie extraterrestre
les conditions semblent réunies

La vie n'est connue que sur notre planète. Pourtant, les conditions favorables à une chimie prébiotique, celle qui précède l'apparition d'organismes vivants, existent ailleurs que sur la Terre.

On raconte que lors d'un congrès astronomique, un orateur commença son exposé en expliquant qu'une étoile est un objet très simple. Soudain, quelqu'un dans l'assistance se leva et lança : « Vous aussi, placé à plusieurs dizaines d'années de lumière, vous sembleriez très simple ! » L'anecdote n'est probablement pas authentique, mais elle est révélatrice de la manière dont les astronomes, par la force des choses, envisagent les objets qu'ils étudient : en se tenant à distance. Ainsi en va-t-il lorsqu'ils s'intéressent au monde du vivant, qui, à distance, semble se résumer à une simple affaire de chimie.

Les spécialistes du ciel cherchent à définir dans quelle partie de l'Univers existent des milieux propices à l'apparition des édifices complexes qui caractérisent le vivant. La formation de molécules participant à de tels édifices exige pour commencer une bonne colle et de bons ciseaux. Dans le cas des organismes terrestres, la colle est constituée par des atomes de carbone qui se lient aisément entre eux et auxquels d'autres éléments chimiques s'agrègent avec facilité.

Le rôle des ciseaux est tenu par l'eau à l'état liquide. En termes chimiques, l'eau est un solvant, un milieu qui dissout et qui assemble. Dans un solvant, les atomes peuvent se rapprocher pour former des molécules et les molécules s'assembler pour former des édifices de plus en plus complexes. Mais en même temps, les molécules du solvant peuvent trancher les liens ainsi établis. Ce qui permet de nouveaux arrangements, de nouveaux échanges. Un organisme vivant n'est pas un édifice chimique figé.

Le projet Darwin, de la société Alcatel, consiste à placer six télescopes à 1,5 million de kilomètres de la Terre pour détecter, dans l'infrarouge, des systèmes planétaires. Les rayonnements recueillis sont combinés, par interférométrie, dans le septième module central.

> *Mars dispose des meilleures chances d'avoir abrité une forme de vie.*

Une chimie du vivant basée sur le silicium, dans le rôle de la colle, et l'ammoniac, dans celui des ciseaux, est parfois évoquée. Mais une chimie qui se fonde, comme sur Terre, sur le carbone et l'eau reste celle qui offre vraiment la voie la plus efficace pour obtenir la complexité et la richesse requises par le vivant. Or, de l'eau et du carbone, il y en a en quantité dans l'Univers. Des composés organiques variés existent aussi bien dans l'espace interstellaire qu'au sein des comètes. La grosse difficulté reste cependant de rencontrer l'eau à l'état liquide. Cela est possible dans des conditions de température et de pression précises que l'on ne pense pouvoir rencontrer que sur des planètes analogues à la Terre.

De ce point de vue, Mars semble offrir les meilleures chances. Tout porte à penser qu'il y a trois milliards d'années la planète a connu, pendant quelque temps, un climat comparable à celui de la Terre. De l'eau a coulé en abondance à sa surface. Peut-être des micro-organismes ont-ils pu y apparaître et s'y développer. Dans cette hypothèse, il n'est d'ailleurs pas ex-

Le radiotélescope d'Arecibo, à Puerto Rico, est utilisé pour détecter d'éventuels message en provenance d'une intelligence extraterrestre.

LE SAVIEZ-VOUS ?

En 1992, à l'occasion du 500e anniversaire de la découverte de l'Amérique par Christophe Colomb, les États-Unis ont lancé un vaste programme d'écoutes extraterrestres... qu'ils ont abandonné discrètement un an plus tard, au grand dam des radioastronomes. Ceux-ci y avaient vu l'occasion de moderniser certains de leurs vieux instruments.

clu que certains aient survécu au changement climatique qui a conduit à la disparition de l'eau liquide. Ils pourraient avoir trouvé refuge dans quelque havre préservé du sous-sol.

Plus surprenante est la situation d'Europe et de Callisto, deux des satellites principaux de Jupiter. Ceux-ci semblent en effet abriter sous leur surface de glace un océan d'eau liquide et salée. Une forme de vie peut-elle s'accommoder de tels océans souterrains ? Rien n'est exclu, mais l'hypothèse la plus souvent retenue est que ces satellites pourraient au moins offrir les conditions d'une chimie prébiotique. Un autre candidat à une chimie du vivant pourrait être Titan, la principale et très froide lune de Saturne, qui présente de surcroît des ressemblances avec notre planète. Le constituant majeur de son atmosphère y est également l'azote, et la pression y est à peine plus élevée que celle que nous subissons.

Quant à savoir où rencontrer des conditions favorables à l'émergence

Europe et Titan pourraient abriter une chimie du vivant

et au développement d'êtres vivants au-delà du système solaire, l'affaire est encore plus délicate. Depuis 1995, la découverte de planètes géantes autour d'étoiles semblables au Soleil pourrait laisser espérer l'existence d'autres mondes comme le nôtre. Ce n'est pas le cas. Ces planètes sont très différentes. Le contexte dans lequel elles évoluent s'est révélé terriblement éloigné de tout ce que l'on avait cru comprendre à partir de l'exemple constitué par notre seul système solaire. C'est donc davantage à la prudence qu'incitent ces découvertes qu'à un optimisme accru.

La seule façon d'estimer les chances d'une vie extraterrestre serait d'en observer directement les effets. Sur Terre, l'oxygène atmosphérique ne peut exister que parce que le mécanisme de photosynthèse en libère continûment. La détection d'oxygène dans l'atmosphère d'une planète extrasolaire serait donc, estime-t-on, un indice fort de la présence de vie. Des projets permettront dans les prochaines décennies de mener de telles études.

En attendant, certains astronomes font le pari qu'il existe ailleurs des civilisations technologiques avancées qui utilisent les ondes radio pour communiquer. C'est ainsi que les premières tentatives d'écoutes extraterrestres ont débuté dans les années 1960. Elles se poursuivent sous le nom générique de programmes SETI (Search for ExtraTerrestrial Intelligence). ■

MOTS-CLÉS

- Les **composés organiques** sont des molécules de tailles diverses, construites autour d'un squelette d'atomes de carbone.
- La **chimie prébiotique** concerne la constitution de molécules simples dont l'existence est un préalable à la formation des molécules propres aux organismes vivants.

GROS PLAN

Des traces de vie fossile provenant de la planète Mars : c'est ainsi que des géologues de la NASA ont interprété, en 1995, certaines structures étranges enchâssées dans une météorite d'origine martienne trouvée dans l'Antarctique et étiquetée ALH84001 (ci-dessous). Des analyses ultérieures ont remis en cause cette hypothèse.

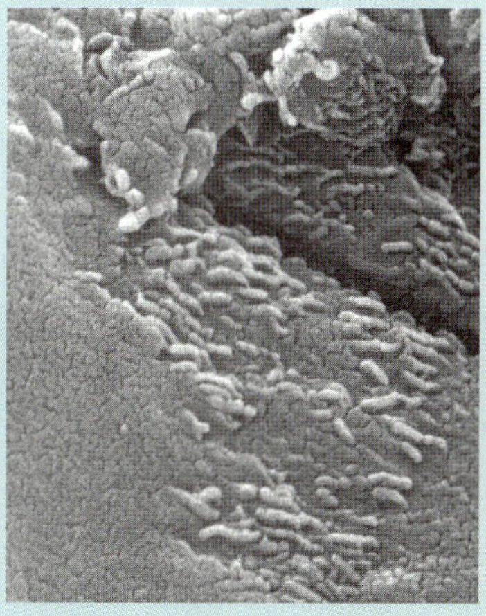

Les étoiles

des feux multicolores dans le ciel

Les étoiles sont de grosses boules de gaz chaud dont l'énergie provient des réactions nucléaires qui se déroulent en leur sein. Leur couleur et leur luminosité traduisent deux forces antagonistes qui les gouvernent : la pression et la gravitation.

Dans la région de Rhô Ophiuchi, on peut observer : la brillante Antares (en bas, à gauche), qui est une géante rouge, une étoile vieillissante ; de jeunes étoiles bleues, responsables du brouhaha lumineux révélant le gaz interstellaire alentour ; et des nuages froids et sombres où naissent des étoiles.

Les étoiles sont d'autres soleils. Elles partagent de nombreux points communs avec l'astre du jour. Leur composition chimique globale est semblable et comprend 75 % d'hydrogène, 20 % d'hélium et 5 % d'autres éléments... Leur structure est la même : au centre se situe le cœur, ou noyau, dans lequel les pressions et les températures sont les plus élevées. Ce cœur est entouré d'une enveloppe épaisse étagée sur plusieurs couches. C'est dans le cœur que se produit la fusion des noyaux d'hydrogène à l'origine de l'énergie rayonnée sous forme de lumière. L'enveloppe, moins chaude, empêche le cœur d'exploser en pesant sur lui de tout son poids tout en facilitant l'évacuation de l'énergie vers la surface à mesure de sa production.

Les étoiles ne sont cependant pas toutes à l'image du Soleil. Elles diffèrent notamment par leur luminosité et leur couleur. Si l'on s'en tient aux étoiles visibles à l'œil nu, les écarts d'éclat apparent entre les plus brillantes et les plus faibles se situent dans un rapport de 1 à 500. Cette variété provient en partie de l'éloignement plus ou moins grand des étoiles. Mais si l'on plaçait toutes les étoiles à la même distance, on constaterait encore une grande disparité dans ce que les astronomes appellent la luminosité absolue. Il est ainsi quantité d'étoiles de cent à mille fois moins lumineuses que le Soleil. D'autres, en revanche, s'avèrent dix mille voire cent mille fois plus brillantes que lui !

En général, la luminosité absolue des étoiles est fonction de leur couleur. Certaines sont orangées, et

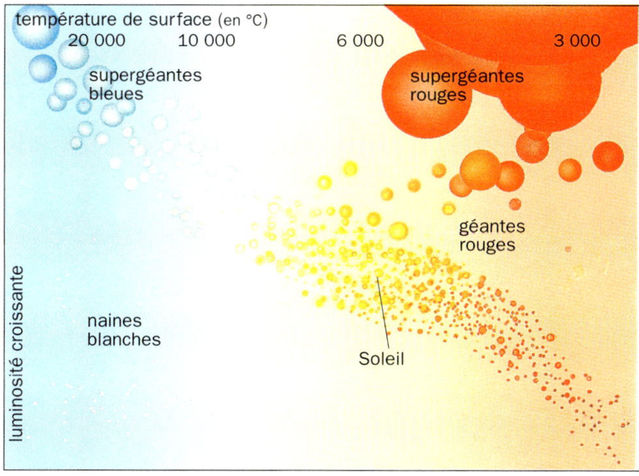

Disposées en fonction de leur couleur et de leur luminosité, les étoiles se répartissent selon une diagonale, appelée séquence principale, où les plus bleues sont les plus lumineuses, et les plus rouges, les moins lumineuses. Un pôle rassemble des étoiles rouges très lumineuses : les géantes rouges.

LE SAVIEZ-VOUS ?

Les discrètes naines brunes, étoiles trop peu massives pour s'être allumées, ne sont détectées que depuis 1995. Faciles à confondre avec les planètes géantes qu'on commence aussi à découvrir autour d'autres étoiles, elles sont devenues un enjeu majeur de l'astrophysique, car elles pourraient être une composante non négligeable de la masse dite manquante de l'Univers.

même franchement rouges. D'autres paraissent jaunes ou blanches. D'autres encore affichent une teinte bleue éclatante. Ces dernières sont les plus brillantes. Viennent ensuite les blanches, plus lumineuses que les jaunes, elles-mêmes dépassant en éclat leurs congénères oranges et, parfois, rouges. Le cas des étoiles rouges est un peu particulier. Dans leur écrasante majorité, elles brillent effectivement très peu. On les qualifie de naines rouges. Mais certaines d'entre elles, les géantes rouges, comptent parmi les étoiles les plus lumineuses que l'on connaisse.

La couleur des étoiles reflète la température qui règne à leur surface. La situation est comparable à celle que l'on observe par exemple lorsque l'on chauffe une barre de métal : à mesure que sa température augmente, elle apparaît rouge, puis blanche. Si on pouvait la chauffer davantage peut-être deviendrait-elle bleue, à l'image de la flamme ultra-chaude d'un fer à souder. On comprend dès lors pourquoi luminosité et couleur sont liées. Tout est fonction de l'énergie émise dans le cœur de l'étoile. Plus l'étoile produit de l'énergie, plus elle chauffe son enveloppe et sa couleur tend vers les bleus. Mais plus elle dégage de l'énergie, et plus elle évacue sa chaleur en rayonnant. Elle tend donc à être plus lumineuse.

Toutes ces différences ont une raison profonde : la masse... Celle-ci peut varier considérablement selon les conditions de formation de l'astre. Les plus petites étoiles ont une masse de l'ordre de 7 % de la masse du Soleil. Cette valeur constitue le minimum requis pour que l'astre s'allume, c'est-à-dire pour que s'amorce la combustion d'hydrogène dans le cœur. Au-dessous de ce seuil, on a affaire à des étoiles avortées, appelées naines brunes.

La couleur des étoiles dépend de leur température.

La masse maximale d'une étoile est plus difficile à évaluer. On observe que les plus grosses étoiles tendent à se délester de leur enveloppe par l'effet de vents stellaires à un rythme d'autant plus élevé qu'elles sont massives. Ainsi, au-dessus d'une certaine valeur – qui avoisinerait la centaine de masses solaires – les étoiles se dilapideraient avant même de se former !

L'enveloppe d'une étoile fait d'autant plus pression sur le cœur que sa masse est importante. Mais, pour que l'équilibre de l'astre soit assuré, il faut que l'énergie fabriquée par l'étoile engendre dans le même temps une pression équivalente en sens inverse de la pression exercée par l'enveloppe. Les étoiles les plus massives sont ainsi condamnées à produire beaucoup d'énergie et donc à consommer rapidement leurs réserves. Leur existence – brillante – sera néanmoins brève. Les étoiles plus modestes assurent leur équilibre à moindre coût : elles brillent moins, sont moins chaudes, mais vivent beaucoup plus longtemps.

Restent les géantes rouges, qui échappent quelque peu à ce schéma. Si elles sont excessivement lumineuses, ce n'est pas du fait d'une production effrénée d'énergie dans leurs régions internes. L'explication réside plutôt dans leurs dimensions hors normes. La surface par laquelle elles rayonnent est gigantesque. En somme, elles vivent la fenêtre grande ouverte : l'énergie les abandonne à grande vitesse et elles se « refroidissent » en proportion. D'où, à la fois, une grande luminosité et une température relativement basse pour ces grandes dépensières. ■

CHIFFRES

- L'espérance de vie des étoiles de 30 masses solaires (bleues) est de 10 millions d'années. Celles de 3 masses solaires (blanches) atteignent 500 millions d'années alors que le Soleil (jaune) peut espérer briller pendant 10 milliards d'années. Les petites étoiles de 0,5 masse solaire (naine rouge) dépassent théoriquement les 200 milliards d'années.
- La température superficielle des étoiles s'échelonne de 2500 K (naines rouges) à plus de 50 000 K (étoiles bleues).
- La température à la surface du Soleil avoisine les 6000 K.

La naissance des étoiles

tout commence par des contractions !

Les étoiles naissent à partir du gaz présent dans les grands nuages interstellaires. Elles se forment en groupes, au terme d'une succession de contractions et de fragmentations de ces nuages.

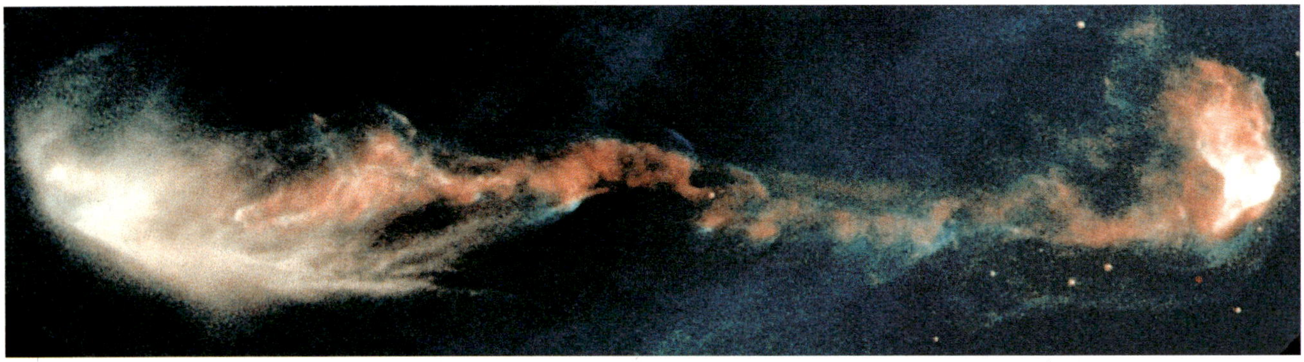

Lors de sa formation, une étoile se déleste du surplus de matériau qui tombe sur elle en éjectant le long de son axe de rotation deux jets de gaz chaud. On nomme ces astres des objets de Herbig-Haro (ci-dessus HH 47, dans la constellation d'Orion).

Dans la Voie lactée, il naît en moyenne quatre ou cinq étoiles par an. Ces naissances se produisent par vagues successives dans les bras spiraux de la Galaxie, dans les régions où abonde la matière première requise, l'hydrogène. Les principaux pourvoyeurs de ce gaz sont les froids et poussiéreux nuages moléculaires géants.

Ces masses gazeuses connaissent en général un équilibre fragile. Dans un nuage moléculaire, la pression qui spontanément devrait conduire à sa dispersion est globalement équivalente à la force de gravitation qui assure, elle, la cohésion du nuage. Mais si le nuage rencontre un autre nuage, ou s'il est percuté par une onde de choc (créée par l'explosion d'une étoile proche, par exemple), son bel équilibre peut se rompre brusquement. Sous le choc, une région du nuage devient plus dense et la gravitation prend le dessus inéluctablement sur la pression. La portion de nuage concernée commence dès lors à s'effondrer sur elle-même sous l'effet de sa propre masse. Une véritable machine infernale – la machine à fabriquer des étoiles – se met ainsi en route…

Les nuages interstellaires fournissent la matière première des étoiles.

La route qui conduit de l'effondrement de ce cœur dense à l'allumage de la première étoile reste pourtant semée d'embûches. L'obstacle principal viendra d'une impérieuse loi de la physique, le principe de conservation du moment angulaire, qui oblige tout corps en rotation à ajuster sa vitesse à ses dimensions. C'est ce principe qui est à l'œuvre quand, par exemple, une patineuse replie les bras pour tourner plus vite, et les déploie à nouveau pour ralentir. Dans un nuage, le gaz est mobile ; son cœur dense tourne sur lui-même. Lors de la contraction, cette rotation s'accélère inéluctablement, jusqu'à ce que l'apparition d'une force centrifuge de grande intensité finisse par contrebalancer l'effondrement.

Au premier abord, notre cœur de nuage en rotation se contente de s'étaler sous l'effet de la force centrifuge pour former un disque épais. Cette grosse galette, opaque en raison d'une forte concentration de poussières, tourne si rapidement que ses matériaux ne parviennent plus à rejoindre le centre du disque. Autrement dit, la force centrifuge, contrant efficacement la force de gravitation, creuse un espace vide au cœur de la galette. Si l'affaire se terminait là, l'Univers serait peuplé de tels anneaux de gaz, sans qu'aucune étoile ne prenne naissance.

Or, la fragilité des anneaux gazeux rend possible le processus de formation stellaire. Leur rotation est si rapide qu'ils finissent par éclater. Chaque fragment forme à son tour un nouveau noyau de condensation qui amorce un effondrement sous l'effet de sa propre masse, tout en tournant

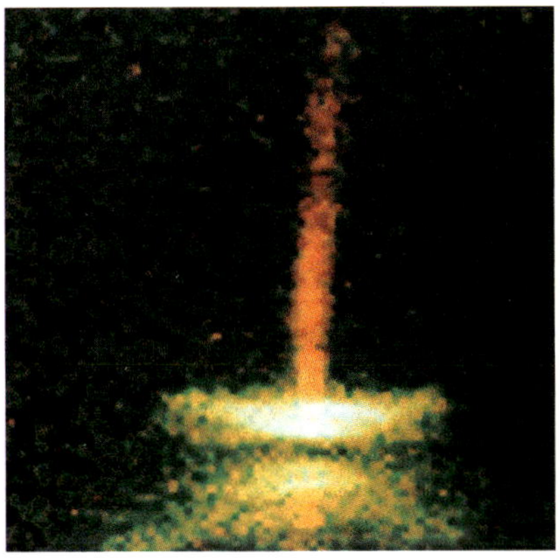

Une étoile en formation est cachée par un disque de poussière (en vert) ; elle émet des jets de matière (en rouge) de chaque côté du disque.

James Jeans (1877–1946)

Astronome, mathématicien et physicien britannique. Dès 1902, ce spécialiste de la gravitation a défini les conditions physiques nécessaires pour que les nuages interstellaires deviennent instables, s'effondrent et se fragmentent.

LE SAVIEZ-VOUS ?

Lors de sa formation, une étoile recrache le long de son axe de rotation une fraction du gaz qui lui parvient. Canalisé par un champ magnétique, ce gaz forme de longs jets nommés objets de Herbig-Haro, du nom des deux astronomes qui ont découvert ses étranges structures dans les années 1950.

de plus en plus vite. Le processus précédent recommence alors à plus petite échelle : la force centrifuge s'en mêle une nouvelle fois, chaque cœur dense issu du premier éclatement forme un nouvel anneau, qui finit lui aussi par se fragmenter, etc.

Ce mécanisme de contractions et de fragmentations successives explique pourquoi les jeunes étoiles forment le plus souvent des groupes. Il explique aussi pourquoi la plupart des étoiles connues vivent en couple : c'est l'issue logique de tout ce scénario. La cascade des fragmentations aboutit en effet pratiquement toujours à la formation de deux noyaux denses gazeux tournant autour d'un centre de gravité commun.

Ces deux ultimes rejetons tournent enfin sur eux-mêmes suffisamment lentement pour pouvoir s'effondrer sans se briser. Et la force centrifuge est insuffisante pour qu'un trou apparaisse en leur centre. Ce sont eux qui évolueront pour donner naissance aux étoiles. Chaque portion de nuage prend encore une fois la forme d'un disque épais, dans lequel apparaîtront peut-être des planètes. Au centre du disque, le gaz afflue pour alimenter une protoétoile, c'est-à-dire un embryon d'étoile. Puis, du fait de la compression du gaz, la température s'élève rapidement jusqu'à atteindre plusieurs millions de degrés. Un prodigieux dégagement d'énergie s'ensuit qui souffle littéralement le gaz et la poussière du disque alentour. Celui-ci, qui, au cours des épisodes précédents, formait encore un cocon opaque, devient soudain transparent. La lumière s'échappe brusquement. Une étoile jaillit !

Les réactions thermonucléaires démarrent quand le cœur de l'étoile atteint 10 millions de degrés.

Enfin presque... car, au cours de cette étape, que les astronomes appellent la phase T Tauri, la contraction du gaz n'est encore que la seule source d'énergie. C'est seulement quand la température au centre de l'astre dépasse dix millions de degrés que peut démarrer la fusion thermonucléaire des noyaux d'hydrogène. L'allumage du feu nucléaire signe la véritable naissance de l'étoile. ■

MOTS-CLÉS

- Les **bras spiraux** sont des régions des galaxies comme la nôtre où se concentrent les grands nuages interstellaires et les étoiles jeunes.
- Les **nuages moléculaires** sont des nuages suffisamment froids et compacts pour que les atomes s'y assemblent en molécules, et les molécules, parfois, en poussières.

L'apparence tourmentée de cette galaxie spirale (M82 dans la Grande Ourse) vue par la tranche s'explique par une bouffée de formation stellaire d'une intensité inouïe. Il naît ici 3 étoiles par jour !

Ces cocons de poussières flottent dans la grande nébuleuse d'Orion. Ils représentent probablement le dernier stade de la formation d'une étoile et de son cortège de planètes.

La vie des étoiles

une course à l'énergie

Une étoile produit toute sa vie de l'énergie grâce à la fusion de noyaux d'atomes de plus en plus lourds. Au cours de sa vie, l'astre change de diamètre, d'éclat et de couleur. La richesse de son parcours dépend de sa masse.

Les étoiles naissent de la fragmentation et de la contraction de nuages d'hydrogène interstellaire. En quelques centaines de milliers d'années, elles deviennent des sphères de gaz très chaud et lumineux. Dès que s'amorce, dans leur cœur, la fusion des noyaux d'hydrogène, un régime de croisière se met en place. Les neuf dixièmes de la vie d'une étoile se résument ainsi à la combustion de son hydrogène. Cette combustion repose sur une chaîne de réactions lors de laquelle quatre noyaux d'hydrogène (quatre protons) fusionnent pour former un noyau d'hélium, composé de deux protons et de deux neutrons. Ce processus est le moyen le plus efficace pour produire l'énergie dont une étoile a besoin afin de contrer les effets de la gravitation qui tendent à l'écraser sur elle-même. Il est aussi à l'origine de la lumière qu'elle rayonne.

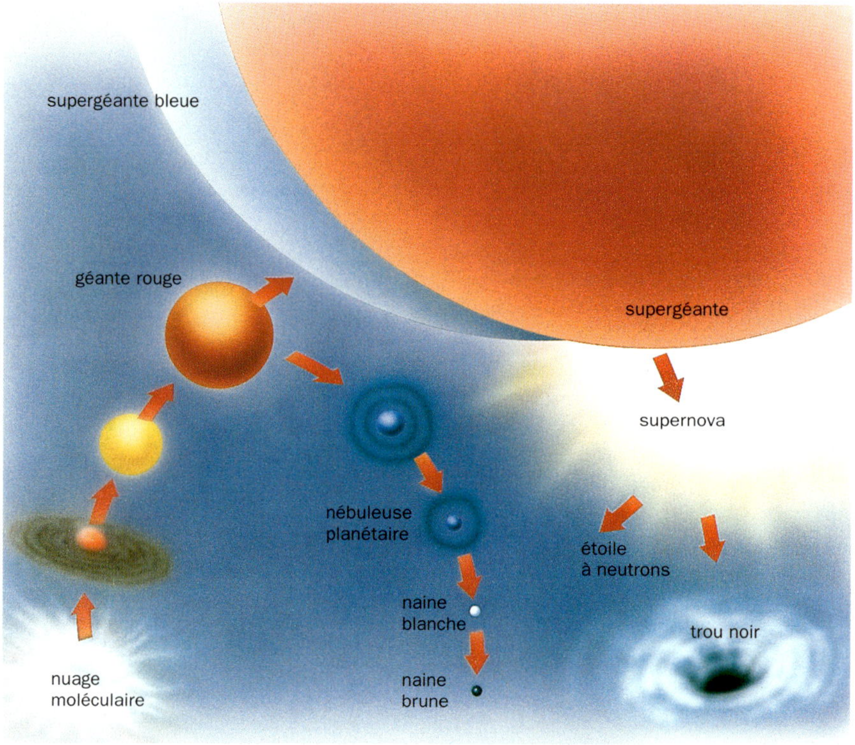

Tout commence par la contraction d'un nuage moléculaire (en bas, à gauche). Au cours de son existence, la couleur et la luminosité de l'étoile varient. Les plus massives passent par le stade de supergéante rouge ou bleue (en haut), puis finissent en étoiles à neutrons ou en trous noirs. Les moins massives se débarrassent de leur enveloppe, forment des nébuleuses planétaires, puis des naines blanches ou brunes.

La combustion d'une étoile s'achève quand tout l'hydrogène de son cœur est épuisé.

Cette longue période de stabilité correspond à ce que les astronomes appellent la séquence principale. Le Soleil et la grande majorité des étoiles en sont à ce long stade de leur évolution. La combustion s'achève quand tout l'hydrogène du cœur est épuisé. Les régions centrales de l'étoile ne parviennent plus à contrecarrer l'effet de la gravitation : elles se contractent sous leur poids et sous celui de l'enveloppe. Cette dernière voit alors ses couches inférieures se comprimer et s'échauffer. Pour une très petite étoile, une naine rouge, cela n'a pas de grande conséquence. Son sort est déjà scellé : l'astre se contente désormais de se refroidir et de diminuer lentement d'éclat jusqu'à devenir une naine noire, un cadavre stellaire, en somme. Pour les étoiles de masse supérieure à la moitié de celle du Soleil, en revanche, l'élévation de température et de pression dans la zone en contact avec le cœur recrée les conditions d'un nouveau démarrage des réactions nucléaires. Mais, cette fois, la combustion de l'hydrogène reste limitée à la périphérie du cœur : on l'appelle la combustion en couche. Elle engendre cependant un chauffage des couches supérieures de l'enveloppe suffisant pour les dilater démesurément. L'étoile gonfle subitement. Son diamètre est multiplié par cent ou davantage. On aura alors affaire à une étoile géante ou, si sa masse est encore plus importante, à une supergéante.

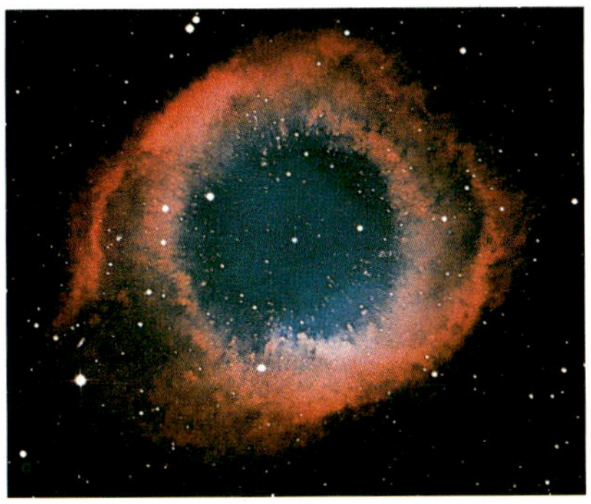

En vieillissant, les étoiles de masse moyenne se débarrassent de leur enveloppe et laissent leur cœur se transformer en naine blanche. C'est ainsi que l'on interprète la nébuleuse Helix.

Dans la région interne de Helix, ces cocons gazeux (en haut, à droite) sont deux fois plus grands que le système solaire.

Les éléments chimiques les plus lourds sont fabriqués dans les étoiles.

Une étoile géante est un astre qui brille intensément. En effet, plus le diamètre d'une étoile est grand et plus la surface par laquelle elle rayonne est importante. À la fin de sa séquence principale, quand elle atteint le stade de géante, une étoile peut devenir 10 000 fois plus brillante. Mais cette débauche d'énergie entraîne aussi un rapide refroidissement des régions externes de l'enveloppe. Leur température tombe autour de 3000 degrés. Un corps chauffé à cette température émet toujours une lumière rouge, c'est pourquoi on qualifie ce type d'étoile de géante rouge ou de supergéante rouge…

Une telle situation ne pourrait durer si l'équilibre de l'étoile n'était assuré que par cette éphémère combustion en couche de l'hydrogène. D'ailleurs, pour les étoiles de masse sensiblement inférieure à celle du Soleil, l'histoire s'achève là. Pour les géantes rouges, plus massives, leur cœur continue de se contracter après la fin de la combustion. Cette fois, le degré de compression et la température deviennent tels que ce sont maintenant les noyaux d'hélium qui fusionnent. Au cours de réactions successives, des atomes de carbone, d'oxygène et de silicium sont ainsi fabriqués, accompagnés d'un dégagement d'énergie qui va fournir un répit à l'étoile en prolongeant son état de géante rouge pendant quelques centaines de millions d'années.

Certaines étoiles de masse moyenne – au rang desquelles figure notre Soleil – s'éteignent malgré tout rapidement après cette phase. Elles deviennent des naines blanches avant de rejoindre, elles aussi et à jamais, le froid cimetière des naines noires. Seules les plus massives – la poignée de celles qui étaient initialement des étoiles très chaudes de couleur bleue ou blanche – peuvent espérer un supplément de vie. Ces étoiles conservent un très grand diamètre et donc une luminosité importante. Leur température de surface et, par voie de conséquence, leur couleur se modifient à plusieurs reprises. Elles accomplissent ainsi des « va-et-vient » de plus en plus brefs entre l'état de géante rouge et celui d'étoile bleue.

Ces changements d'aspects de surface témoignent des changements qui affectent surtout l'intérieur de l'astre. Ils reflètent la succession des contractions, combustions en couche et réallumages du cœur nucléaire. Mais désormais les noyaux d'atomes concernés sont de plus en plus lourds, et les rendements énergétiques des réactions de fusions de moins en moins élevés. Cette fuite en avant se termine toujours de la même façon pour les étoiles les plus massives : elles sont détruites par une explosion phénoménale, appelée supernova. ■

MOTS-CLÉS

- La **combustion en couche** désigne les réactions de fusion thermonucléaire à la frontière entre le cœur et l'enveloppe des étoiles. Il s'agit d'un épisode de brève durée, intervenant seulement au cours des dernières étapes de l'évolution stellaire.
- Les **naines blanches** sont des astres très compacts. Leur couleur témoigne de la haute température atteinte par ces astres au moment de leur contraction.

LE SAVIEZ-VOUS ?

La masse est le facteur clé de l'évolution d'une étoile. Dans le cas des couples d'étoiles très proches, en raison des transferts de gaz qui s'effectuent de l'une à l'autre, leurs destins peuvent bifurquer brutalement au gré de cures de rajeunissement ou de vieillissement accélérés.

Arthur Eddington (1882–1944)

Professeur à l'université de Cambridge, en Grande-Bretagne, ce chercheur imaginatif a été le grand ordonnateur de l'astrophysique entre les deux guerres mondiales. On lui doit d'avoir élucidé les mécanismes fondamentaux qui commandent à l'évolution stellaire, et d'avoir diffusé les idées cosmologiques d'Einstein.

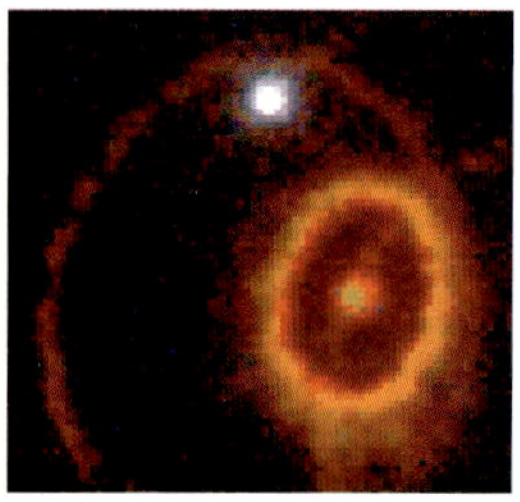

La mort des étoiles

ultimes métamorphoses

Quand les étoiles ont épuisé leurs réserves de combustible nucléaire, elles s'éteignent. Leur mort, le plus souvent paisible, peut aussi se révéler très spectaculaire.

La masse des étoiles ne cesse de gouverner leur évolution tout au long de leur existence. Elle conditionne aussi la manière dont elles achèvent leur vie. Les plus petites d'entre elles – les naines rouges ou celles dont la masse est notablement inférieure à celle du Soleil – s'effacent discrètement. Après la combustion totale de leur hydrogène, leur cœur cesse de fonctionner. Pendant les milliards d'années qui suivront, ces astres, qui sont les plus nombreux, se refroidissent lentement, perdant graduellement tout éclat.

Les étoiles plus massives, en revanche, atteignent le stade de géante ou de supergéante rouges après l'épuisement de leur cœur d'hydrogène. Plusieurs scénarios sont possibles. Pour celles qui ne dépassent pas quatre ou cinq fois la masse du Soleil, le stade de géante rouge correspond surtout à la perte progressive de l'enveloppe. Celle-ci est soufflée dans l'espace sous la forme de puissants vents stellaires. L'étoile se dépouille ainsi de ses couches périphériques. Le gaz expulsé forme une immense bulle en expansion, qui se dilue et se refroidit dans l'espace. Des molécules et des poussières pourront s'y former. À un stade tardif, on pourra même y détecter des molécules organiques complexes, appelées HAP (pour hydrocarbures aromatiques polycycliques), dont on retrouve la trace jusque dans les comètes et les météorites. Quant au cœur laissé à nu, il se contracte une nouvelle fois pour enclencher d'ultimes réactions nucléaires. Il devient très chaud, très bleu. Le rayonnement de haute énergie qu'il émet ionise le gaz de l'enveloppe en expansion autour de lui. Celle-ci se pare de somptueuses couleurs. Les astronomes ont repéré près de 2000 bulles brillantes de ce type uniquement dans notre galaxie. Ils les nomment nébuleuses planétaires.

La nébuleuse du voile (ou Vela) correspond au gaz expulsé lors de l'explosion d'une étoile bleue il y a 11 500 ans. L'illumination est provoquée par le rayonnement ultraviolet du pulsar laissé sur place.

> *Les naines rouges s'éteignent et se refroidissent progressivement.*

L'enveloppe ionisée finit par se disperser complètement et l'étoile centrale, par s'éteindre à jamais. La contraction qu'elle continue de subir donne à l'astre un diamètre comparable à celui de la Terre. À ce stade, les atomes de l'étoile sont pratiquement en contact. La contraction est bloquée. On a affaire à un astre d'un nouveau type : une naine blanche. Mais son destin diffère bien peu de celui des naines rouges : pendant des milliards d'années, elle se contente de refroidir lentement...

Il peut arriver pourtant qu'une naine blanche soit promise à un avenir plus éclatant. Si elle appartient à un couple serré, c'est-à-dire si elle est associée à une autre étoile, il est possible en effet qu'elle parvienne à capter le gaz de sa compagne. Cela provoque d'épisodiques et anodines explosions thermonucléaires à sa surface : c'est le phénomène de nova. Mais la gourmandise de la naine blanche finira probablement par lui

Une étoile mourante illumine l'enveloppe de gaz qu'elle a expulsé.

L'explosion de la Supernova SN1987A a produit ces deux anneaux de gaz.

coûter la vie. Un jour ou l'autre, une explosion plus forte que les autres, une supernova, la détruira. Il se produira un fabuleux dégagement d'énergie : en guise de chant du cygne, l'astre brillera quelque temps comme dix millions de soleils !

Les étoiles plus massives encore, quant à elles, n'ont nul besoin de vivre en couple pour achever leur existence par une explosion. Celles dont la masse reste inférieure à une dizaine de masses solaires explosent, pense-t-on, dès que les noyaux de carbone présents dans leur cœur commencent à fusionner. Une telle réaction thermonucléaire est en effet brutale et désintègre l'étoile. On assiste dans ce cas à une supernova analogue à celle qui détruit les naines blanches.

Les étoiles au moins dix fois plus massives que le Soleil forment la flamboyante famille des étoiles bleues. L'enveloppe de telles étoiles est suffisamment massive pour comprimer le cœur et étouffer dans l'œuf les velléités explosives qui apparaissent au moment de la combustion du carbone. Le premier cap dangereux est donc franchi sans encombre. Mais d'autres réactions de fusion se produisent ensuite au cours desquelles de nouveaux éléments chimiques sont créés. Il s'agit successivement de l'oxygène, du soufre, du silicium, du fer... La catastrophe intervient seulement après que l'astre est parvenu au stade de la fabrication des noyaux de fer. La synthèse d'atomes lourds absorbe en effet plus d'énergie qu'elle n'en produit. L'étoile ne peut plus assurer son équilibre. Résultat : le moteur nucléaire s'arrête brutalement et, en une fraction de seconde, le cœur de l'étoile s'effondre et implose sous l'effet de son poids.

Les supergéantes bleues terminent leur existence dans une gigantesque explosion appelée supernova.

Les électrons et les protons, deux constituants élémentaires des atomes, sont tellement comprimés qu'ils fusionnent pour former des neutrons, le troisième constituant élémentaire de l'atome, tout en produisant une grande quantité de neutrinos (des particules de masse extrêmement faible). La contraction se bloque quand les neutrons viennent à se toucher. L'enveloppe de l'astre, qui elle aussi s'effondre, bute alors sur ce mur d'une dureté extrême, rebondit, soufflée de surcroît par la déferlante des neutrinos. C'est l'explosion en supernova.

Le dégagement d'énergie est tel que des éléments chimiques plus lourds que le fer sont fabriqués et dispersés dans l'espace en même temps que l'enveloppe. Le cœur laissé à nu forme une étoile à neutrons, qui sera peut-être observée avec les caractères d'un pulsar. Une autre possibilité, plus discutée, est que cet astre compact concentre suffisamment de masse pour évoluer en trou noir. ■

LE SAVIEZ-VOUS ?

L'énergie des supernovae se dissipe à 99% sous la forme d'invisibles neutrinos. Mais le 1% restant leur suffit pour rayonner autant de lumière qu'une petite galaxie pendant plusieurs semaines...
Au cours de l'histoire, seulement sept explosions de supernovae ont été recensées avec certitude dans notre galaxie. La dernière a été étudiée par Kepler en 1604. En 1987, on a pu observer à l'œil nu une supernova qui a explosé dans une galaxie voisine, le Grand Nuage de Magellan.

MOTS-CLÉS

- Les **HAP** sont des molécules dérivées du benzène. Elles pourraient être à l'origine des premières réactions chimiques qui ont conduit à l'apparition d'êtres vivants sur Terre.
- Un **couple serré** correspond à une paire d'étoiles suffisamment proches pour que des transferts de gaz soient possibles de l'une à l'autre.
- Les **neutrinos** sont des particules de masse extrêmement faible produites par exemple lorsqu'un proton fusionne avec un électron pour former un neutron.

Karl Schwarzschild
(1873-1916)

Cet astronome américain d'origine allemande s'illustre dès l'âge de 16 ans en publiant un article sur les orbites célestes. Il définit la notion d'équilibre radiatif des étoiles et étudie notamment les flux de chaleur qui se produisent dans leur atmosphère.

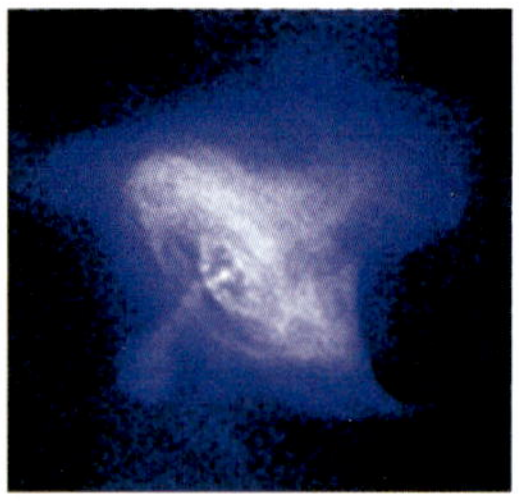

Les pulsars
phares du cosmos

Les pulsars sont des astres qui émettent des faisceaux d'ondes radio avec une extrême régularité. Leur existence confirme la théorie selon laquelle les étoiles massives produisent en explosant des résidus très denses baptisés « étoiles à neutrons ».

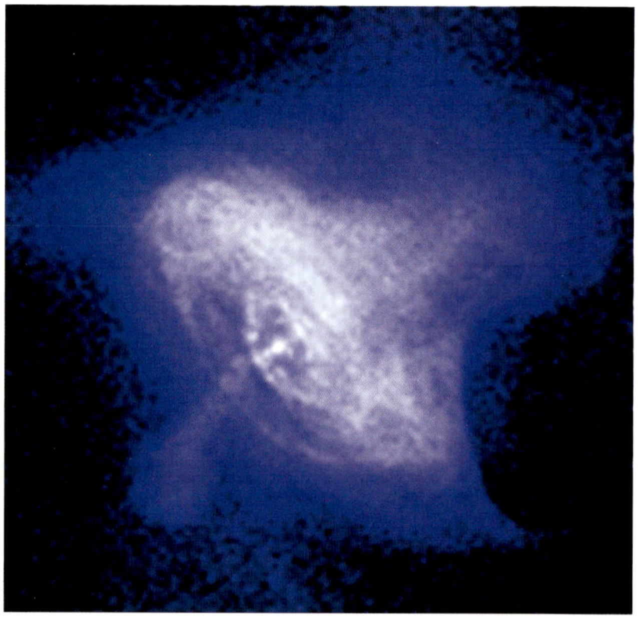

La nébuleuse du crabe (à gauche, en lumière visible) est un reste de supernova au centre duquel se trouve un pulsar. Une vue rapprochée sur le pulsar (à droite, image en rayons X, par Chandra) montre la structure de la nébuleuse aux abords du pulsar.

En 1967, le radioastronome britannique Anthony Hewish entreprit d'identifier tous les phénomènes naturels qui pouvaient affecter les données reçues par les radiotélescopes. L'un de ces phénomènes provenait d'une source ponctuelle dont l'intensité des signaux variait rapidement. Ce scintillement était dû au vent solaire et à ses hétérogénéités d'émission. En revanche, d'autres perturbations n'avaient pas de sources attribuées. Hewish confia à une jeune étudiante de Cambridge la tâche d'étudier scrupuleusement les signaux reçus de l'espace à l'aide d'une grande antenne parabolique. Et Jocelyn Bell découvrit, au milieu des fluctuations aléatoires dues au vent solaire, de petits sursauts dans l'émission d'ondes radio en provenance de la constellation du Petit Renard. Ces hoquets se succédaient avec une régularité de métronome. Plus tard, on s'aperçut que ce rayonnement en pointillé était accompagné de flash lumineux.

> *Au-delà de trois masses solaires, un pulsar devient un trou noir.*

Anthony Hewish élimina méthodiquement toutes les interférences d'origine humaine pouvant perturber les mesures. Il conclut alors que les signaux réguliers constituaient une émission d'un type nouveau. Avant même qu'un début d'explication voie le jour, certains, troublés par la régularité parfaite du signal, y ont aussitôt vu la manifestation d'une civilisation extraterrestre. Mais les extraterrestres étaient accusés à tort. Hewish et ses collègues tentèrent d'imaginer quel phénomène pouvait produire une variation d'éclat aussi brève. Les astronomes savent que la durée d'un flash (qu'il s'agisse d'ondes radio ou de lumière visible) est proportionnelle à la taille de la « lampe » qui l'émet. Autrement dit, plus une source est petite, plus la pulsation est brève. Compte tenu de la durée extraordinairement brève du signal, qui revenait chaque 1,337011 seconde, Hewish ne trouva comme source possible qu'une planète, une naine blanche ou... une étoile à neutrons.

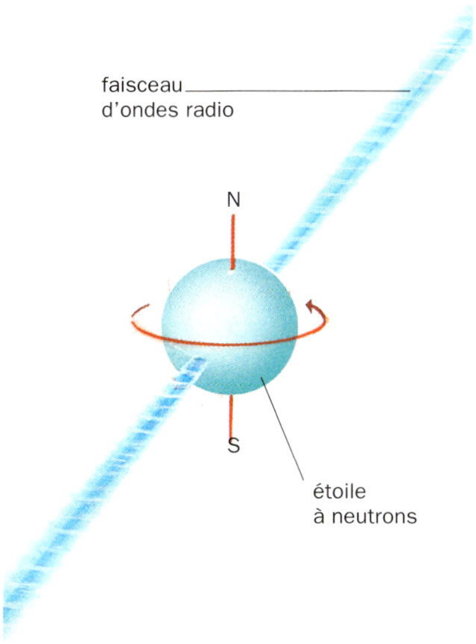

Un pulsar émet deux faisceaux d'ondes radio. En raison de la rotation de l'astre, ces faisceaux balaient l'espace en décrivant un cône.

Or, à cette époque, les étoiles à neutrons n'étaient que des objets théoriques. Ils avaient été imaginés en 1932 par le physicien soviétique Lev Landau, puis deux ans plus tard par l'Américain Walter Baade et le Suisse Fritz Zwicky. Pour ces scientifiques, l'explosion d'une étoile massive en supernova devait donner naissance, par brutale contraction du cœur de l'astre au moment de l'explosion, à une petite sphère très dense composée uniquement de neutrons. En 1967, après avoir écarté l'hypothèse d'une planète pulsante, ce qui serait en désaccord avec tous les modèles existants, Hewish supposa que l'astre pulsant était une naine blanche ou une étoile à neutrons d'un type particulier qu'il nomma pulsar (de l'anglais *pulsating star*, c'est-à-dire « étoile pulsante »).

Simultanément, l'Américain Thomas Gold compléta cette dernière hypothèse : les pulsars seraient des étoiles à neutrons en rotation très rapide. Seule une région de leur surface émettrait un faisceau d'ondes radio. En raison de la rotation de l'étoile, le pinceau lumineux balaierait l'espace à la manière d'un phare.

Pour vérifier cette idée, les radioastronomes pointèrent leurs instruments en direction du seul site où ils espéraient trouver une étoile à neutrons : la nébuleuse du Crabe, qui s'est formée à la suite de l'explosion d'une supernova. La confirmation fut immédiate. Une émission de même nature revenait 33 fois par seconde. Aujourd'hui, plus de 400 pulsars ont été découverts et il ne fait plus aucun doute qu'il s'agit d'étoiles à neutrons. Leur diamètre n'excède pas quelques dizaines de kilomètres pour une masse de 1,4 à 3 fois celle du Soleil, de sorte qu'un centimètre cube de leur matière pèse un milliard de tonnes ! Quand la masse d'une étoile à neutrons est trois fois supérieure à celle du Soleil, elle s'effondre sur elle-même et se transforme en trou noir.

L'origine du faisceau d'ondes lumineuses et radio des pulsars tient à leur fort magnétisme. Les deux pôles magnétiques de l'étoile canalisent les rayonnements selon deux directions diamétralement opposées. Les pôles magnétiques ne correspondant pas exactement aux pôles de l'axe de rotation, c'est pourquoi le rayonnement balaie l'espace comme un phare. Mais un pulsar n'est visible que si la Terre est située exactement dans la direction balayée par le faisceau, ce qui ne représente qu'une partie infime du ciel. Bon nombre de pulsars doivent ainsi rester invisibles, car rien d'autre ne permet de détecter un astre si petit et si peu lumineux.

Les périodes de rotation des pulsars connus s'échelonnent de 0,01 à 4 secondes. Les plus anciens sont aussi les plus lents. Cela signifie que leur vitesse de rotation diminue lentement au fil du temps. Ce phénomène est dû à la perte d'énergie consécutive à l'émission de lumière par les pôles magnétiques. ■

Dans une étoile à neutrons, un centimètre cube de matière pèse un milliard de tonnes !

LE SAVIEZ-VOUS ?

La nébuleuse du Crabe a été créée par l'explosion d'une supernova, qui fut observée et décrite avec précision le 4 juillet 1054 par des astronomes chinois. Dans les années 1930, Walter Baade identifia bien une petite étoile au centre du nuage gazeux, sans pouvoir dire s'il s'agissait d'une étoile à neutrons. La confirmation n'est venue qu'en 1968.

DATES

- De 1932 à 1934, Lev Landau, Fritz Zwicky et Walter Baade prédisent que certains types de supernovae donnent naissance à des étoiles à neutrons.
- En 1967, Jocelyn Bell et Anthony Hewish découvrent le premier pulsar.
- En 1968, les pulsars sont identifiés comme étant des étoiles à neutrons.

Subrahmanyan Chandrasekhar
(1910-1995)

Dans les années 1930, Subrahmanyan Chandrasekhar étudia la structure interne des naines blanches. Il arriva à la conclusion qu'aucune naine blanche ne pouvait exister au-delà de 1,4 masse solaire. Chandrasekhar a laissé une œuvre immense couronnée par un prix Nobel en 1983.

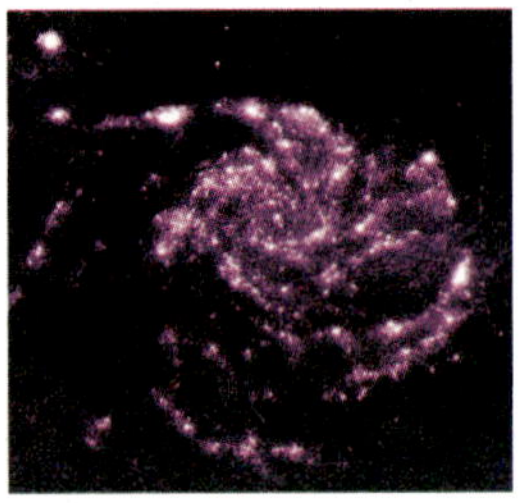

Les hypernovae

l'énigme des sursauts gamma

Contrairement aux novae et aux supernovae observées depuis le XVIIe siècle, des phénomènes encore plus puissants, les hypernovae, ont échappé au regard des astronomes jusqu'à l'avènement de l'astronomie spatiale.

À la différence des supernovae, les hypernovae ne sont pas des phénomènes très bien compris. Il s'agit de gigantesques et brutales bouffées d'énergie détectées quasi quotidiennement par les satellites sensibles aux rayons gamma. Les astronomes commencent seulement à entrevoir la nature des événements à l'origine de ces flashs.

Leurs recherches commencèrent en 1967, lorsque le satellite militaire américain Vela détecta une quantité de rayons gamma trop importante pour être imputée aux seuls essais nucléaires soviétiques. En 1970, les militaires américains livrèrent ces résultats aux astronomes. Avant d'échafauder les premières hypothèses, ceux-ci lancèrent quelques satellites en orbite afin d'étudier ces phénomènes baptisés « sursauts gamma ».

Il fallait trouver un modèle qui soit capable d'expliquer en même temps la violence et la courte durée des sursauts (de quelques millisecondes à quelques secondes). La durée du flash devait obligatoirement être proportionnelle à la taille de la « lampe » qui l'émettait. Supposons que le Soleil soit cette lampe et qu'il s'éteigne brusquement. Il ne disparaîtrait pas instantanément. Depuis la Terre, nous verrions d'abord s'éteindre la partie située au centre de la sphère solaire avant que le pourtour du disque ne s'assombrisse à son tour. En effet, les bords de l'astre étant plus éloignés de la Terre de 700 000 km (soit le rayon du Soleil) que le centre, la lumière met deux secondes de plus pour nous parvenir. C'est le temps minimum et incompressible qu'il faudrait au Soleil pour qu'il cesse de briller à nos yeux.

Certaines supernovae, dont on voit un reste ici, sous la forme d'une bulle de gaz en expansion, pourraient être suffisamment puissantes pour produire des hypernovae.

Des bouffées de rayons gamma très énergétiques trahissent les hypernovae.

Compte tenu de cette contrainte physique et de la brièveté des sursauts gamma, qui n'excèdent pas deux ou trois millisecondes, la source recherchée doit posséder un diamètre de quelques millisecondes de lumière, soit quelques centaines de kilomètres tout au plus.

Mais en raison de l'incapacité des détecteurs gamma à déterminer la direction exacte de provenance des rayons, il fut longtemps impossible de localiser ces astres sur la voûte céleste, et a fortiori de déterminer leur distance. Leur nature restait mystérieuse : il pouvait aussi bien s'agir de collisions de comètes aux confins du système solaire que de collisions de trous noirs dans les galaxies les plus lointaines. Jusqu'au milieu des années 1990, une centaine d'hypothèses furent envisagées sans qu'il soit possible de trancher.

Plus récemment, des dispositifs de détection perfectionnés permirent de localiser précisément quelques

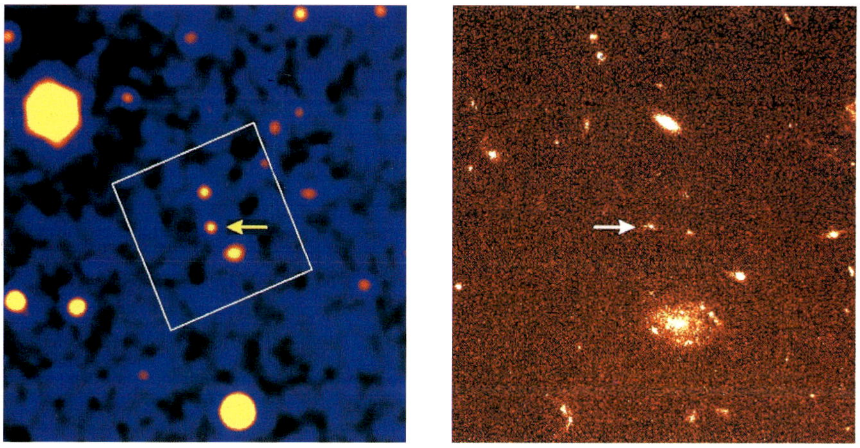

Le sursaut gamma du 14 décembre 1997 a été le premier dont on a réussi à obtenir des images dans le domaine visible (à gauche, image du télescope Keck ; à droite, image par Hubble), montrant qu'il a eu lieu dans une galaxie lointaine.

LE SAVIEZ-VOUS ?

Les rayons gamma émis par les hypernovae sont bloqués par l'atmosphère terrestre et n'arrivent pas jusqu'au sol. Les autres rayons émis par les hypernovae (notamment des rayons X et des rayons de lumière visible) étant trop faibles et trop courts pour être remarqués, il a fallu attendre le lancement de satellites dans les années 1960 pour détecter ces phénomènes.

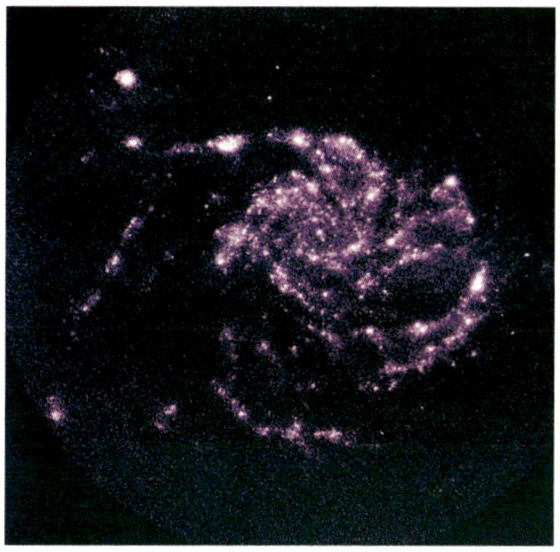

À l'intérieur de la galaxie voisine M101, certains nuages de gaz en expansion pourraient provenir d'hypernovae.

MOTS-CLÉS

- Une **supernova** est une explosion d'étoile de plus de huit masses solaires. Son cœur se comprime en un petit astre composé de neutrons : une étoile à neutrons.
- Les **hypernovae** sont des bouffées d'énergie très puissantes qui ne durent que quelques millisecondes, émises sous forme de rayons gamma. Dans le spectre électromagnétique, les rayons gamma se situent à une longueur d'onde plus courte et à une fréquence plus élevée que les rayons X.
- Les **étoiles à neutrons** sont les résidus ultradenses d'étoiles massives ayant explosé en supernovae. Leur densité est d'environ 10^{12} g par centimètre cube.

Les trous noirs et les étoiles à neutrons sont les seuls astres capables d'engendrer des hypernovae.

sources de sursauts gamma. On put ainsi observer leurs flashs en lumière visible et constater qu'ils provenaient de galaxies lointaines. Il devenait dès lors évident qu'on avait affaire à des événements d'une extrême puissance, et que les seuls astres capables de les engendrer étaient des étoiles à neutrons ou des trous noirs, c'est-à-dire les objets les plus massifs et les plus compacts qui soient.

L'un des scénarios imaginés pour expliquer ces phénomènes, appelés aujourd'hui hypernovae, suppose la rencontre de deux étoiles à neutrons, ou celle de deux trous noirs, voire d'un trou noir et d'une étoile à neutrons. Cette hypothèse suppose l'existence de systèmes binaires, où l'un des astres tourne autour de l'autre. Comme prévu par la théorie, de tels systèmes perdent lentement de l'énergie, ce qui conduit inéluctablement les orbites à se resserrer, au point qu'un jour les deux astres fusionnent. Or, même dans ce cas, aucun modèle théorique n'arrive à produire autant d'énergie que celle mesurée lors des plus puissants sursauts. Pour y parvenir, il faut envisager la focalisation de l'énergie émise dans une direction privilégiée, à la manière d'un pulsar. Ainsi canalisée, l'énergie escomptée atteindrait le niveau de celle mesurée.

Il existe une autre hypothèse pour expliquer les sursauts gamma. Elle prévoit l'effondrement brutal d'une étoile massive (de cent fois la masse du Soleil) en trou noir, ce qui aurait pour conséquence une énorme production d'énergie par l'échauffement de la matière stellaire. Mais, comme dans le scénario précédent, l'existence d'un mécanisme de focalisation de l'énergie émise reste nécessaire pour expliquer une telle intensité.

Les hypernovae gardent encore un peu de leur mystère... ■

DATES

- En 1967, le satellite militaire américain Vela détecte pour la première fois des sursauts gamma.
- En 1991, le satellite GRO-Compton observe que ces sursauts se répartissent uniformément sur la voûte céleste.
- En 1997, l'observation de sursauts avec des télescopes classiques confirme qu'il s'agit d'événements situés en dehors de notre galaxie.

Les trous noirs

de sombres astres gloutons

L'existence d'astres suffisamment massifs pour empêcher la lumière de s'échapper a été suggérée dès la fin du XVIIIe siècle. De tels astres ont effectivement été découverts, mais de façon indirecte, par les effets qu'ils produisent.

Un trou noir ne peut être détecté qu'indirectement, grâce aux rayonnements très énergétiques que produit la matière qu'il est en train engloutir. En revanche, le trou noir lui-même ne laisse s'échapper aucune lumière.

En 1783 et 1796, le révérend anglais John Mitchell et le mathématicien et astronome français Pierre Simon de Laplace parviennent à la même conclusion : il pourrait exister dans l'Univers des objets si denses et si massifs que leur force gravitationnelle serait assez puissante pour retenir la lumière prisonnière, ce qui rend l'astre invisible.

En effet, pour échapper à un corps céleste, tout objet ou tout rayonnement doit acquérir une vitesse suffisante, appelée « vitesse de libération ». Plus le corps est massif, plus cette vitesse est élevée. Par exemple, pour s'arracher de l'attraction terrestre, une fusée doit atteindre la vitesse de 11,2 km/s. Donc, si un corps possède une masse telle que la vitesse de libération est supérieure à celle de la lumière (la plus grande vitesse possible dans l'Univers), il retient absolument tout, y compris la lumière elle-même. Ce corps n'émet aucun rayon lumineux, il est invisible. L'idée du trou noir était née…

> *L'écoulement du temps est très perturbé à proximité d'un trou noir.*

Les connaissances acquises au cours du XXe siècle sur l'évolution des étoiles ont permis de conclure que de tels astres existaient vraiment. Les trous noirs seraient des résidus d'étoiles massives ayant explosé en supernova. Cette explosion survient à la fin de la vie d'une étoile ayant plus de sept fois la masse du Soleil. En fin de vie, la pression interne de l'étoile ne pouvant plus supporter sa masse colossale, elle s'effondre sur elle-même en une fraction de seconde. Le phénomène est si rapide et si violent qu'une partie de l'enveloppe reste d'abord suspendue dans le vide, puis s'écroule et rebondit sur le noyau dense qui s'est créé au centre de l'étoile. C'est l'explosion. Après cet événement spectaculaire, il ne reste plus qu'un nuage de gaz dispersé dans l'espace et un noyau ultradense de quelques kilomètres de diamètre. Si cette masse ne dépasse pas trois fois celle du Soleil, le noyau demeure à l'état d'étoile à neutrons. S'il pèse plus de trois masses solaires, la gravité est si forte que l'effondrement se poursuit infiniment. Ce corps ultradense se transforme alors en trou noir.

Comme une étoile, un trou noir est sphérique. En son centre se trouve ce que les astrophysiciens appellent une singularité, c'est-à-dire une bille de quelques kilomètres de diamètre dans laquelle la densité est si élevée que les lois de la physique telles que nous les connaissons ne s'appliquent plus. Cette bille contient toute la masse du trou noir.

La sphère qui enveloppe la singularité est un espace dans lequel rien de ce qui pénètre ne peut ressortir puisque la vitesse de libération y est supérieure à celle de la lumière. La surface de cette sphère immatérielle constitue une zone de non-retour, un « horizon » au-delà duquel il est impossible de voir quoi que ce soit. Le premier à avoir calculé l'existence de cet horizon fut Karl Schwarzschild, en 1915.

À proximité de cet horizon, l'écoulement du temps est très affecté. En effet, selon la théorie de la relativité générale établie par Einstein, tous les astres déforment l'espace et le temps autour d'eux. Cela est d'autant plus flagrant que l'astre est dense. Aux abords d'un trou noir, le temps est plus ou moins ralenti et l'espace plus ou moins tordu tant que l'on reste au-dessus de son horizon. Mais il est encore théoriquement possible de faire marche arrière et de s'en éloigner.

À la surface de l'horizon du trou noir, le temps est ralenti de manière infinie. Non seulement il est absolument impossible d'en décoller, mais on ne peut que tomber vers la singularité du trou noir. La situation se résume à ces deux possibilités : au-dessus de l'horizon, on peut éviter de tomber mais pas de vieillir. À sa surface, on cesse de vieillir mais on ne peut éviter la chute.

Ces théories, en accord avec celles de l'évolution des étoiles massives, permettent-elles de conclure que les trous noirs existent bien ? Car ceux-ci demeurent, par définition, totalement invisibles... Par chance, il arrive que des trous noirs rencontrent des nébuleuses ou des étoiles. Or, lorsque de la matière est aspirée par le trou noir, elle dégage divers rayonnements, en particulier des rayons ultraviolets, des rayons X et des rayons gamma, qui trahissent la présence de ces astres gloutons. ■

LE SAVIEZ-VOUS ?

En plus des trous noirs d'origine stellaire, il existe des trous noirs dits « hypermassifs », au centre de certaines galaxies, qui ont une masse équivalente à celle de plusieurs millions d'étoiles.

Les astres hypermassifs comme les étoiles à neutrons ou les trous noirs sont très petits comparativement à la Terre et au Soleil.

Stephen Hawking
(né en 1942)

Ce physicien d'origine britannique est l'auteur de recherches théoriques sur la relativité et la mécanique quantique. Il s'intéresse aux propriétés des trous noirs et suggère, en 1971, que des trous noirs « primordiaux » se seraient formés dès les premiers instants de l'Univers.

DATES

- En 1783, l'Anglais John Mitchell envisage l'existence d'un astre si massif qu'il interdit à toute lumière de s'en échapper, ce qui le rend invisible.
- En 1915, Karl Schwarzschild définit l'horizon d'un astre massif en deçà duquel il est impossible pour tout objet ou rayonnement de s'échapper.
- Le 29 décembre 1967, lors d'une conférence à New York, le terme de trou noir *(black hole)* est employé pour la première fois par l'astronome américain John Wheeler.

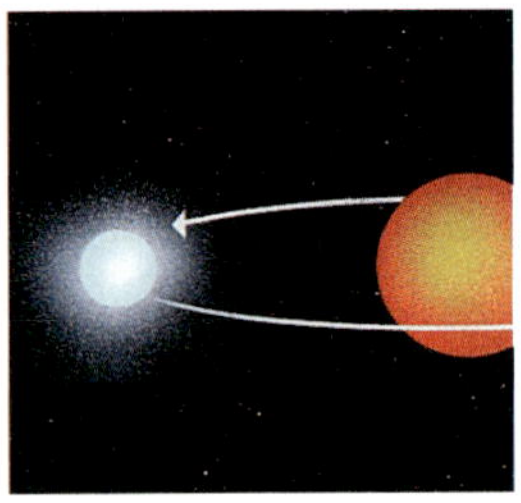

Les étoiles doubles

la majorité des étoiles vivent en couple

Les étoiles n'ont pas un tempérament solitaire. Dans la Voie lactée, celles qui comme le Soleil restent seules sont en minorité. La plupart vont par deux, par trois ou même plus et forment ce qu'on appelle des systèmes doubles ou multiples.

Les étoiles naissent de la contraction de gigantesques nuages de gaz, ou nébuleuses. Pour que cette contraction, ou effondrement, s'enclenche, la masse du nuage doit être mille fois supérieure à celle du Soleil. Lorsque l'effondrement d'un tel nuage a lieu, il n'engendre pas l'apparition d'une unique étoile mille fois plus massive que le Soleil. La nébuleuse se fractionne en de nombreux petits nuages denses, qui vont donner naissance à des dizaines, des centaines ou des milliers d'étoiles.

Ce processus est aisément observable avec un télescope d'amateur

Une nébuleuse peut donner naissance à des centaines, voire des milliers d'étoiles.

dans la nébuleuse d'Orion (M 42) où plusieurs étoiles éclairent la matière qui leur a servi de berceau. Plus tard, le rayonnement ultraviolet des nouvelles étoiles décompose le gaz alentour et provoque la dispersion de la nébuleuse. Ce stade plus avancé est observable dans l'amas ouvert des Pléiades, où il ne reste plus que quelques lambeaux de nébulosités autour des jeunes étoiles.

Toutes les étoiles issues d'un même berceau naissent relativement près les unes des autres. Aussi n'est-il pas rare que certaines capturent leurs voisines, pour peu qu'elles passent sous l'influence de leur attraction mutuelle. C'est de cette manière que se forment les systèmes stellaires doubles et multiples. En vertu du nombre élevé d'étoiles que peut contenir un tel nuage, ce genre de rencontre se produit assez fréquemment : ainsi, plus de la moitié des étoiles de la Galaxie appartiennent à des systèmes doubles ou multiples.

Les étoiles naissent en groupes et se lient gravitationnellement par paires (ou plus), formant des amas ouverts, qui finissent par se disperser.

A priori, tout porte à croire que les couples d'étoiles se constituent à « l'initiative » des plus massives d'entre elles. Naturellement, on serait tenté de penser que celles-ci capturent des astres plus petits et en font leurs satellites. En réalité, il est plus juste de parler d'attraction mutuelle. En effet, si dans certains cas il y a bien une étoile massive au centre du système et une étoile de faible masse en orbite autour d'elle, il arrive aussi souvent que se lient deux étoiles de masses quasiment identiques.

Dans la littérature, pour des raisons pratiques, les systèmes doubles sont mal représentés : généralement, l'astre le plus massif prend place au foyer de l'orbite de l'astre le moins massif. Dans la réalité, quelles que soient les masses respectives des corps en présence, chacun tourne simultanément autour de l'autre. Et c'est un point appelé « centre de masse » qui se trouve

Image par Hubble de la géante rouge Mira (à droite) et de son compagnon brûlant (à gauche).

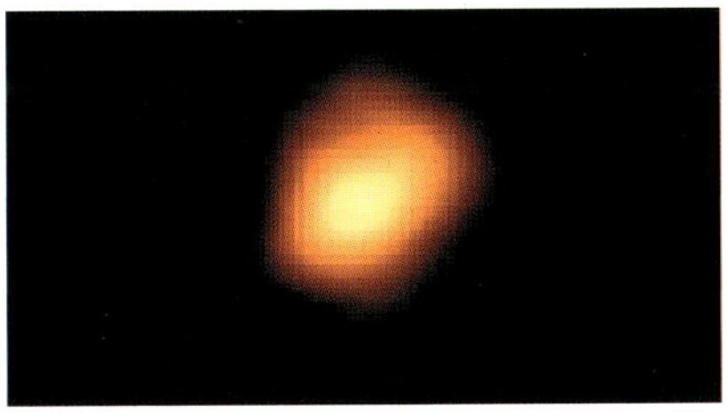

Mira présente une forme ovoïde, qui est peut-être due à des cycles de contraction et d'expansion de son enveloppe.

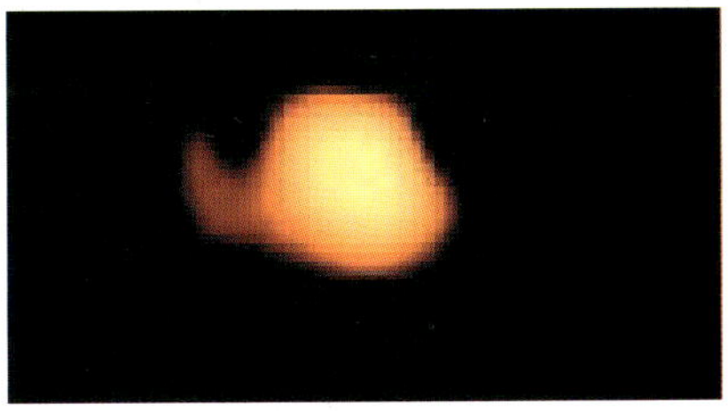

Mira, observée dans l'ultraviolet, montre un petit appendice qui pourrait être de la matière attirée par son compagnon (invisible ici).

Sirius B tourne autour de Sirius A en 50 ans.

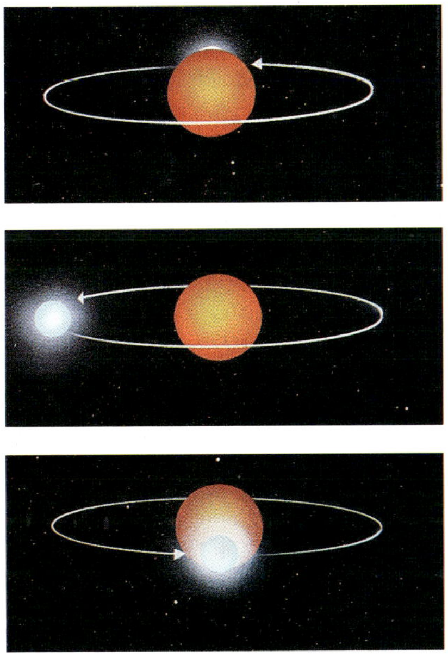

Dans les étoiles doubles à éclipse, le passage des astres l'un devant l'autre modifie la luminosité de l'ensemble.

au foyer commun des deux orbites. Les deux étoiles tournent autour de ce point qui équivaut à un barycentre. Le centre de masse se trouve plus près de l'étoile la plus massive. Si les deux étoiles possèdent la même masse, ce point se trouve exactement à mi-chemin entre elles, chacune donnant l'impression de se trouver sur la même orbite que son acolyte. Imaginez des haltères : le centre de masse n'est pas situé aux extrémités, mais sur la barre, au centre.

Les étoiles doubles ont éclairé les astronomes sur l'évolution stellaire. En effet, leur observation sur de longues périodes permet d'évaluer une donnée essentielle : la masse de chacun des deux compagnons. La température est estimée par spectroscopie, dont le principe consiste à décomposer la lumière d'une étoile. Or, la masse rapportée à la température de surface détermine le passé et le destin de l'étoile.

Pour connaître la masse du Soleil, les astronomes appliquent la troisième loi de Kepler. Ils utilisent la période de révolution de la Terre et la valeur du rayon maximal (appelé demi-grand axe) de son orbite. Pour estimer la masse de la composante principale d'un système stellaire double, il suffit de réaliser la même opération avec la période de révolution et le demi-grand axe de l'étoile la moins massive. Le seul obstacle réside dans le fait que la période de révolution peut se révéler assez longue, ce qui exige des observations qui peuvent s'étaler sur plusieurs siècles. Heureusement, certaines étoiles doubles aisément observables ont des périodes assez courtes. Sirius B, par exemple, tourne autour de Sirius A en 50 ans. Krüger 60, une autre étoile double très proche, possède une période de 44,5 ans et sa révolution complète a déjà été observée. Parfois, les mesures sont si précises qu'il n'est pas nécessaire d'observer une révolution complète : une portion d'orbite suffit. ■

LE SAVIEZ-VOUS ?

L'une des premières étoiles doubles visuelles identifiées est Mesarthim, située dans la constellation du Bélier. En 1664, l'Anglais Robert Hooke la découvrit accidentellement alors qu'il suivait une comète dans sa course à travers la voûte céleste.

MOTS-CLÉS

- On parle d'un **couple optique** quand deux étoiles côte à côte dans le ciel sont en réalité à des distances très différentes de la Terre. Elles ne semblent proches l'une de l'autre que par un effet de perspective.
- Dans un **couple physique**, les deux étoiles sont liées par leur attraction mutuelle et forment une véritable étoile double.

DATES

- En 1804, William Herschel, astronome britannique d'origine allemande, décrit Castor (constellation des Gémeaux) comme la première véritable étoile double.
- En 1862, l'Américain Alvan Clark découvre Sirius B, compagnon jusqu'alors invisible de Sirius A, l'étoile la plus brillante du ciel.
- De 1989 à 1993, le satellite européen Hipparcos répertorie plus de 10 000 étoiles doubles.

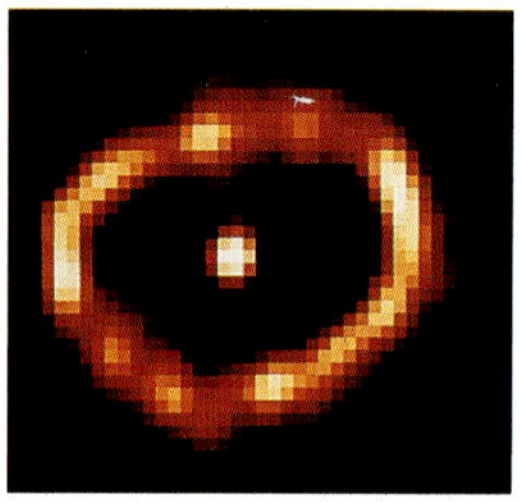

Les étoiles variables

des astres sur le fil du rasoir

La luminosité de certaines étoiles peut varier considérablement sur des périodes allant de quelques heures à plusieurs années. De nombreux mécanismes peuvent être la source de ces changements : pulsations internes, éruptions épisodiques, etc.

Être une étoile, c'est vivre en funambule et devoir maintenir un équilibre qui ne sera jamais que transitoire. À chaque instant, les étoiles résistent à l'effondrement de leur enveloppe sous l'effet de leur propre poids et contrent dans le même temps les « velléités » d'explosion de leur cœur soumis à de hautes pressions.

Cette tension permanente, qui dépend de la masse, de la température, de la composition de l'étoile, détermine l'évolution stellaire. Pour certaines étoiles, cet équilibre est difficile à conserver. Des variations de luminosité témoignent de leur instabilité, trahissant un risque de rupture de l'équilibre. Ces étoiles, que l'on dit variables, modifient leur éclat d'un facteur dix, parfois bien plus, en quelques jours. Ces changements d'éclat expriment soit le franchissement d'un seuil dans la vie de l'étoile, soit l'approche d'une limite physique : être trop grosse ou trop maigre, trop jeune ou trop vieille, constitue autant de motifs pour une étoile de « s'abandonner aux affres de l'instabilité ».

Une étoile dont la luminosité est restée longtemps constante peut devenir variable lorsqu'elle traverse une étape clé de son évolution, telle que le changement de régime de son moteur nucléaire. L'instabilité dure, dans ce cas, quelques dizaines de milliers d'années, le temps de la mise en place de nouveaux équilibres. Les plus connues des étoiles dans cette situation sont les céphéides. Leurs variations d'intensité périodiques proviennent des pulsations de leur enveloppe. Celle-ci se gonfle et se dégonfle sur des périodes s'étalant de quelques heures à plusieurs semaines. Le diamètre de l'astre peut être multiplié par dix et la luminosité par cent.

Les étoiles deviennent instables chaque fois que leur moteur nucléaire change de combustible.

Pour les étoiles plutôt massives, le stade de céphéide correspond à la transition qui mène l'astre au stade de géante rouge, des étoiles très dilatées, de surface relativement froide. Ces astres changent en vieillissant ; leur éclat se modifie durant plusieurs mois. Ils deviennent plus irréguliers, secoués par d'apparentes pulsations. En réalité, des explosions affectent vraisemblablement les couches profondes de l'enveloppe, qui ne parviennent pas à évacuer leur chaleur de façon régu-

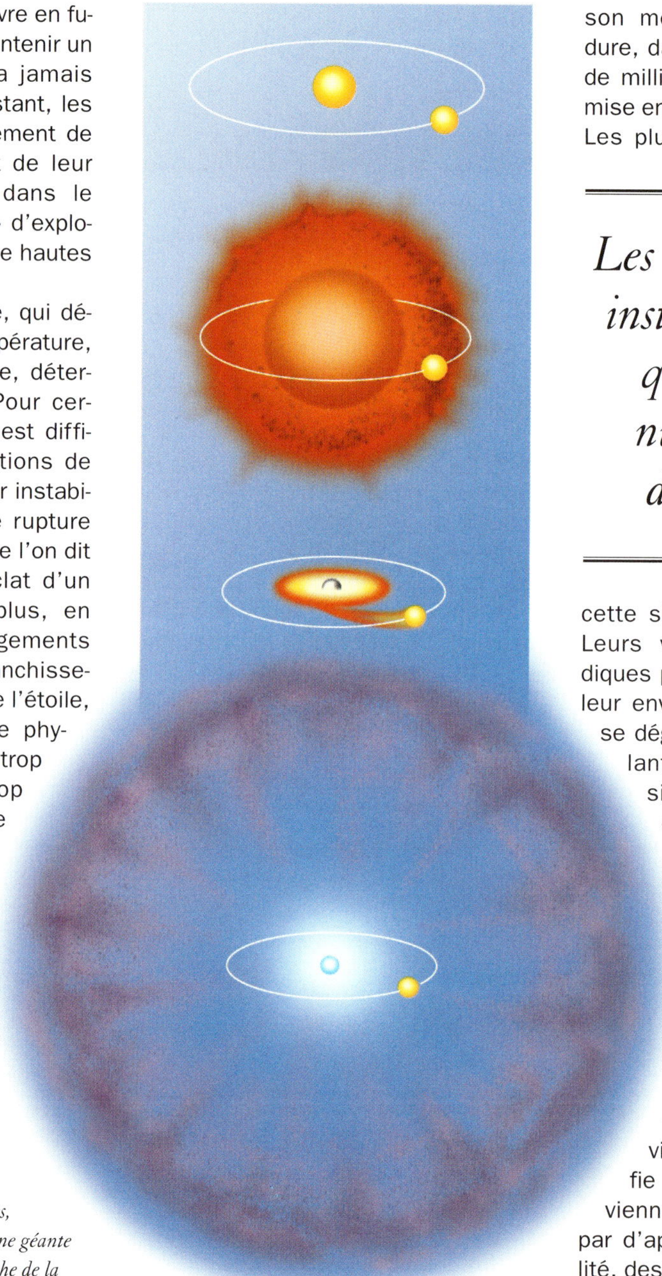

Les novae sont des étoiles variables cataclysmiques. Dans un couple d'étoiles, la composante la plus massive devient une géante rouge, puis une naine blanche qui arrache de la matière à son compagnon. Le gaz du disque d'accrétion finit par exploser, donnant lieu au phénomène de nova.

lière. Le gonflement de la boule de feu dans les couches supérieures, plus transparentes, de l'enveloppe donne l'illusion d'une pulsation. Chaque montée en puissance de la luminosité de ces étoiles est accompagnée d'une expulsion de matière. Au gré de leurs variations, les géantes rouges dissipent ainsi leur enveloppe.

Les trop-pleins d'énergie d'une nova sont évacués par l'éjection de bouffées de matière.

Les géantes rouges, étoiles dilatées et très lumineuses, reflètent, on l'a vu, des situations extrêmes. C'est aussi le cas des étoiles bleues, astres excessivement massifs, la plupart du temps variables. Certaines d'entre elles ne présentent que de petites pulsations régulières. D'autres recrachent pratiquement toute leur enveloppe dans l'espace, au cours d'impressionnantes crises de hoquet. À l'autre extrémité de l'échelle des masses, les plus petites étoiles, les naines rouges, connaissent quant à elles des éruptions comparables à celles du Soleil, mais avec une ampleur de cent à mille fois supérieure.

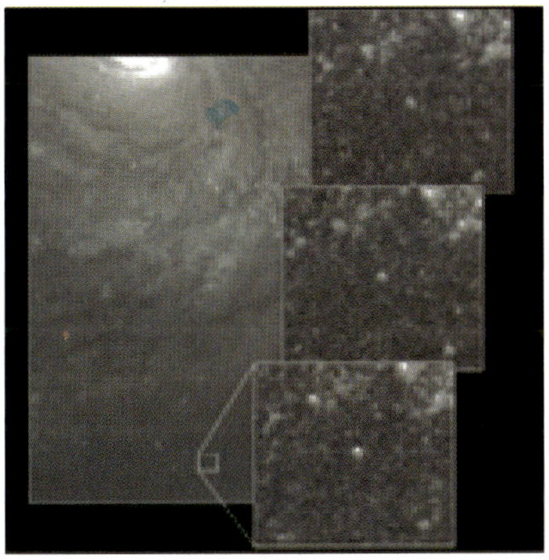

Cette céphéide (au centre des carrés, à droite), qui se manifeste par des variations rapides de luminosité, fut observée par Hubble dans la galaxie M100.

GROS PLAN

L'une des premières étoiles dont on ait noté des variations périodiques d'éclat – dès 1669 – est Algol, dans la constellation de Persée.
On expliquera pourtant un siècle plus tard qu'il ne s'agit pas d'une étoile variable, mais d'une étoile double dont les deux composantes s'éclipsent alternativement : c'est ce que l'on appelle une binaire à éclipses. On connaît aujourd'hui plusieurs milliers de couples semblables désignés sous le nom d'algolide.

LE SAVIEZ-VOUS ?

Le Soleil pourrait être considéré comme une étoile variable, car il connaît lui aussi des éruptions épisodiques, liées au cycle de son champ magnétique. Sa luminosité varie de 0,2 % sur une période de 11 ans. Plus surprenant, son diamètre semble osciller légèrement sur des durées de l'ordre de quelques siècles.

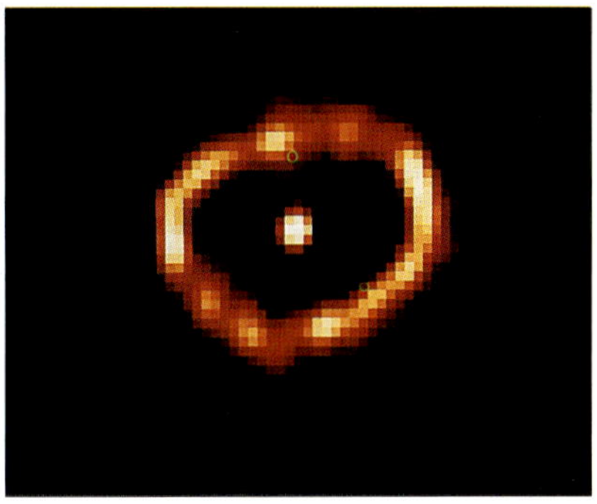

Hubble a pu suivre l'expansion de l'enveloppe de gaz produite par l'explosion de Nova Cygni le 19 février 1992 : à gauche, position de la ceinture de gaz, le 31 mai 1993 ; à droite, sept mois plus tard. Nova Cygni est situé dans la constellation australe du Cygne à 10 000 années de lumière.

Alors que les pulsations correspondent bien à l'image du balancier dont les oscillations assurent l'équilibre, les éruptions et autres violentes explosions relèvent davantage d'une logique de siphon, où le trop-plein d'énergie accumulé est évacué brusquement, par bouffées. La meilleure illustration de l'effet siphon est fournie par les couples d'étoiles composés d'une naine blanche et d'une géante rouge. La naine aspire le gaz de l'enveloppe dilatée de la géante. Le gaz s'accumule à sa surface et finit par donner lieu à une explosion qui le disperse dans l'espace dans un jaillissement de lumière. C'est le phénomène de nova. Comme celui-ci ne détruit pas l'étoile, il peut recommencer un peu plus tard et conduire à une nouvelle explosion. On a affaire à un parfait siphon stellaire.

En général, en raison de la force centrifuge, le gaz capturé n'atteint pas directement la naine blanche. Il forme auparavant un disque autour d'elle. Quand des explosions moins violentes affectent ce disque, on parle de novae naines. Le même phénomène s'observe quand, dans le couple, une étoile à neutrons remplace la naine blanche. Autour d'un tel astre, excessivement compact, les énergies en jeu sont toutefois bien supérieures : les sursauts et crises se font alors le plus souvent dans le domaine des rayons X. ■

CHIFFRES

- Sur les 20 000 étoiles variables étudiées dans notre Voie lactée, 14 000 sont des variables à pulsations (dont deux tiers de céphéides). Les géantes rouges variables ne sont qu'un millier. Les autres appartiennent aux familles disparates des étoiles éruptives, cataclysmiques, etc.
- La luminosité d'une nova est multipliée d'un facteur variant de 10 000 à 100 000 en l'espace de quelques heures ; celle d'une nova naine est seulement multipliée par 100.

Les étoiles bleues

des géantes tumultueuses

Les étoiles bleues constituent la famille des étoiles les plus massives. Leur existence est brève, mais tumultueuse. Elles ensemencent les galaxies de toutes sortes d'éléments lourds.

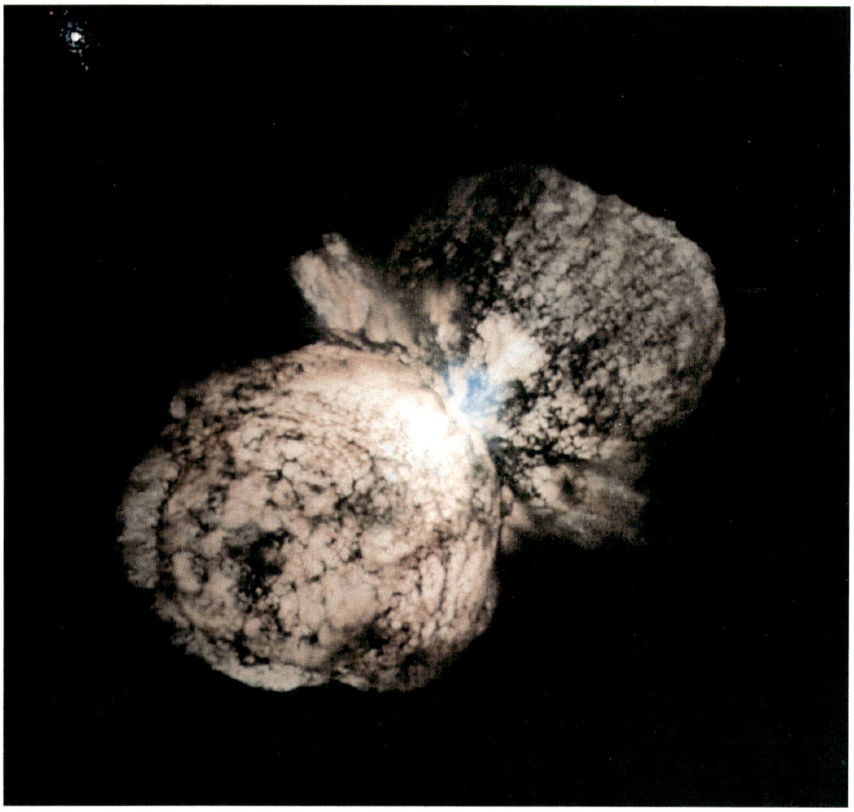

Eta Carinae est une étoile bleue (ou peut-être un groupe très compact d'étoiles bleues) qui ne cesse, depuis trois siècles, d'expulser dans l'espace du gaz de son enveloppe. À quand l'explosion finale ?

Imaginons que l'on place une caméra hors de notre galaxie pour filmer les événements qui s'y déroulent en un milliard d'années. Supposons qu'ensuite on passe le film en accéléré, de sorte que la projection ne dure que quelques minutes. Nous aurions alors la surprise de constater que notre tranquille Voie lactée est en perpétuelle ébullition. En effet, les galaxies spirales comme la nôtre semblent littéralement bouillir dès lors qu'on les observe sur une grande échelle de temps. Des bulles de dimensions diverses se forment en permanence dans les nuages interstellaires, grossissent tout en se frayant un passage au travers des gaz et viennent éclater à la surface du disque galactique. Cet incessant bouillonnement est traversé de millions d'éclairs, qui sont autant d'explosions d'étoiles. Ces étoiles qui connaissent une fin violente sont en fait la cause de tout ce tumulte. Il s'agit des étoiles à la fois les plus massives et les plus chaudes : ce sont les étoiles bleues...

Dans une galaxie, les étoiles bleues sont plutôt rares. Elles représentent moins de 2 % de la population des étoiles. De plus, ce sont celles dont la vie est la plus brève : en effet, à cause de leur masse imposante, elles ne peuvent assurer leur équilibre qu'au prix d'une dépense accélérée de leurs réserves de combustible. Leur longévité varie de trois à dix millions d'années, contre dix milliards d'années d'espérance de vie pour une étoile moyenne comme le Soleil. Leurs excès ne les font cependant pas passer inaperçues. Non seulement elles brillent de dix mille à dix millions de fois plus que l'astre du jour, mais surtout on les retrouve au cœur de tous les événements violents affectant notre galaxie.

> *Les étoiles bleues sont à l'origine du « bouillonnement » des galaxies.*

Les étoiles bleues ne vivent pas assez longtemps pour s'éloigner sensiblement du lieu où elles sont nées. On les rencontre donc toujours à proximité des grands nuages froids où d'autres étoiles continuent de se former. Ces nuages étant plutôt localisés dans les bras spiraux des galaxies, la distribution des étoiles bleues adopte elle aussi une forme spiralée. De même, les étoiles bleues ne vivent pas assez longtemps pour s'éloigner de leurs contemporaines. Ces compagnes de pépinière forment souvent ce que les astronomes appel-

Les Pléiades sont un amas ouvert de la constellation du Taureau dont l'éclat est dominé par ses étoiles bleues.

lent des amas ouverts ou associations. Lorsque les étoiles bleues sont noyées dans un nuage de gaz, elles l'illuminent par une ionisation des molécules gazeuses. Leur rayonnement ultraviolet transforme les molécules neutres du nuage en particules porteuses d'une charge électrique, formant d'immenses nébuleuses brillantes et chatoyantes.

Ces hordes stellaires, riches de plusieurs centaines de membres, ont un effet dévastateur sur leur environnement, chaque étoile bleue étant déjà un astre redoutable. D'abord, parce que, tout au long de sa vie, elle est à l'origine d'un puissant vent stellaire. Elle émet un flot continu de particules (des noyaux d'atomes) qui s'abat violemment sur les nuages de gaz voisins. Éjectées à des vitesses supérieures à 1000 km/s, ces particules engendrent une gigantesque onde de choc. Le phénomène est évidemment multiplié quand les étoiles bleues forment un groupe compact. Sa violence est encore accrue quand l'une de ces « superstars » explose en supernova.

Une onde de choc est comparable au bang supersonique d'un avion à réaction. Mais, ici, ce ne sont pas seulement les vitres qui tremblent. C'est toute la structure qui est ébranlée. Déstabilisé par le choc, voire disloqué, le nuage commence à s'effondrer par régions entières et à se fragmenter : un bouquet de nouvelles étoiles se prépare à éclore. Parmi elles, il y aura encore des étoiles bleues qui, en raison de leur brève durée de vie, exploseront rapidement. Le processus se poursuivra jusqu'à épuisement complet des réserves de gaz. À cause des étoiles bleues, la formation des étoiles devient un événement contagieux qui se propage à la manière d'un feu de forêt.

> *La formation stellaire est un phénomène contagieux.*

La succession des naissances et des morts d'étoiles creuse de grandes cavités dans les nuages interstellaires. Chaque explosion d'étoile crée une bulle de gaz très chaud, qui grossit en poussant devant elle le gaz froid alentour. Elle rattrape ensuite le gaz chaud produit au cours des générations précédentes, pour créer des superbulles. Ce sont elles qui finissent par éclater en atteignant la surface du disque galactique. Voilà qui explique l'ébullition révélée par notre film imaginaire...

LE SAVIEZ-VOUS ?

Le système solaire traverse actuellement une immense bulle de gaz très dilué dont la température dépasse un million de degrés. On ignore si cette bulle provient de l'explosion d'une supernova proche ou s'il s'agit d'une superbulle formée par la quarantaine d'explosions d'étoiles qui ont eu lieu dans les régions, plus distantes, du Scorpion et du Centaure, au cours des quinze derniers millions d'années.

Par-delà leurs effets spectaculaires, les étoiles bleues ont aussi un rôle majeur dans l'évolution chimique des galaxies. En partie parce que la zone de contact entre le vent stellaire issu de ces géantes bleues et le milieu interstellaire constitue un site privilégié pour la formation de nouvelles molécules. Mais surtout parce que les étoiles bleues synthétisent puis recrachent à un rythme effréné pratiquement tous les éléments chimiques connus. Le système solaire, en particulier, est né parce que des étoiles (dont au moins une bleue) ont vécu et sont mortes avant lui. Elles ont fourni la matière première et ont déclenché le processus de sa formation. Les éléments chimiques qui nous composent sont les cendres de générations antérieures d'étoiles. En quelque sorte, nous sommes les enfants des étoiles bleues. ■

CHIFFRES

- Une étoile bleue, trente fois plus massive que le Soleil, est victime d'une hémorragie sous forme de vent stellaire qui la déleste de l'équivalent d'une masse solaire en 100 000 ans.
- Les étoiles bleues sont peu nombreuses et leurs explosions sont rares. On estime qu'il n'y a qu'une explosion par siècle dans la Voie lactée. Mais celle-ci, vieille de 10 milliards d'années, a déjà été façonnée par 100 millions d'explosions.

La matière interstellaire

des nuages de gaz et de poussières

De gigantesques nuages froids s'étendent dans notre galaxie. Certains constituent de véritables pépinières d'étoiles. Mais la majeure partie de la matière interstellaire échappe à l'observation, et sa nature reste inconnue.

Loin d'être vide, l'espace entre les étoiles renferme de gigantesques masses de gaz. Il s'agit principalement d'hydrogène, le constituant majoritaire de l'Univers. Mais on rencontre également de l'hélium et, dans de plus faibles proportions, tous les autres éléments chimiques.

Ces masses de gaz n'existent pas dans toutes les galaxies. Les galaxies elliptiques géantes, par exemple, en sont pratiquement dépourvues. On suppose que le gaz qu'elles renfermaient initialement s'est déjà complètement transformé en étoiles, ou qu'il s'est dissipé dans l'espace à la suite de collisions entre galaxies. En revanche, les galaxies spirales sem-

Les piliers de la nébuleuse de l'Aigle sont issus d'un grand nuage situé à 7000 années de lumière dans la constellation du Serpent. Des étoiles bleues l'illuminent et évaporent sa surface, laissant à nu les noyaux de gaz plus dense où se forment de nouvelles étoiles.

Le sac à charbon est l'un de ces nuages froids, rendus opaques par leurs poussières, qui masquent la lumière des astres situés derrière eux.

La nébuleuse trifide, dans la constellation du Sagittaire, est un vaste nuage d'hydrogène partagé en trois par des bandes noires de poussières interstellaires.

blables à la nôtre sont souvent très riches en gaz. Dans la Voie lactée, sa quantité totale équivaut à 15 % de la masse des étoiles. Cette matière interstellaire fortement concentrée se rencontre à proximité du plan du disque galactique. Elle y constitue une multitude de nuages, dont chacun rassemble assez de réserves pour former des dizaines de milliers d'étoiles.

Deux grandes familles de nuages ont été identifiées. La première rassemble des condensations d'atomes d'hydrogène (H), la seconde de gigantesques masses d'hydrogène moléculaire (H_2), une molécule formée de deux atomes d'hydrogène.

Les nuages d'hydrogène atomique sont les plus dilués. Ils affichent une densité d'un million d'atomes par mètre cube et une température de l'ordre d'une centaine de degrés Kelvin (vers –170 °C). Par comparaison, l'air que nous respirons contient quelque 25 milliards de milliards de milliards de molécules par mètre cube.

Les nuages d'hydrogène moléculaire, pour leur part, ont des températures encore plus basses : une dizaine de degrés Kelvin (soit environ –270 °C), ce qui les place parmi les objets les plus froids de l'Univers. Avec un milliard de particules par mètre cube seulement, ils sont 1000 fois plus denses que les nuages d'hydrogène atomique. Ils renferment également une petite proportion de poussières qui arrêtent la lumière et les rendent souvent opaques. On peut ainsi facilement repérer à l'œil nu quelques nuages moléculaires qui s'interposent entre la Terre et le fond brillant de la Voie lactée. Il suffit d'observer notre galaxie au travers des constellations du Cygne et de l'Aigle, par exemple...

99 % de la matière interstellaire reste invisible : c'est la matière sombre.

Les nuages d'hydrogène moléculaire revêtent une importance particulière dans la vie d'une galaxie. D'abord, ce sont eux qui fournissent la matière première pour la formation des étoiles. Ensuite, ils sont le siège d'une chimie complexe et surprenante si l'on songe à leur grande dilution et à leur très basse température. La radioastronomie a permis de détecter en leur sein plusieurs centaines de composés chimiques tels que le monoxyde de carbone (CO), l'ammoniac (NH_3), le méthane (CH_4) ainsi que des alcools, des éthers, et même de grandes quantités d'eau récemment révélées par le satellite infrarouge ISO. Les poussières jouent elles-mêmes un rôle majeur dans cette chimie. Elles favorisent la formation des molécules en permettant le contact des atomes qui se déposent à leur surface.

LE SAVIEZ-VOUS ?

À l'heure actuelle, personne ne sait de quoi est constituée la matière sombre, cette obscure mais principale composante de l'Univers. Il pourrait s'agir de particules de matière ordinaire (protons, neutrons, électrons), sous la forme de gaz très dilué et très chaud entre les galaxies, ou d'astres très peu lumineux : naines blanches, naines brunes, petits nuages froids très compacts, etc. Mais il semble de plus en plus certain que l'essentiel de la matière sombre est représenté par des particules qui n'ont jamais été détectées par les physiciens, mais dont certaines de leurs théories prévoient l'existence...

Les astronomes savent aujourd'hui que les étoiles et les nuages de gaz qu'ils observent ne représentent qu'une fraction minime de la matière présente dans les galaxies et dans l'espace qui les sépare. En fait, c'est 99 % de la matière qui échappe à l'observation directe, parce qu'elle n'émet pas de rayonnement d'intensité suffisante pour être perçu. Peut-être même n'émet-elle pas de rayonnement du tout. Mais on sait qu'elle existe et on peut estimer sa masse grâce aux effets gravitationnels qu'elle produit sur les astres de son voisinage et sur la lumière qui la traverse. Les astronomes évoquent cette mystérieuse composante de l'Univers sous le nom de « matière sombre ». ■

MOTS-CLÉS

- Le **zéro absolu** correspond à la température la plus basse qui puisse exister théoriquement. C'est le point de départ de l'échelle absolue de températures dont l'unité est le kelvin (K) : 0 K = –273 °C.
- Les **poussières interstellaires** sont constituées d'un petit noyau rocheux entouré d'une gangue de glace d'eau, elle-même riche en molécules organiques diverses.

La Voie lactée

une galaxie parmi tant d'autres

Depuis la Terre, la Voie lactée nous apparaît comme un voile blanchâtre barrant la totalité du ciel. En fait, notre galaxie est un grand disque plat. Riche de 150 milliards d'étoiles, la Voie lactée est une galaxie spirale comme il en existe des milliards dans l'Univers.

On y distingue trois régions principales. Au centre, un gros renflement, le bulbe, est surtout constitué des étoiles vieilles. Il recèle un objet compact de forte masse, qui pourrait être un trou noir géant.

Le bulbe est prolongé par le disque galactique où se concentrent les nuages de gaz et les étoiles les plus jeunes. Le disque, d'un diamètre de 100 000 années de lumière, possède quatre bras spiraux. Ceux-ci correspondent à des zones où le champ gravitationnel de la Galaxie occasionne de gros embouteillages parmi les étoiles et les nuages qui les traversent.

Le halo englobe dans un espace sphérique les étoiles les plus vieilles. La plupart d'entre elles se rassemblent dans des groupes serrés, les amas globulaires, qui comptent plusieurs centaines de milliers d'astres.

Notre système solaire, distant de 28 000 années de lumière du centre galactique, accomplit un tour de Galaxie en 250 millions d'années. Pendant ce périple, nous traversons successivement chacun des bras spiraux. Nous avons quitté l'un d'eux il y a cinq millions d'années et traversons actuellement une région plutôt dépeuplée. ■

Les galaxies

des îles de matière dans l'Univers

Les galaxies sont le théâtre de la naissance, de la vie et de la mort des étoiles. Seules îles de matière dans un espace majoritairement vide, elles s'éloignent les unes des autres à mesure que l'Univers se dilate.

La matière n'est pas répartie de façon uniforme dans l'Univers. Elle est concentrée dans de grands ensembles d'étoiles, de gaz et de poussières, appelés galaxies. Celles-ci renferment de dix à cent milliards d'étoiles, liées par la force de gravitation, qui assure une certaine cohésion de l'ensemble. De la même façon que les planètes tournent autour du Soleil, les étoiles sont entraînées dans un grand mouvement de rotation autour du centre de leur galaxie.

Les galaxies cannibales se forment en englobant des galaxies plus petites.

Cette galaxie spirale, dénommée NGC 1232, est située à une centaine d'années de lumière. Ses bras s'enroulent autour d'un bulbe lumineux, au centre, qui contient l'essentiel de la masse galactique.

La découverte des galaxies remonte aux années 1920, peu après la mise en service du grand télescope du mont Wilson aux États-Unis. Jusque-là, les astronomes s'interrogeaient sur la nature de ces « nébuleuses extragalactiques » qu'ils observaient au-delà des frontières de notre galaxie. En 1924, l'astronome Edwin Hubble montra que ces nébuleuses étaient en fait de grandes agglomérations d'étoiles, semblables à la Voie lactée.

Depuis sa naissance, l'Univers est en expansion. Il ne cesse d'enfler, si bien que toutes les galaxies s'écartent les unes des autres, et cela d'autant plus vite que la distance qui les sépare est grande.Ce phénomène, mis en équation par Edwin Hubble (loi de Hubble), permet d'estimer la distance d'une galaxie à partir de sa simple vitesse d'éloignement. Et les astronomes déduisent facilement cette vitesse en observant le spectre de lumière émis par la galaxie. Plus la galaxie s'éloigne rapidement, plus ce spectre est étiré vers le rouge par effet Doppler.

Pour la galaxie la plus proche de nous, la galaxie d'Andromède, située à deux millions d'années de lumière (la lumière émise par ses étoiles met deux millions d'années pour nous parvenir), le problème est un peu plus compliqué. En raison de sa proximité et de son attraction gravitationelle, elle se rapproche de la Voie lactée.

On distingue différents types de galaxies selon leur morphologie et les populations d'étoiles qu'elles renferment. Les galaxies spirales, comme la Voie lactée, sont les plus nombreuses. Elles représentent les deux tiers des galaxies peuplant l'Univers. Leur mouvement de rotation assez rapide explique leur forme aplatie et l'enroulement en spirale de leurs bras. Le système solaire, par exemple, tourne autour du centre de la Voie lactée à la vitesse de 250 mètres par seconde. Dans une galaxie spirale, la majorité des étoiles sont concentrées à l'intérieur d'un grand disque de lumière enflé en son centre par un bulbe proéminent.

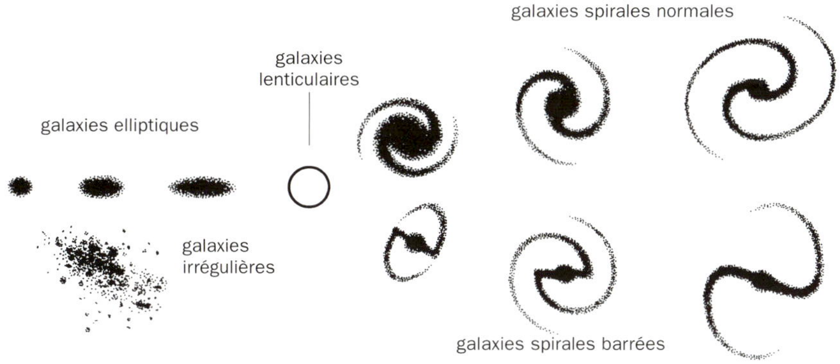

Cette classification des galaxies a été établie par Hubble en 1936. À l'époque, celui-ci pensait que les galaxies les plus simples (elliptiques) évoluaient vers les formes les plus complexes (spirales). Aujourd'hui, les astrophysiciens pensent au contraire que toutes les galaxies naissent spirales (ou irrégulières pour les plus petites) et qu'elles donnent naissance aux galaxies elliptiques en fusionnant.

LE SAVIEZ-VOUS ?

Le terme de « Voie lactée » est de même origine que le mot « galaxie », lui-même venant du grec galaktos, *« lait ». Il faut dire que les astronomes, jusqu'à l'invention de la lunette astronomique, au* XVIIe *siècle, ne voyaient de notre galaxie guère plus qu'un nuage blanc.*

Les étoiles les plus jeunes et les plus lumineuses se concentrent en bandes qui s'étirent sous l'effet de la rotation galactique, et forment de longs bras enroulés en spirales autour du bulbe. En effet, la vitesse des étoiles est toujours la même, quelle que soit leur position dans le disque. Ainsi, les étoiles du bord de la galaxie mettent beaucoup plus de temps pour effectuer un tour complet que celles situées près du centre.

Quant aux étoiles les plus vieilles et les moins lumineuses, on les trouve dans le bulbe central, la région la plus dense de la galaxie, mais aussi au sein d'un grand halo sphérique qui englobe le disque.

Les galaxies lenticulaires (environ 20 % des galaxies) ont des vitesses de rotation plus faibles que les galaxies spirales. C'est pourquoi elles sont moins aplaties. Elles possèdent en leur centre l'ébauche d'un disque de gaz et de poussières et sont composées majoritairement d'étoiles vieilles et peu lumineuses. Les galaxies elliptiques, qui représentent 10 % des galaxies, ont la forme d'une ellipse plus ou moins aplatie, et contiennent, elles aussi, des étoiles vieilles. Enfin, 3 % des galaxies sont des galaxies irrégulières ; elles n'ont pas de forme définie. Riches en étoiles jeunes, en gaz et en poussières, ce sont des galaxies naines : leur diamètre ne dépasse pas le tiers de celui de la Voie lactée.

Depuis qu'elles se sont formées, un milliard d'années après le big bang, les galaxies n'ont cessé d'être le siège d'une intense activité stellaire. Elles sont le berceau des étoiles, qui naissent de leurs nuages de gaz et de poussières. Il arrive que certaines galaxies soient assez proches pour s'attirer mutuellement. Elles se déforment jusqu'à ce que des ponts de matière s'établissent entre elles et constituent alors des couples de galaxies. Si elles sont suffisamment proches, elles peuvent même aller jusqu'à fusionner. Ainsi certaines galaxies elliptiques géantes se sont probablement formées après avoir assimilé une galaxie naine. Ces galaxies géantes sont quelquefois surnommées par les astrophysiciens des galaxies... cannibales ! ■

La galaxie du sombrero est située dans l'amas de la Vierge, un amas de galaxies distant de 55 millions d'années de lumière.

Edwin Hubble (1889–1953)

L'Américain Edwin Hubble est sans conteste le plus grand astronome du XXe siècle. Il démontra en 1924 l'existence de galaxies extérieures à la nôtre. Cinq ans plus tard, il mesura leur vitesse d'éloignement, prouvant l'expansion de l'Univers.

MOTS-CLÉS

- **L'année de lumière** est une unité de distance. Elle représente la distance que parcourt la lumière en une année, soit 10 000 milliards de kilomètres.
- **Le bulbe** est la partie centrale d'une galaxie spirale. Très dense, il contient les étoiles les plus vieilles et les moins lumineuses.
- Les **bras spiraux** contiennent la majeure partie des étoiles. On y trouve les étoiles les plus jeunes et les plus lumineuses.

CHIFFRES

- À 250 km/s, le Soleil effectue un tour complet de notre galaxie en 220 millions d'années.
- La distance du Soleil au centre de la Voie lactée représente environ 30 000 années de lumière.
- Le disque de la Voie lactée mesure environ 100 000 années de lumière de diamètre et 1000 années de lumière d'épaisseur.

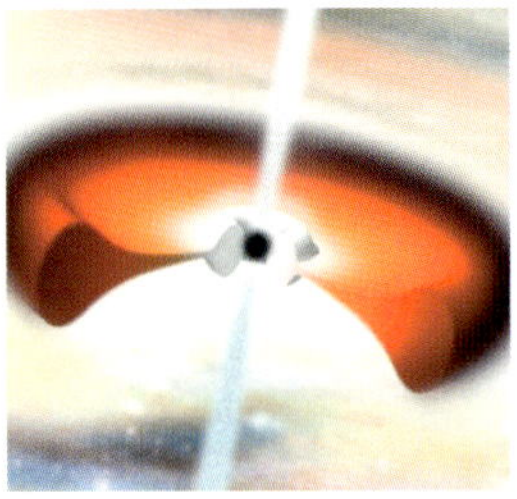

Les quasars
ils brillent aux confins de l'Univers

Les quasars sont des noyaux de galaxies et font partie des objets les plus lointains que l'on puisse observer dans l'Univers. Paradoxalement, leur formidable luminosité viendrait du fait qu'ils abriteraient des... trous noirs.

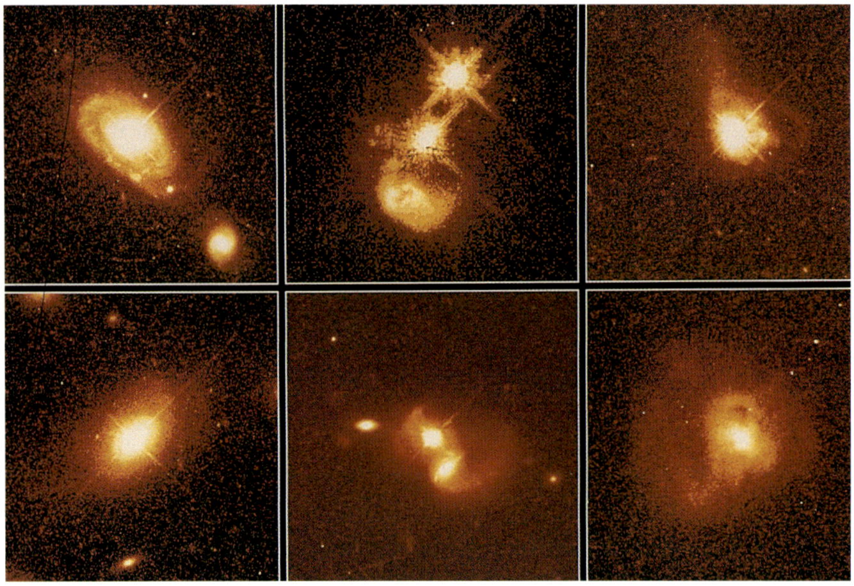

Ces différents quasars, observés par Hubble dans le domaine visible, sont situés à des distances comprises entre 1,4 et 3 milliards d'années de lumière.

La nature des quasars, découverts au début des années 1960, n'est pas aujourd'hui encore totalement élucidée. Malgré leur petite taille, ces astres sont capables d'émettre une lumière extrêmement intense. Ils sont en effet de 100 à 1000 fois plus lumineux qu'une galaxie, tout en étant environ 100 000 fois plus petits. C'est d'ailleurs grâce à cette luminosité exceptionnelle que les astrophysiciens ont réussi à les repérer.

Car les quasars sont aussi les objets astronomiques les plus lointains que l'on puisse observer. Certains d'entre eux ont été détectés aux frontières de l'Univers visible, à plus d'une douzaine de milliards d'années de lumière. Comme cette distance est celle que parcourt la lumière en 12 milliards d'années, les astronomes observent ces astres tels qu'ils étaient voilà douze milliards d'années, alors que l'Univers était encore relativement jeune.

100 000 fois plus petit qu'une galaxie, un quasar peut être 1000 fois plus lumineux.

Dès 1943, l'astronome américain Carl Seyfert remarqua des galaxies dont le noyau compact et brillant semblait agité de mouvements très rapides. Ces galaxies étant peu nombreuses (à peine une douzaine), ses travaux tombèrent dans l'oubli. À partir des années 1950, les astronomes commencèrent à élaborer les premières cartes du rayonnement radio en provenance du ciel. En classant les radiosources (ou sources d'émissions radio), ils s'aperçurent que les plus intenses d'entre elles étaient situées au cœur de certaines galaxies. Au début des années 1960, les astronomes réalisèrent que ces radiosources coïncidaient avec des points lumineux semblables à des étoiles. Pourtant, leurs spectres ne ressemblaient à aucun de ceux d'astres connus.

En 1963, l'astronome américain d'origine néerlandaise Maarten Schmidt comprit que ces spectres étaient comparables à ceux provenant d'objets stellaires communs, mais qu'ils avaient subi un très grand décalage vers le rouge. D'après les découvertes d'Edwin Hubble remontant aux années 1920 sur l'expansion de l'Univers, ce décalage signifiait que ces corps stellaires étaient situés à des distances considérables. Les astronomes calculèrent que l'une de ces sources, d'après le décalage de son spectre, s'éloignait de nous à la vitesse de 43 000 kilomètres par seconde ! Selon la loi de Hubble, cette vitesse de fuite – due au gonflement de l'Univers – signifiait que cet objet se trouvait à environ un milliard et demi d'années de lumière de notre galaxie.

En 1964, les astrophysiciens constatèrent que la luminosité de ces objets mystérieux variait très rapidement, avec une périodicité comprise entre quelques heures et plusieurs semaines. Ce qui indiquait qu'ils étaient de très petites dimensions : il ne pouvait donc s'agir de galaxies communes. Ces objets furent baptisés « quasars » (de l'anglais « quasi stellar astronomical radiosource » ; en français, radiosource astronomique quasi stellaire). Les astrophysiciens réalisèrent, vingt ans après la découverte de Seyfert, que les fameuses galaxies qui portent aujourd'hui son nom sont en fait des quasars.

Les quasars forment le cœur des galaxies les plus lointaines de l'Univers.

Plusieurs milliers de quasars ont été identifiés. Les astrophysiciens les définissent comme des noyaux extrêmement brillants qui constituent le cœur de 3 à 4 % des galaxies. Bien qu'ils aient été découverts grâce à leur rayonnement radio, ils émettent dans tous les domaines de longueur d'onde : rayons visibles, rayons X, ultraviolets et gamma. Les quasars sont encore appelés « noyaux actifs de galaxie », car ils dégagent une énorme quantité d'énergie. Mais l'origine précise de cette énergie n'est

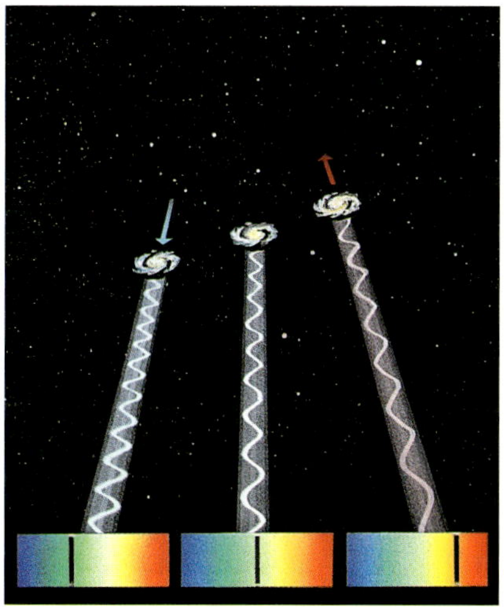

Si un objet céleste s'approche de nous à grande vitesse, les raies sombres de son spectre lumineux sont décalées vers le bleu. S'il s'éloigne, elles sont décalées vers le rouge.

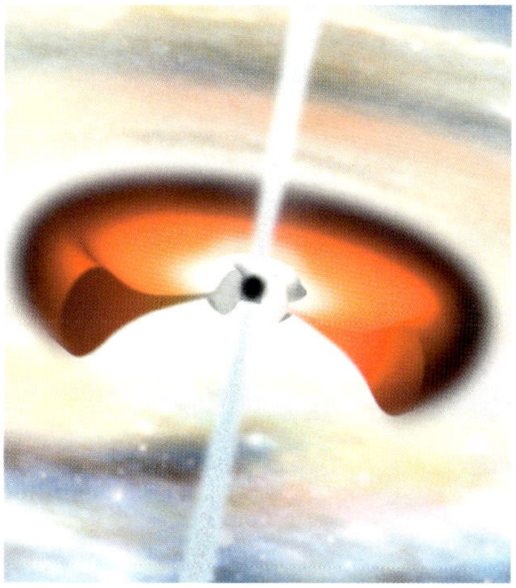

Le noyau d'une galaxie active, encore appelé quasar, pourrait abriter un gigantesque trou noir entouré d'un anneau de poussières.

pas encore totalement identifiée. Elle est si intense qu'elle ne peut pas être d'origine stellaire, elle ne peut pas provenir de la fusion nucléaire de l'hydrogène en hélium qui fait briller les étoiles.

L'explication la plus probable est que cette énergie soit d'origine gravitationnelle : les quasars seraient d'énormes trous noirs de dix à cent millions de fois plus massifs que le Soleil, qui attireraient tout ce qui se trouve à leur portée. Les trous noirs sont des astres dont la densité est si élevée qu'ils engloutissent tout, même la lumière. Situé au centre d'une galaxie, le trou noir attirerait le gaz et les étoiles qui l'entourent. En se rapprochant, le gaz formerait un « disque d'accrétion », dont la vitesse de rotation augmenterait à mesure qu'il se rapprocherait du trou noir. Le gaz s'échaufferait alors violemment et émettrait un puissant rayonnement dans le domaine des rayons X. Mais cette explication du fonctionnement des quasars n'est encore qu'une hypothèse.

Néanmoins, puisque les quasars sont les objets visibles les plus éloignés, ils constituent une précieuse source d'information sur les confins de l'Univers, et par là même sur son passé lointain. Ils ont déjà servi à repérer des galaxies primordiales, formées aux débuts de l'Univers, situées dans leur voisinage. Avec l'arrivée des très grands télescopes, comme le VLT (Very Large Telescope) installé au Chili, la chasse aux quasars va s'accélérer. Si les astrophysiciens découvraient un quasar – c'est-à-dire un trou noir – au centre de chaque galaxie, alors tout porterait à croire que ceux-ci jouent un rôle fondamental dans la formation et dans l'évolution des galaxies. ■

LE SAVIEZ-VOUS ?

Bien que n'ayant jamais été observés directement, les trous noirs pourraient expliquer le phénomène des quasars. Si ceux-ci étaient des trous noirs situés au centre des galaxies, ils attireraient le gaz et les étoiles de leur voisinage, les entraînant dans une rotation infernale qui les forcerait à émettre un rayonnement intense.

MOTS-CLÉS

- Du fait de l'**expansion de l'Univers**, tous les objets célestes s'écartent les uns des autres. Leur « vitesse de fuite » est d'autant plus grande qu'ils sont éloignés les uns des autres.
- Le **décalage vers le rouge** du spectre électromagnétique émis par un objet permet de connaître la vitesse de fuite de cet objet par rapport à nous.
- La **loi de Hubble** permet de calculer la distance d'une galaxie grâce à sa vitesse de fuite.

DATES

- En 1963, Maarten Schmidt explique que les mystérieuses radiosources détectées dans les années 1950 sont des objets stellaires très lointains.
- En 1964, les variations très rapides des émissions de ces radiosources prouvent qu'elles sont bien plus petites que des galaxies. Elles sont baptisées « quasars ».
- En 1993, 5315 quasars extragalactiques (situés à l'extérieur de notre galaxie) sont recensés.

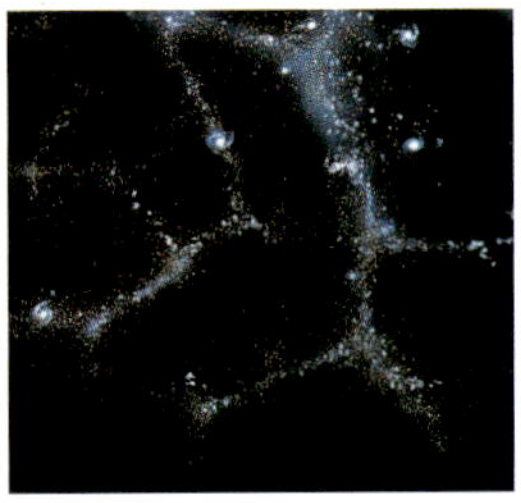

Amas et superamas

les superstructures de l'Univers

Étoiles, galaxies, amas de galaxies, superamas... Notre Univers ressemble à un jeu de poupées russes dont les structures, de l'étoile au superamas de galaxies, s'imbriquent les unes dans les autres.

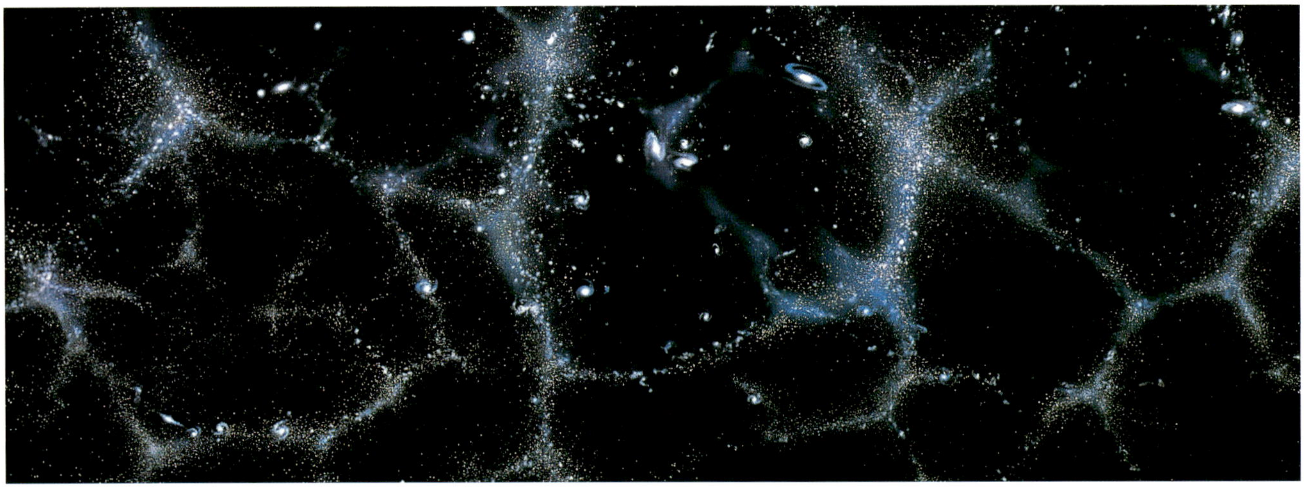

À grande échelle, l'Univers présente une structure en filaments où se concentrent les amas et les superamas de galaxies.

De la même façon que les étoiles se regroupent en galaxies, ces dernières se rassemblent en structures encore plus grandes : les amas de galaxies. La taille de ces amas peut varier de dix à vingt millions d'années de lumière, ce qui représente de 100 à 200 fois le diamètre de notre galaxie, la Voie lactée. Mais qu'elles soient moins d'une dizaine ou plusieurs milliers au sein d'un amas, elles sont toutes liées entre elles par la force de gravitation, tout comme les étoiles le sont à l'intérieur d'une galaxie.

Après la découverte de l'existence des galaxies par Edwin Hubble dans les années 1920, l'astronome américain Harlow Shapley remarqua que celles-ci avaient tendance à se regrouper en amas. Dès les années 1950, un autre Américain, George Abell, avait déjà recensé plusieurs milliers d'amas de galaxies. Il les nomma selon leur forme, mais aussi selon le nombre de galaxies qu'ils renfermaient. Les amas « réguliers », par exemple, ont une forme symétrique, alors que les amas « irréguliers » ne possèdent pas de forme définie.

La Voie lactée fait partie d'un petit amas regroupant une trentaine de galaxies.

Aujourd'hui encore, on distingue les « amas pauvres », qui ne contiennent qu'une dizaine de galaxies, des « amas riches », qui en contiennent plusieurs centaines. Dans les amas riches, la densité de galaxies est environ 10 000 fois plus grande que la densité moyenne des galaxies dans l'Univers. Leur centre est souvent occupé par une galaxie elliptique géante très lumineuse, dont la taille peut atteindre 100 fois celle d'une galaxie normale. Les « amas pauvres en spirales » contiennent une majorité de galaxies elliptiques et lenticulaires, alors que les « amas riches en spirales » renferment toutes sortes de galaxies.

George Abell montra également que les amas de galaxies avaient tendance à se regrouper en structures plus grandes encore, appelées superamas, dont la taille pouvait dépasser plusieurs centaines de millions d'années de lumière. Ainsi notre galaxie fait-elle partie d'un petit amas constitué d'une trentaine de galaxies, appelé le Groupe local. L'amas le plus proche est l'amas de la Vierge ; il se trouve à environ 50 millions d'années de lumière du Groupe local. Ces deux amas appartiennent au superamas de la Vierge, dont la taille atteint une soixantaine de millions d'années de lumière. C'est l'une des plus grandes concentrations de matière connue à ce jour dans l'Univers.

Les superamas sont-ils les plus grandes structures de l'Univers ? Ou

Certains amas, dits pauvres, ne regroupent qu'une dizaine de galaxies liées par la gravitation.

existe-t-il des ensembles plus gigantesques encore ? Ces questions sont de première importance pour les astrophysiciens, car toute la cosmologie actuelle – et en particulier la théorie du big bang – est fondée sur une hypothèse fondamentale : l'Univers doit être homogène, c'est-à-dire que la matière doit y être répartie de façon uniforme. Or l'existence des amas et des superamas de galaxies semblerait prouver au contraire que la matière se regroupe en certains endroits de l'espace. Toutefois, à l'échelle de l'Univers, les amas de galaxies pourraient bien n'être que de petites irrégularités dans un monde très monotone. Pour le savoir, les astrophysiciens devront encore élargir leur domaine d'observation. Aussi, divers projets internationaux qui ont pour but de cartographier plusieurs dizaines de millions de galaxies ont déjà été lancés.

> *Les superamas pourraient n'être que de petites irrégularités dans un monde monotone.*

Mais la structure de l'Univers n'est pas la seule interrogation qui demeure en suspens. Il est une question fondamentale de l'astrophysique dont la réponse reste encore cachée au cœur des amas de galaxies : c'est le problème de la masse manquante de l'Univers. Les astrophysiciens arrivent à estimer la masse des galaxies d'après leur vitesse de rotation. Or, les résultats qu'ils obtiennent sont tout à fait inattendus. Ils se sont aperçus que la matière visible de l'Univers, c'est-à-dire les étoiles et les nuages de gaz, ne suffisait pas à expliquer tous les mouvements des galaxies qu'ils observaient. D'après eux, la matière visible des amas de galaxies – c'est-à-dire les étoiles et le gaz intergalactique – ne représenterait que 10 % de leur masse totale. Les 90 % restants seraient constitués de matière invisible, encore appelée matière noire, répartie au voisinage des galaxies, à l'intérieur de grands halos sphériques.

De quoi cette matière noire est-elle constituée ? Les scientifiques ont d'abord pensé à de vieilles étoiles froides, les naines blanches, ou encore à des objets sombres, intermédiaires entre les étoiles et les planètes, les naines brunes. Les neutrinos, ces particules de masse pourtant extrêmement faible, pourraient en raison de leur grand nombre constituer une partie non négligeable de la matière manquante. Mais depuis quelques années, les astrophysiciens parient sur de nouveaux candidats : les « wimps ». Ces particules n'interagiraient pratiquement pas avec la matière, ce qui expliquerait pourquoi elles restent invisibles. Mais jusqu'ici aucun wimp n'a encore été détecté, et la question de la masse manquante reste entière. ■

LE SAVIEZ-VOUS ?

Dans l'Univers, les regroupements de matière sont séparés par de grands espaces vides. Cette structure rappelle celle d'une éponge, d'où le nom d'Univers éponge quelquefois employé par les physiciens.

Harlow Shapley (1885–1972)

Ayant réalisé de nombreux clichés du ciel, cet astronome américain étudia la répartition des galaxies. Il remarqua qu'elles avaient tendance à se regrouper en amas.

MOTS-CLÉS

- Le **Groupe local** est l'amas d'une trentaine de galaxies dont fait partie la nôtre, la Voie lactée.
- Les **superamas** sont des concentrations d'amas, dont la taille peut dépasser plusieurs centaines de millions d'années de lumière.
- Les **wimps** (acronyme anglais de « particules massives faiblement interactives ») sont des particules qui pourraient, si elles existent, résoudre le mystère de la masse manquante de l'Univers.

La cosmologie

les représentations du monde

Science ultime s'il en est, la cosmologie est l'étude de l'Univers et de ses représentations. Grâce à elle, nous savons aujourd'hui que le cosmos a une histoire. Mais beaucoup de questions restent encore sans réponse.

Dans le système de Ptolémée, la Terre est placée au centre de l'Univers. C'est une conception géocentrique de l'Univers.

Dans le système de Copernic, c'est le Soleil qui est placé au centre. C'est une conception héliocentrique de l'Univers.

Depuis les réflexions des philosophes de la Grèce antique jusqu'aux observations des astrophysiciens actuels, la façon dont les hommes ont considéré l'Univers a profondément changé. Au cours des siècles, la cosmologie est passée du domaine de la métaphysique à celui de la physique théorique et expérimentale.

Pendant longtemps, en effet, les modèles cosmologiques ont reflété des présupposés philosophiques, puis religieux. Il faut dire que l'Univers n'est pas un objet d'étude scientifique comme les autres et ne peut être comparé à aucun autre. Chez les philosophes grecs, le cosmos devait avoir une forme parfaite, c'est-à-dire sphérique, et la Terre devait en être le centre. Ainsi, lorsqu'au IVe siècle avant notre ère Eudoxe de Cnide décrit l'Univers, il place la Terre, immobile, en son centre. Le Soleil et les planètes tournent autour d'elle, entraînés par un jeu de sphères en rotation. Quant aux étoiles, elles sont situées sur la plus grande des sphères, appelée « sphère des fixes », et constituent les limites de l'Univers.

> *Les modèles cosmologiques reflètent des idées religieuses ou philosophiques.*

Perfectionnée par le mathématicien égyptien Ptolémée au IIe siècle de notre ère, cette vision de l'Univers restera la référence pendant près de quatorze siècles. En 1543, Nicolas Copernic révolutionne l'astronomie en plaçant le Soleil au centre de l'Univers. Cependant, le monde héliocentrique de l'astronome polonais est toujours sphérique, et s'arrête encore aux étoiles fixes.

L'Univers ne « s'ouvre » réellement qu'en 1609, lorsque Galilée dirige pour la première fois une lunette astronomique vers le ciel. Il découvre alors que la Voie lactée, considérée jusque-là comme une sorte de nébuleuse blanche, est en fait composée d'une multitude d'étoiles semblables au Soleil. Relégué au rang d'étoile parmi les autres, le Soleil perd définitivement sa place de centre de l'Univers en 1784, lorsque l'astronome anglais d'origine allemande William Herschel découvre qu'il se trouve au bord de notre galaxie, la Voie lactée, qui n'est rien d'autre qu'un disque rempli d'étoiles.

DATES

- Entre 1922 et 1927, Alexandre Friedmann et Georges Lemaître mettent au point la théorie du big bang.
- En 1929, Edwin Hubble découvre que les galaxies s'éloignent les unes des autres.
- En 1965, Arno Penzias et Robert Wilson identifient le rayonnement cosmologique de fond.
- En 1998, deux équipes d'astrophysiciens dirigés par Saul Perlmutter et Brian Schmidt annoncent que l'Univers est en expansion accélérée.

L'expansion de l'Univers n'est pas près de s'arrêter ; au contraire, elle s'accélère.

Mais la véritable révolution de la cosmologie a lieu au XXe siècle, grâce au développement de la cosmologie observationnelle, avec les grands télescopes, et de la cosmologie théorique, avec en particulier la théorie du big bang. La première a donné à l'Univers sa vraie dimension, et la seconde lui a restitué une histoire. Au début du siècle, en effet, les scientifiques sont encore persuadés, Einstein en tête, que l'Univers est immuable et éternel : il a toujours été et continuera d'exister tel qu'il est actuellement. Mais cette vision d'un monde stationnaire entraîne deux grands paradoxes cosmologiques : pourquoi l'Univers, pourtant dominé par la force de gravitation qui attire tous les objets les uns vers les autres, ne s'effondre-t-il pas sur lui-même ? Et, d'autre part, si l'Univers est constitué d'un nombre infini d'étoiles qui existent depuis toujours, pourquoi nous apparaît-il sombre et non entièrement brillant ?

La réponse théorique à ces deux questions sera donnée entre 1922 et 1927 par deux astronomes et mathématiciens : le Russe Alexandre Friedmann et le Belge Georges Lemaître, tous deux pères de la théorie du big bang. L'Univers n'est pas statique : il est en expansion. L'Univers n'est pas là depuis toujours : il est né voilà 15 milliards d'années. Et, depuis ce moment, il est passé d'un état extrêmement dense et chaud à l'état très dilué et froid que nous connaissons aujourd'hui. L'observation viendra très vite confirmer cette nouvelle théorie. Dès 1924, l'astronome américain Edwin Hubble découvre que l'Univers est formé d'une multitude de galaxies comparables à la Voie lactée, et donne alors à l'Univers toute sa profondeur. En 1929, il constate que ces galaxies s'éloignent les unes des autres : l'Univers est bien en expansion.

Aujourd'hui, la théorie du big bang, bien que controversée par certains astrophysiciens, reste le modèle cosmologique le plus solide. De nombreuses observations sont venues confirmer ses prédictions : l'abondance actuelle des éléments, comme l'hydrogène et l'hélium ; l'étude des galaxies très lointaines, repérées à près de 15 milliards d'années de lumière ; la découverte du rayonnement cosmologique de fond par Arno Penzias et Robert Wilson en 1965, puis son étude détaillée grâce au satellite COBE en 1992. Sur Terre, les expériences de physique des particules, réalisées dans les grands accélérateurs comme celui du Cern (Laboratoire européen pour la physique des particules), à Genève, sont également venues compléter les découvertes observationnelles.

Pourtant, la théorie du big bang ne donne pas toutes les réponses. De nombreuses questions fondamentales restent encore en suspens, comme celle de l'avenir de l'Univers, par exemple. La gravitation va-t-elle l'emporter sur l'expansion, et l'Univers se terminera-t-il en un « big crunch », l'inverse du big bang ? Ou les deux forces s'équilibreront-elles et l'expansion sera-t-elle stoppée ? Les dernières observations de supernovae (explosions d'étoiles) très lointaines semblent indiquer que l'expansion n'est pas près de s'arrêter : au contraire, elle serait plutôt en train de s'accélérer. Mais d'autres questions demeurent : L'Univers est-il fini ou infini ? Qu'y avait-il avant le big bang ? Notre Univers est-il né d'un autre Univers plus grand ? Si une nouvelle théorie, plus complète, répond un jour à ces questions, elle pourra alors remplacer celle du big bang. ■

Alexandre Friedmann (1888–1925)
Georges Lemaître (1894–1966)

Considérés comme les pères de la théorie du big bang, ils ont démontré que la théorie de la relativité générale d'Einstein conduisait à un Univers en expansion, contre l'avis d'Einstein lui-même, qui pensait que l'Univers était statique.

LE SAVIEZ-VOUS ?

Le mot cosmologie est apparu en 1731 dans l'ouvrage Cosmologia Generalis du baron allemand Christian Wolff, qui était un disciple du mathématicien Leibniz. Le mot vient du grec « kosmos », organisation, et, par extension, ordre du monde, et « logia », théorie. Dans son ouvrage, Wolff étudie les lois du mouvement et discute de l'origine du cosmos en essayant de rester en dehors de la mythologie et de la religion.

MOTS-CLÉS

- Une vision **héliocentrique** de l'Univers, comme celle de Copernic, place le Soleil au centre du cosmos. Au contraire, une vision **géocentrique**, comme celle des Grecs anciens, plaçait la Terre au centre.
- Les **éléments primordiaux** – comme l'hydrogène, l'hélium ou le lithium – sont, d'après la théorie du big bang, les premiers atomes de matière à avoir peuplé l'Univers.
- La théorie du **big crunch** est l'un des scénarios décrivant l'avenir de l'Univers. Selon elle, dans 15 milliards d'années, l'Univers connaîtra la situation inverse du big bang : il se contractera et redeviendra dense et chaud.

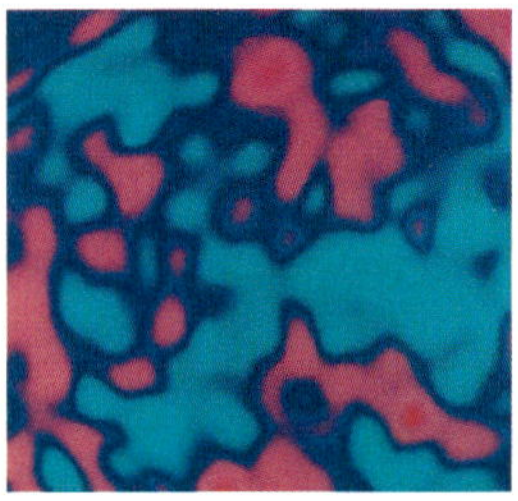

Le big bang
l'explosion primordiale

Notre Univers est né voilà 12 à 15 milliards d'années dans une gigantesque explosion d'énergie et de matière, le big bang. Depuis, il ne cesse d'enfler et de refroidir : il est en expansion.

La théorie du big bang, élaborée grâce aux travaux du Russe Alexandre Friedmann et du Belge Georges Lemaître dans les années 1920, reste jusqu'à ce jour le meilleur modèle qui permette d'expliquer la composition actuelle de l'Univers et son évolution. Selon cette théorie, notre Univers est né il y a de 12 à 15 milliards d'années. Le temps et l'espace sont apparus à cet instant, dans une gigantesque explosion de matière et d'énergie.

À sa naissance, l'Univers était infiniment dense et chaud. Voilà à peu près tout ce que les scientifiques peuvent dire de l'instant initial. Les connaissances actuelles en physique ne permettent pas d'imaginer ce qui se passe au-delà d'une certaine limite, appelée « temps de Planck » (d'après Max Planck, l'un des fondateurs de la mécanique quantique). Notre histoire de l'Univers débute donc une fraction de seconde après le big bang. À cet instant, l'Univers est si petit que sa densité atteint 10^{75} tonnes par centimètre cube et sa température, 10^{32} degrés. L'Univers commence son expansion, au cours de laquelle il va continuellement enfler et refroidir, pour ressembler à l'Univers froid et presque vide que nous connaissons aujourd'hui.

Juste après le temps de Planck, l'Univers aurait connu une courte période d'inflation : pendant une fraction de seconde, son expansion se serait accélérée. Selon cette hypothèse, formulée en 1980 par l'Américain Alan Guth, son diamètre aurait alors été multiplié par 10^{26} : ce qui représente un écart aussi important que s'il était passé de la taille d'une tête d'épingle à celle de 10 fois notre galaxie.

Lorsque la période d'inflation se termine, l'Univers n'est encore qu'une soupe de particules très chaude et très énergétique, contenant des photons (des particules de lumière), des électrons et des quarks, ainsi que leurs antiparticules, positrons et antiquarks. Mais ces particules sont encore trop énergétiques pour se lier entre elles de façon stable et pour former la matière.

En revanche, lorsqu'une particule rencontre une antiparticule, elles s'annihilent, c'est-à-dire qu'elles disparaissent pour former de la lumière.

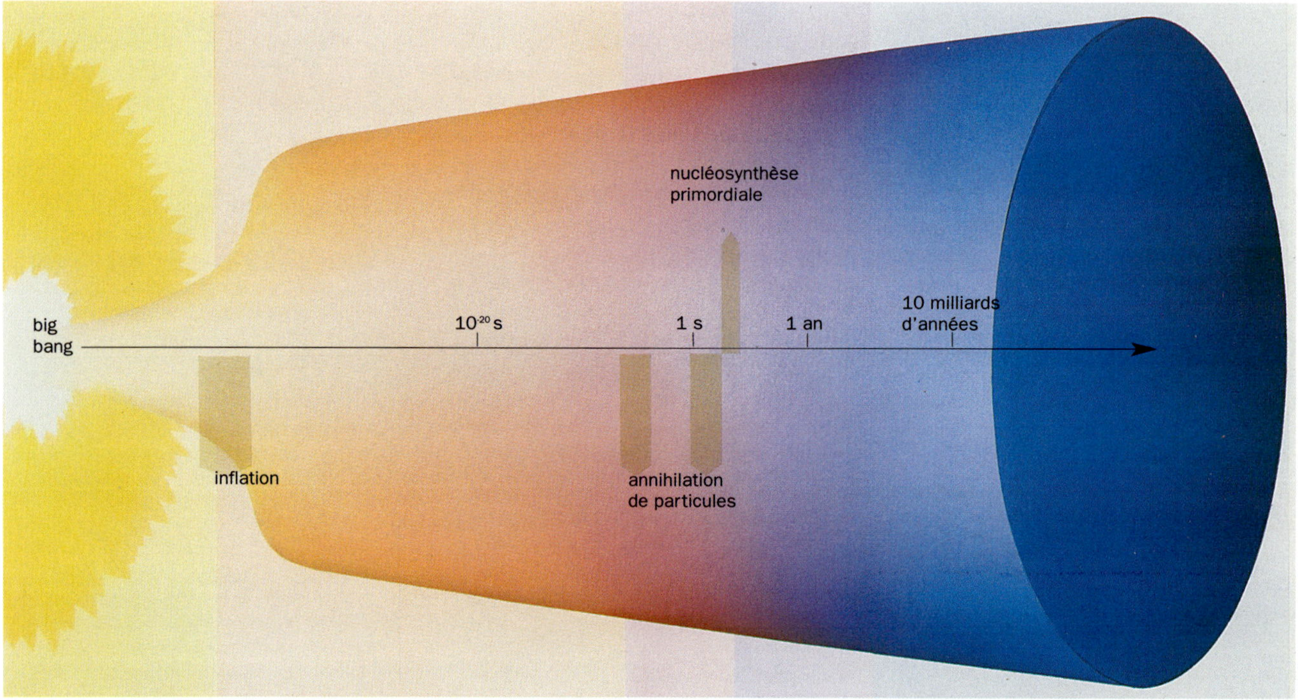

Sur ce schéma retraçant l'histoire de l'Univers, l'échelle des temps est très déformée. Des étapes majeures ont lieu lors des premiers instants suivant le big bang.

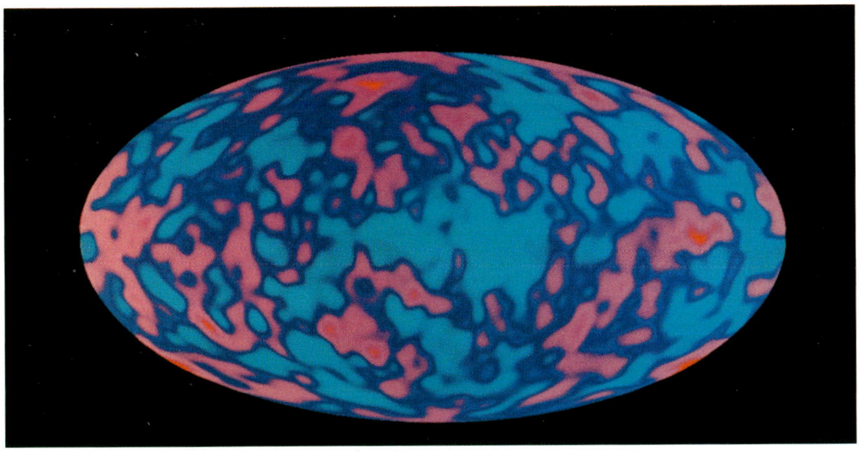

Les variations de température du rayonnement de fond cosmologique, révélées ici par le satellite COBE, figurent des variations de densité dans l'Univers primordial, probablement à l'origine des regroupements de matière tels que les galaxies.

> *Un rayonnement homogène baigne aujourd'hui tout l'Univers.*

Celle-ci peut à son tour recréer une paire particule-antiparticule. Pendant quelques secondes, il se produit autant de créations que d'annihilations, et matière, antimatière et rayonnement coexistent. Mais la température continue de baisser, et la lumière ne peut bientôt plus créer de paire matière-antimatière. La matière étant en léger surnombre par rapport à l'antimatière, cette dernière disparaît presque totalement de l'Univers.

Les premières liaisons entre particules commencent un milliardième de seconde après le big bang (10^{-9} seconde). La température ambiante est alors « tombée » à 10^{13} degrés : les quarks, briques fondamentales de la matière, ont perdu suffisamment d'énergie pour se lier de façon stable. Ils se regroupent par trois pour former les futurs constituants des noyaux atomiques : les protons et les neutrons.

Une seconde environ après le big bang, la température est encore 1000 fois supérieure à celle qui règne aujourd'hui au centre du Soleil. La matière reste encore majoritairement sous sa forme la plus simple : un noyau d'hydrogène, c'est-à-dire un simple proton. Pendant quelques minutes, protons et neutrons s'assemblent pour former les premiers noyaux de matière. Naissent ensuite les noyaux les plus légers, comme les noyaux de deutérium, qui ne contiennent que deux nucléons, ceux d'hélium, qui en renferment quatre, et ceux de lithium, qui en comportent sept.

À ce moment, le feu d'artifice de matière et de lumière s'arrête brusquement. Il ne se passe alors pratiquement plus rien pendant plusieurs centaines de milliers d'années.

La formation des premiers atomes ne survient que 300 000 ans après le big bang. Les électrons ont alors perdu suffisamment d'énergie pour s'associer aux noyaux atomiques préalablement formés. Les électrons fourmillent désormais, autour des noyaux, formant les atomes tels que nous les connaissons aujourd'hui.

GROS PLAN

Depuis le big bang, l'Univers est en expansion : à mesure qu'il se dilate, sa température baisse, et sa densité diminue. Lorsque l'Univers était 3000 fois plus petit qu'aujourd'hui, sa température était 3000 fois plus élevée, et sa densité 30 milliards de fois plus importante.

LE SAVIEZ-VOUS ?

Le terme big bang, littéralement « gros bang », a été inventé par l'astronome britannique Fred Hoyle pour tourner en ridicule cette théorie dont il a toujours été un farouche détracteur.

Arno Penzias et Robert Wilson ont découvert le rayonnement cosmologique fossile.

Un témoignage de cette lointaine époque a été découvert par hasard en 1965 par les Américains Arno Penzias et Robert Wilson. Il s'agit d'un rayonnement électromagnétique, très homogène, qui baigne aujourd'hui tout l'Univers comme une sorte de bruit de fond. Ce rayonnement de fond, aussi appelé rayonnement fossile, a été émis à cette époque de formation des atomes, alors que l'Univers n'était âgé que de 300 000 ans. Analysé en détail en 1992 grâce au satellite COBE, il est une confirmation éclatante de la théorie du big bang. ■

MOTS-CLÉS

- Le **temps de Planck** est la limite à partir de laquelle les physiciens peuvent décrire l'Univers.
- L'**inflation** est une période d'expansion accélérée de l'Univers.
- Les **quarks** sont des briques fondamentales de la matière. Ils constituent les protons et les neutrons.

Histoire de l'Univers

il y a 12 à 15 milliards d'années

Temps : « Instant zéro »
Big bang, naissance de l'Univers
Le big bang est l'explosion primordiale d'énergie et de matière qui marque la naissance de l'Univers. C'est à cet « instant zéro » qu'apparaissent à la fois le temps et l'espace. L'Univers commence alors son expansion, pendant laquelle il ne va cesser de gonfler et de refroidir.

Temps : « 10^{-35} seconde »
Inflation
Juste après sa naissance, l'Univers aurait connu une période d'inflation, pendant laquelle il serait passé de la taille d'une tête d'épingle à 10 fois celle de notre galaxie.

Temps : « 10^{-32} seconde »
Soupe de particules élémentaires
Dans l'Univers primordial, très dense, la température est encore trop élevée (10^{25} degrés) pour que les particules puissent s'unir entre elles. Sont déjà présents les photons, les électrons, les futurs constituants des protons et des neutrons, les quarks, ainsi que les particules d'antimatière (antiquarks, anti-électrons, etc.), correspondante, de même masse mais de charge électrique opposée.

Temps : « 15 milliards d'années »
Temps présent
Aujourd'hui, l'Univers est majoritairement vide, sombre et froid. La température moyenne du rayonnement de fond qui baigne l'Univers se situe aux alentours de 3 K (–270 °C).

Temps : « 10^{-9} seconde »

Formation des nucléons

Un milliardième de seconde après le big bang apparaissent les premières associations de particules : les quarks s'assemblent trois par trois pour former les futurs constituants des noyaux atomiques, les protons et les neutrons. Les antiquarks disparaissent : la matière règne désormais dans l'Univers.

Temps : « 1 seconde à 3 minutes »

Nucléosynthèse primordiale

Une seconde après le big bang a lieu la formation des premiers noyaux atomiques. Apparaissent alors les noyaux de deutérium (hydrogène lourd) formés d'un proton et d'un neutron, puis les noyaux d'hélium, renfermant deux protons et deux neutrons, puis ceux de lithium, contenant trois protons et quatre neutrons.

Temps : « 300 000 ans »

Premiers atomes

Environ 300 000 ans après le big bang, la température est tombée à 3000 degrés. Elle est alors suffisamment basse pour que les électrons puissent rester associés aux noyaux, formant les premiers atomes. Les photons qui, jusque-là, interagissaient beaucoup avec les électrons, peuvent alors se propager librement, donnant naissance au « rayonnement fossile », ou « rayonnement de fond cosmologique », encore visible aujourd'hui.

Temps : « 1 milliard d'années »

Naissance des premières galaxies

Les premières galaxies se sont vraisemblablement formées environ un milliard d'années après le big bang. La contraction de nuages de gaz et de poussières, sous l'effet de la gravitation, a donné naissance aux étoiles.

Temps : « 10,5 milliards d'années »

Formation du système solaire

Il y a 4,5 milliards d'années, l'effondrement d'un nuage de gaz dans la Voie lactée donna naissance au système solaire.

Objectif Lune
la course à l'astre de la nuit

L'un des vieux rêves de l'humanité, marcher sur la Lune, a été réalisé en 1969. Cet exploit marque la fin d'une course spatiale entre les États-Unis et l'Union soviétique engagée à peine une décennie plus tôt, au plus fort de la guerre froide.

Depuis 1957, l'Amérique assistait impuissante aux exploits des Soviétiques dans le cosmos. Après la mise en orbite du premier satellite artificiel, les Russes avaient pris la première photo de la face cachée de la Lune en 1959 et avaient envoyé le premier homme en orbite autour de la Terre, en l'occurrence Iouri Gagarine, le 12 avril 1961.

Le 5 mai de la même année, les Américains réussirent tout de même à expédier Alan Shepard dans l'espace, mais pas assez vite pour qu'il soit satellisé autour du globe. Ce modeste « saut de puce » de 15 minutes permit toutefois à John Fitzgerald Kennedy, alors jeune président des États-Unis, de rendre public un objectif plus qu'ambitieux : envoyer un homme sur la Lune et le faire revenir sur Terre sain et sauf avant 1970.

Le programme lunaire, baptisé Apollo, commença aussitôt. En juillet 1962, la NASA adopta le principe d'un module d'atterrissage se détachant du vaisseau principal en orbite lunaire pour se poser sur l'astre de la nuit. Mais il lui reste à construire un lanceur capable de propulser une cinquantaine de tonnes autour de la Lune. Dès octobre 1961, le décollage réussi d'une fusée Saturn I avait montré qu'il était possible de regrouper les moteurs par « grappes » afin d'obtenir plus de poussée. Le chantier de la fusée Saturn V, qui devait atteindre la Lune, pouvait commencer.

Encore fallait-il savoir accomplir des rendez-vous dans l'espace et des sorties en scaphandre dans le vide cosmique. Le programme de capsules biplaces Gemini qui dura de 1964 à 1966 fut dévolu à ces tâches. Mais le 27 janvier 1967, lors d'une répétition du compte à rebours, un incendie provoqué par un court-circuit se déclara dans la cabine d'Apollo 1. L'atmosphère composée d'oxygène pur propagea le feu avec une rapidité fulgurante et, en quelques secondes, les astronautes Edward White, Roger Chaffee et Virgil Grissom périrent carbonisés. Durant les vingt mois qui suivirent le drame, la capsule subit de grosses modifications pour éviter ce type d'accident.

Juillet 1971. Le véhicule Apollo 15, commandé par Worden, est photographié en orbite autour de la Lune par les astronautes Scott et Irwin installés dans le module lunaire.

Le 9 novembre 1967, le programme Apollo franchit une nouvelle étape : la première Saturn V, qui mesurait 111 m de haut, 10 de large et pesait 2770 tonnes, quitta la Terre. Après deux vols à vide couronnés de succès, le nouveau lanceur signa la réussite d'Apollo 7, le premier vol Apollo habité qui permit à un équipage de trois hommes de valider la

Sites d'alunissages des missions Apollo. À partir d'Apollo 15, l'amélioration des moteurs de Saturn V permit d'explorer des zones plus éloignées de l'équateur lunaire.

Douze astronautes ont foulé le sol de notre satellite.

capsule et le module de service au cours du mois d'octobre 1968. Mais la date butoir fixée par John Kennedy approchait et la fusée Saturn V n'avait encore jamais emporté d'astronautes. De plus, le module lunaire n'était toujours pas au point. Du côté soviétique, une nouvelle fusée, baptisée Proton, fit son entrée sur la base spatiale de Tiouratam (appelée « Baïkonour » jusqu'en 1992). Le 15 septembre 1968, elle expédia le vaisseau automatique Zond 5 autour de la Lune et le fit revenir sur Terre.

Ce coup de bluff masquait les errements d'une politique spatiale dont les dirigeants s'empêtraient dans des divisions internes. Sergueï Korolev et Vladimir Chelomeï, les deux ingénieurs principaux impliqués dans la conquête spatiale soviétique, soutenaient deux programmes concurrents. Le premier conçut la N1, une fusée de la classe de Saturn V destinée à faire atterrir un homme sur la Lune, le second s'attacha à la réalisation d'un lanceur plus modeste, le Proton, dont le but était uniquement de contourner notre satellite.

Mais les Américains, qui n'en savaient rien, décidèrent, à la suite du

Décollage du troisième exemplaire de la fusée N1 soviétique.

vol Zond 5, de changer l'ordre des missions. Après Apollo 7 devait avoir lieu un vol près de la Terre pour essayer le module lunaire. Celui-ci n'étant pas prêt, le test fut repoussé et l'on passa directement à l'étape suivante : le vol habité autour de la Lune. Ainsi, le 21 décembre 1968, Apollo 8 prit son envol, piloté par Frank Borman, William Anders et James Lovell. Le soir de Noël, des hommes contemplèrent pour la première fois la face cachée de la Lune. Après dix orbites, Apollo 8 revint sur Terre sans aucun problème.

En mars 1969, Apollo 9 testa la fiabilité du module lunaire autour de la Terre. Le 18 mai, Saturn V plaça Apollo 10 en orbite lunaire pour une ultime répétition générale. Et lorsque Apollo 11 décolla, le 16 juillet 1969, toutes les phases de la mission avaient été validées sauf une : l'alunissage. Malgré les défaillances d'un ordinateur saturé, Neil Armstrong et Edwin Aldrin posèrent sans encombre le module lunaire dans la mer de la Tranquillité. Le 21 juillet à 3 h 56 du matin (heure française), Armstrong fut le premier homme à marcher sur la Lune.

En novembre 1969, Apollo 12 se posa dans l'océan de Tempêtes. Mais déjà l'opinion publique se désintéressait de ces exploits devenus inutiles. L'accident d'Apollo 13 et les superbes images des quatre missions suivantes n'y feront rien. En décembre 1972, à bord d'Apollo 17, Eugene Cernan et Harrison Schmitt restèrent trois jours sur la Lune et battirent tous les records. Ils sont les derniers des douze astronautes à avoir foulé à ce jour le sol du satellite naturel de la Terre. ■

LE SAVIEZ-VOUS ?

La fusée lunaire soviétique N1 était un formidable engin de 105 mètres de haut qui pesait 2735 tonnes. Son premier lancement, le 21 février 1969, échoua à cause de l'arrêt prématuré de son gigantesque premier étage. Le 3 juillet, lors du deuxième lancement, l'explosion de la fusée détruisit le pas de tir. Un troisième échec le 27 juillet 1971, puis un quatrième le 23 novembre 1972 (après 90 secondes de vol) mirent fin à la carrière de ce lanceur.

Wernher von Braun
(1912-1977)

Passionné de conquête spatiale dès son plus jeune âge, Wernher von Braun est engagé en 1932 par l'armée allemande pour des recherches sur les moteurs-fusées. Cela le conduit à mettre au point les terribles V2 dont l'Allemagne nazie se servira pour bombarder Londres à la fin de la Seconde Guerre mondiale. Récupéré par les Américains en 1945, il dirige, entre autres, la réalisation de Saturn V, qui permettra la réussite du programme Apollo.

L'homme sur la Lune

il y a déjà 30 ans

Le 21 juillet 1969, Armstrong et Aldrin, sont les premiers hommes à fouler le sol lunaire. Par prudence, leur excursion se limite à un parcours de quelques dizaines de mètres autour de leur vaisseau, posé dans la mer de la Tranquillité. Elle ne dure que 2 h 30.

Par la suite, cinq autres missions Apollo conduisent des astronautes sur la Lune. À chaque fois, l'exploration de l'astre des nuits prend plus

d'ampleur. Dès le mois de novembre 1969, Conrad et Bean effectuent deux sorties. Ils s'éloignent à plus de 300 mètres de leur module. Avec Apollo 14, Shepard et Mitchell disposent d'une brouette pour porter instruments et échantillons à plus d'un kilomètre de leur base. Enfin, au cours des trois dernières missions, les astronautes peuvent parcourir des dizaines de kilomètres grâce à un véhicule tout-terrain.

Lors de la dernière mission Apollo (Apollo 17) en décembre 1972, le commandant Eugene Cernan et le géologue Harrison Schmitt battent tous les records. Ils passent 75 heures sur la Lune, dont 22 hors du vaisseau, réparties en trois sorties. Lorsqu'ils quittent la vallée des monts Taurus et du cratère Littrow, où ils ont atterri, leur jeep marque au compteur plus de 35 km. En tout, il ont collecté 116 kg d'échantillons.

Les deux images ci-dessous sont des vues panoramiques de la région qui a été explorée par les deux hommes pendant leur mission. Elles ont été prises assez loin du module lunaire. Sur le panorama du haut, il est d'ailleurs difficilement visible, à droite de la pointe du gros rocher situé au premier plan, à plus de 5 km de là. Sur celui du bas, on voit Harrison Schmitt rejoindre sa jeep à petites foulées. ■

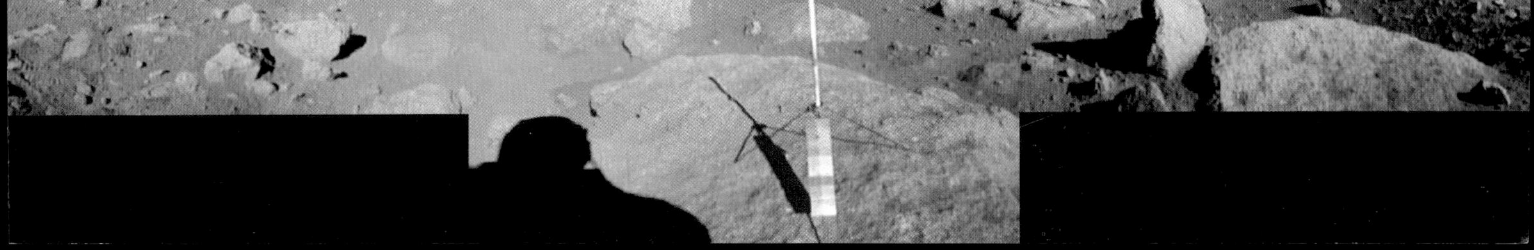

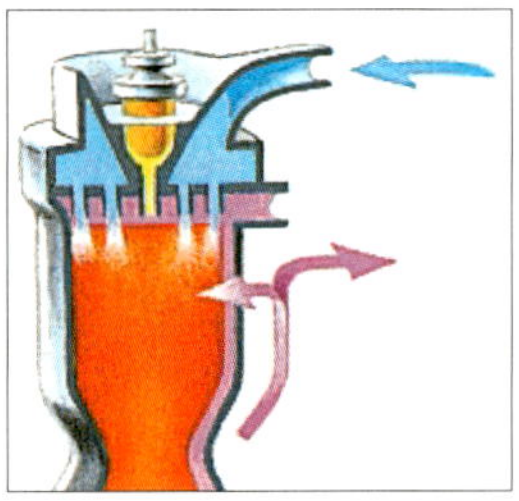

Fusées et navettes

des frondes pour lancer des satellites

Depuis les débuts de l'ère spatiale, plus de 800 modèles différents de lanceurs ont été conçus et utilisés. Fusées et navettes ont toujours dû répondre à la même exigence : disposer de la puissance suffisante pour vaincre l'attraction terrestre.

Pour pouvoir être satellisé autour de la Terre à une altitude de 200 km, tout corps doit acquérir une vitesse d'environ 10 km par seconde. La vitesse doit être encore supérieure si l'on souhaite arracher une sonde à l'attraction de la Terre pour l'envoyer vers une autre planète. On recourt pour cela à un moyen de propulsion puissant appelé lanceur spatial. Il peut s'agir d'une fusée, c'est-à-dire d'un engin ne servant qu'une seule fois, ou d'un véritable véhicule récupérable, comme la navette spatiale américaine.

Les lanceurs spatiaux décollent le plus souvent verticalement. Ce sont en général de gros cylindres d'une cinquantaine de mètres de haut, possédant des moteurs à leur base et d'éventuels propulseurs d'appoint allumés au décollage. La charge utile se situe au sommet. Il s'agit de la partie qui sera envoyée dans l'espace – une capsule habitée, un ou plusieurs satellites disposés en grappe. Un lancement à l'horizontale commence également à être adopté, notamment par la fusée américaine Pegasus, larguée par un avion.

Fusées et navettes fonctionnent selon le même principe que les avions à réaction : ils éjectent du gaz dans une direction pour se propulser dans la direction opposée. Les moteurs de fusée diffèrent cependant des moteurs d'avion par le fait qu'ils doivent pouvoir fonctionner dans et hors de l'atmosphère. Il leur est nécessaire d'emporter non seulement du carburant, mais aussi un comburant qui sert à brûler leur carburant, lorsque la fusée parvient dans l'espace. Il leur faut pour cela emporter de gros réservoirs à oxygène. Dans le cas des avions, l'oxygène nécessaire à la combustion du carburant est prélevé directement dans l'atmosphère. Carburant et comburant, qui constituent la source d'énergie chimique des fusées hors de l'atmosphère, sont désignés sous le nom de propergols. Une centaine de ces couples comburant-carburant sont utilisés dans l'industrie spatiale, par au moins 1200 modèles de moteurs de fusée différents.

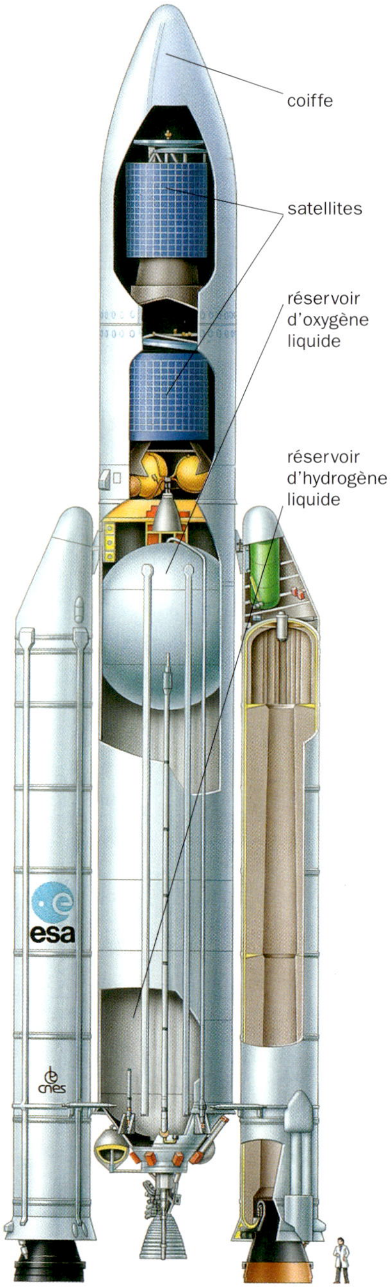

La fusée Ariane 5 est flanquée de deux accélérateurs à poudre. Son moteur principal consomme de l'oxygène et de l'hydrogène liquides.

> *Les propergols représentent les neuf dixièmes de la masse d'une fusée.*

Les propergols se répartissent en deux familles : les propergols solides et les propergols liquides. Les premiers rassemblent, sous forme de poudre, du soufre, du carbone ou d'autres substances susceptibles de constituer un carburant, et divers composés oxygénés destinés à remplir le rôle de comburant. Les propulseurs utilisant ces propergols (ou fusées à poudre) sont fiables et fournissent une poussée sensiblement constante. Mais leur manque de souplesse les réserve à une utilisation restreinte : ils servent essentiellement à fournir, pendant un temps bref, l'impulsion initiale nécessaire dans la première phase du lancement des fusées. C'est le rôle notamment des deux gros propulseurs d'appoint latéraux (boosters) des navettes et d'Ariane 5.

Les propergols liquides, quant à eux, sont plus performants et plus

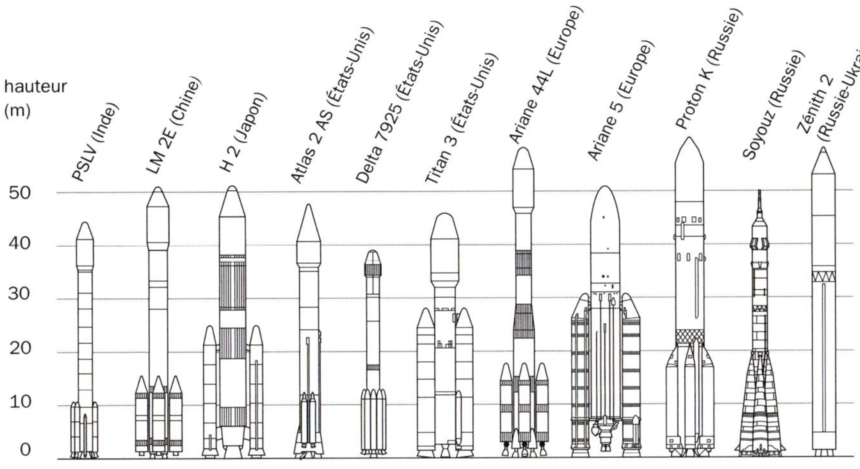

Les principaux lanceurs dans le monde.

souples d'utilisation. Bien qu'exigeant souvent des conditionnements et des manipulations délicats (à cause d'un refroidissement à très basse température), ils sont employés par la plupart

> *Plus le lancement a lieu près de l'équateur, plus il est efficace.*

des moteurs de fusée. C'est par exemple le cas du couple oxygène liquide-kérosène, utilisé par les lanceurs russes Soyouz, du couple oxygène liquide-hydrogène liquide du moteur Vulcain de la fusée Ariane 5 ou du moteur principal de la navette américaine, ou encore du couple peroxyde d'azote-diméthylhydrazine, qui assure la propulsion des fusées chinoises de la famille Longue Marche.

Atteindre les vitesses élevées requises pour une satellisation demande une consommation d'énergie d'autant plus grande que la masse de la charge utile à placer en orbite est élevée. Cela explique pourquoi les fusées sont constituées pour une grande part d'immenses réservoirs de propergols : ils représentent 90 % de la masse d'une fusée. Selon les modèles, cette masse s'échelonne de quelques dizaines de tonnes à plus de 700 tonnes (fusée Proton russe, Titan 3 et 4 américaines, Ariane 5 européenne), voire 2000 tonnes pour les navettes. Pour ne pas avoir à transporter de réservoirs vides et inutiles, les fusées sont compartimentées en plusieurs étages, comportant chacun moteurs et réservoirs, que l'on peut larguer au fur et à mesure que se déroule le vol. Une fusée ne peut donc normalement s'utiliser qu'une seule fois. Dans le cas de la navette, en revanche, les étages ne sont pas superposés : on a recourt à deux propulseurs latéraux et à un gros réservoir ventral. La logique des largages successifs après fonctionnement des différents segments reste cependant la même.

Il existe une astuce pour aider un véhicule spatial à acquérir la vitesse qui lui est nécessaire : on utilise au mieux la vitesse de rotation de la Terre sur elle-même. C'est pourquoi la plupart des tirs se font en direction de l'est, c'est-à-dire dans le sens de rotation du globe. Les aires de lancement sont implantées aussi près que possible de l'équateur, région où la planète tourne le plus vite... Les facteurs géographiques et politiques imposent cependant quelques limites. Kourou, site de lancement en Guyane des fusées européennes Ariane, se situe à 5° seulement de latitude nord et bénéficie d'une localisation quasi idéale. Moins favorables sont les latitudes de Cap Canaveral (28° N) d'où la NASA lance ces navettes, et encore moins celle du cosmodrome kazakh de Baïkonour (45° N) utilisé par les Russes. ■

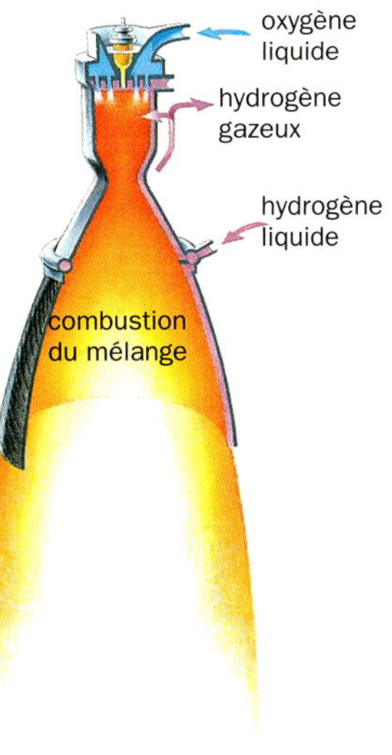

La combustion de l'oxygène et de l'hydrogène liquides produit des gaz qui propulsent la fusée.

LE SAVIEZ-VOUS ?

Le site de Baïkonour, au Kazakhstan, se situe en réalité à plus de 300 km de la ville du même nom. Le choix de ce dénominatif provient de la volonté des autorités soviétiques de garder le secret sur leurs dispositifs militaires. La localisation exacte du cosmodrome était cependant un secret de Polichinelle pour les autres puissances spatiales qui pouvaient facilement observer les lancements soviétiques grâce à leurs satellites espions. Le public, lui, a dû attendre les années 1980 pour apprendre que « Baïkonour » se situe en fait près du village de Tiouratam, sur la rive nord du fleuve Syr-Daria...

MOTS-CLÉS

- La **charge utile** représente l'ensemble des équipements envoyés dans l'espace par une fusée, destinés à une mission particulière. Il peut s'agir de satellites ou d'un véhicule habité.
- Les **propergols** sont les substances chimiques dont la combustion assure la propulsion des fusées. Ils associent toujours un carburant (kérosène, hydrogène, etc.) à un comburant (oxygène, peroxyde d'azote, etc.).

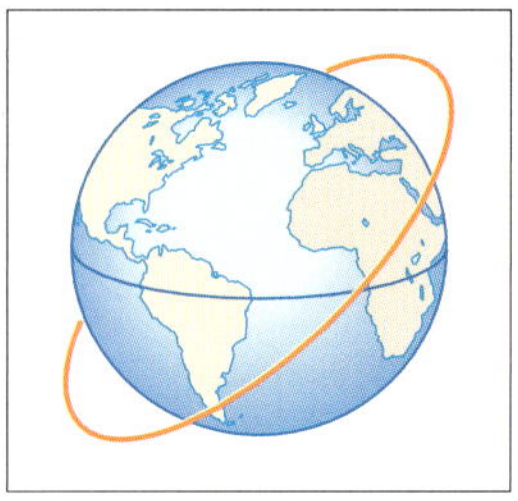

Les satellites artificiels

une orbite pour chaque usage

Les satellites artificiels qui gravitent autour de la Terre obéissent aux mêmes lois que celles qui régissent les mouvements des planètes. Selon les missions qui leur sont assignées, ils parcourent des orbites très diverses.

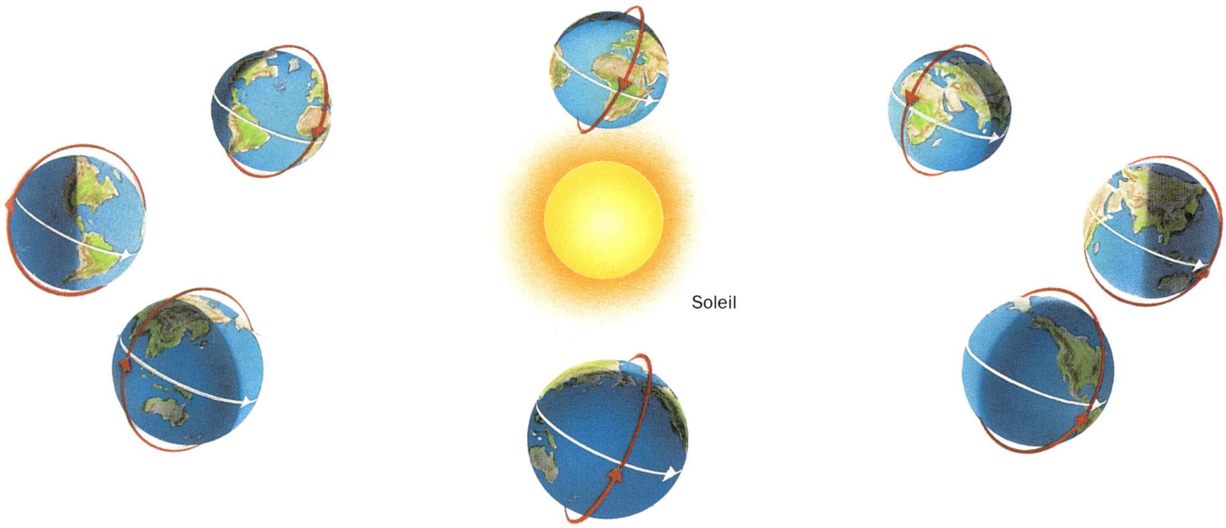

L'orbite héliosynchrone (ici représentée en rouge) permet de survoler un même point du globe toujours à la même heure et donc sous les mêmes conditions d'ensoleillement. Ce type d'orbite est utilisé par les satellites d'observation de la Terre, tels que Spot et Landsat.

Lorsqu'il est sur son orbite, un satellite artificiel est soumis aux effets conjugués de deux forces antagonistes, la force d'attraction de la Terre et la force centrifuge. Aucune autre force de propulsion ne lui est théoriquement plus nécessaire, dès lors que le lanceur l'a placé à l'altitude désirée avec une vitesse suffisante.

Les orbites les plus faciles à atteindre sont situées entre 300 et 1500 km d'altitude : ce sont les orbites basses. Toute orbite peut être définie par son inclinaison mesurée en degrés par rapport à l'équateur. Quand l'inclinaison est voisine de 0°, l'orbite est équatoriale ; le satellite survole l'équateur. Quand elle est voisine de 90°, l'orbite est dite polaire ; le satellite passe successivement au-dessus des deux pôles. Ce type d'orbite est utilisé par les satellites qui doivent survoler la totalité du globe. C'est le cas des satellites militaires de surveillance ou des satellites de télédétection.

> *Une fois mis sur orbite, un satellite n'a plus besoin de force de propulsion.*

Une autre caractéristique des orbites est leur excentricité, c'est-à-dire leur allongement. Si celui-ci est nul, l'orbite est circulaire et la distance entre le satellite et le sol reste constante. Si l'orbite est elliptique, la trajectoire passe par deux points particuliers, l'apogée et le périgée. L'apogée correspond au point de l'orbite le plus éloigné du sol, le périgée au point le plus proche. On peut affecter à certains satellites des orbites très allongées. Ainsi, l'observatoire spatial infrarouge ISO a-t-il été placé en novembre 1995 sur une orbite dont l'apogée est de 70 000 km et le périgée de 1100 km.

Le temps qu'un satellite met pour parcourir son orbite dépend en fait uniquement de sa vitesse et donc de son altitude (ou de son altitude moyenne, dans le cas d'une orbite elliptique). En effet, à chaque altitude correspond une vitesse. Les satellites évoluant à faible altitude ont une période plus courte que ceux qui circulent plus loin de la Terre. Un satellite ou une navette

GROS PLAN

Un satellite compte deux parties principales : la plate-forme et la charge utile. La plate-forme comprend tous les systèmes destinés au bon fonctionnement du satellite : système d'alimentation en énergie, système de propulsion, de stabilisation, auxquels s'ajoutent le système de régulation thermique, un bouclier de protection contre les rayonnements cosmiques et les micrométéorites, et enfin les antennes de communication avec la Terre. La charge utile varie selon la mission. Elle pourra être constituée de télescopes, de radars, de relais téléphonique, vidéo, etc.

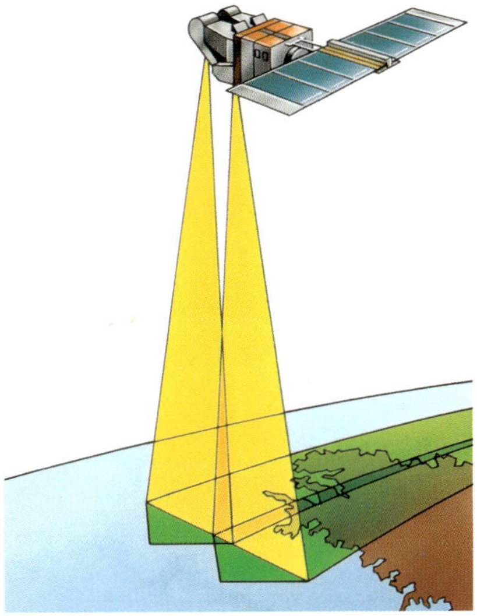

Spot est un satellite à défilement, qui balaie le sol de ses deux caméras.

LE SAVIEZ-VOUS ?

En principe, la forme extérieure d'un satellite n'a pas d'importance. Les premiers satellites étaient pourtant tous sphériques. La raison en est que le milieu spatial n'est pas complètement vide et que les satellites subissent un léger freinage. L'avantage d'une sphère réside dans le fait qu'elle subit toujours le même freinage, quelle que soit son orientation, ce qui, à une époque où les moyens de calculs étaient limités, facilitait considérablement la détermination et le repérage des orbites...

Les orbites polaires permettent de survoler la totalité de la surface du globe.

placés en orbite à 350 ou 400 km d'altitude accomplissent, par exemple, une révolution complète en environ une heure et demie. Ils bouclent ainsi 16 tours de Terre par jour.

Mais, comme l'a montré l'ingénieur et auteur de science-fiction Arthur C. Clarke, si l'altitude de satellisation est portée à 36 000 km, la période de révolution du satellite est exactement de 24 heures. Il suffit alors de le placer en orbite circulaire au-dessus de l'équateur et de le faire évoluer dans la même direction que celle de la rotation terrestre pour que l'on ait une immobilité apparente du satellite par rapport au sol. Stationnant toujours au-dessus du même point du globe, il est en orbite géostationnaire. L'idée date de 1949, mais le premier satellite géostationnaire, Syncom 3, ne sera mis en orbite qu'en 1963 par les États-Unis. Aujourd'hui, près de la moitié des satellites en service exploitent l'orbite géostationnaire. On y rencontre la plupart des satellites météorologiques et de télécommunications.

D'autres types d'orbite, les orbites héliosynchrones, sont occupées par certains satellites. Contrairement à l'orbite géostationnaire, qui est unique, les orbites héliosynchrones sont en nombre infini. Il s'agit d'orbites polaires particulières, dont le plan de révolution pointe en permanence dans la direction du Soleil. Pour réussir l'impossible, les ingénieurs ont eu l'idée de mettre à profit les anomalies du champ de gravitation de la Terre dues notamment à son renflement équatorial. Les ingénieurs parviennent à faire dériver le plan de révolution d'environ un degré par jour, ce qui permet d'obtenir l'effet désiré.

Une orbite héliosynchrone a été atteinte pour la première fois en 1961 par le satellite militaire américain Samos 1. Le même choix a été fait pour l'orbite du satellite espion français Hélios 1A, lancé en 1995. Les orbites héliosynchrones intéressent aussi un grand nombre de satellites civils d'observation de la Terre et ont été adoptées en particulier par la série des satellites Spot. Ceux-ci survolent chaque point du globe toujours à la même heure du jour et donc toujours sous les mêmes conditions d'ensoleillement. Ce qui facilite l'identification et l'étude des changements de la surface terrestre d'un passage à l'autre. ■

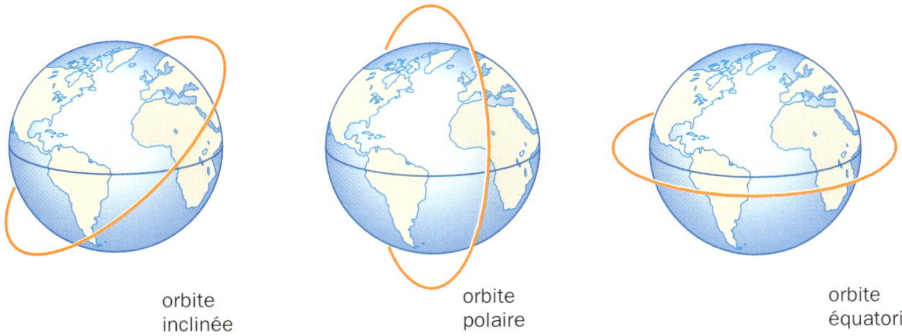

Trois types d'orbites circulaires sont figurés ici. En tenant compte de la rotation de la Terre, on imagine aisément les régions du globe qui vont être survolées à chaque tour.

MOTS-CLÉS

- **La révolution** d'un corps céleste est le mouvement que celui-ci effectue sur son orbite autour d'un autre corps. Ne pas confondre avec la **rotation**, qui est le mouvement du corps sur lui-même.
- L'**inertie** est une propriété des corps possédant une masse. Elle traduit en quelque sorte sa réticence à changer de vitesse ou de direction.

Les missions des satellites

ils écoutent, regardent ou transmettent

L'espace a initialement été investi par des satellites militaires. Les satellites de communications et ceux destinés à l'étude de la Terre et de l'Univers prennent cependant de plus en plus d'importance.

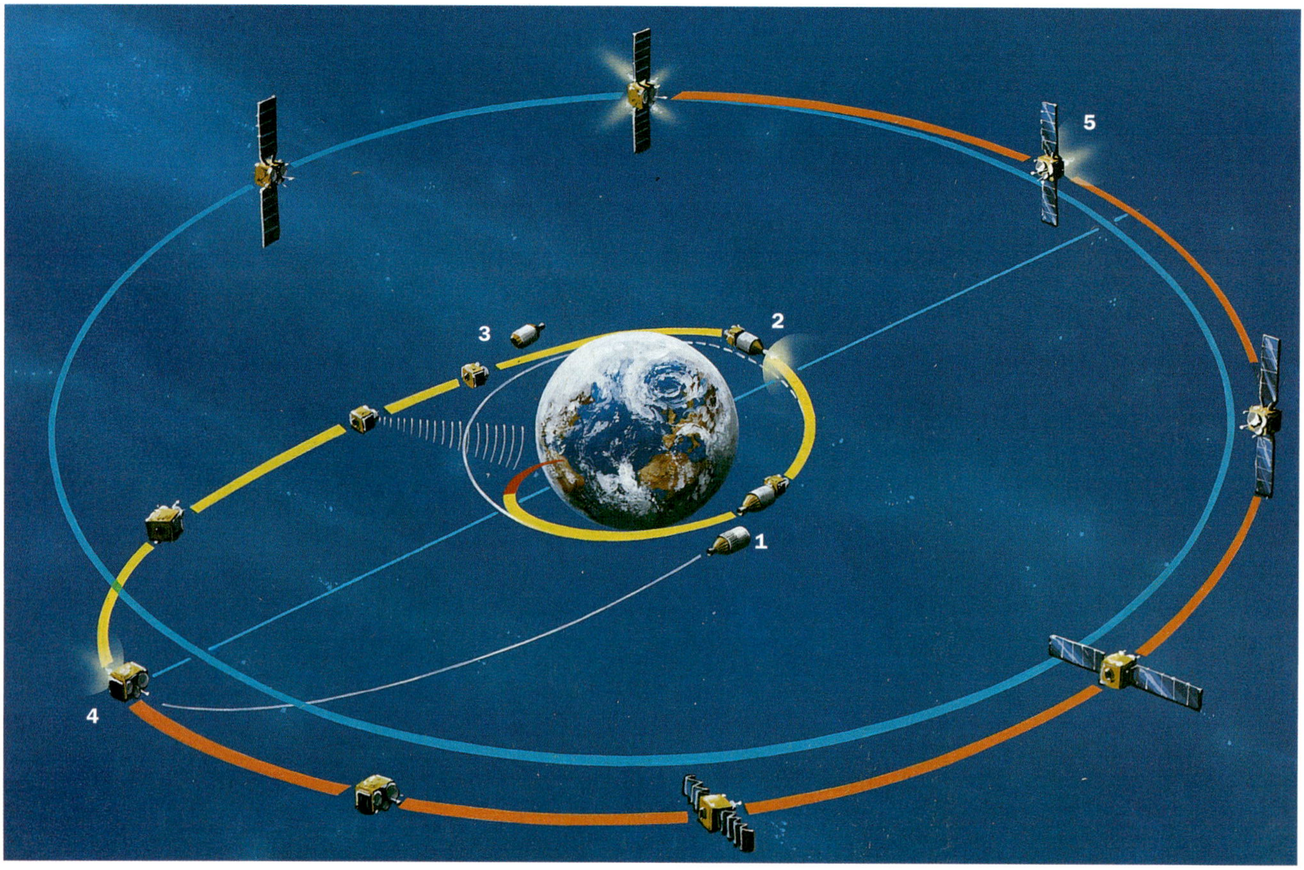

Mise en orbite d'un satellite géostationnaire. Après le lancement, puis la séparation du deuxième étage (1), le satellite est placé sur une orbite dite de transfert (2). Le troisième étage est largué (3), puis le moteur d'apogée est allumé (4). Une ultime correction de trajectoire (5) positionne le satellite sur son orbite définitive.

La première utilisation de l'espace a consisté à mettre au point les technologies... spatiales. Un nombre non négligeable de satellites lancés depuis 1957 ont ainsi eu pour seule finalité d'éprouver ou de montrer un savoir-faire. C'était déjà le cas du tout premier satellite, Spoutnik 1, dont le lancement s'inscrivait dans la logique du conflit Est-Ouest. La guerre froide a été déterminante dans le développement de l'activité spatiale. Elle explique que, jusqu'à l'effondrement de l'Union soviétique à la fin des années 1980, la domination militaire de l'espace ait été perçue comme une priorité. Les services de renseignement en ont été les principaux bénéficiaires. On estime qu'à ce jour les trois quarts des satellites lancés par les États-Unis et l'URSS, puis la Russie, ont une vocation militaire. Cette proportion tend actuellement à diminuer, moins à cause d'un véritable repli de ce secteur – un satellite sur deux lancé par les États-Unis depuis 1990 conserve une finalité militaire – que du fait de la croissance très rapide du nombre de satellites de télécommunications.

Ces derniers sont pour l'essentiel des relais : ils reçoivent du sol les signaux de radio, télévision ou téléphone et les retransmettent en un point éloigné. Pendant longtemps, ces satellites ont été exclusivement de type géostationnaire, c'est-à-dire restant fixes à un observateur terrestre. Une nouvelle approche se met cependant aujourd'hui en place. Elle recourt à des satellites placés sur des orbites basses et fonctionnant en réseau. L'exemple en est donné par le réseau Iridium : il s'agit d'un ensemble de 66 satellites que l'on a commencé à lancer en 1997 et qui vont utiliser une quinzaine de stations au sol.

Les trois quarts des satellites lancés depuis 1957 ont eu une finalité militaire.

Les satellites destinés à la navigation ainsi qu'à la localisation sont proches des satellites de communications. Les plus connus sont au nombre d'une trentaine. Lancés depuis 1989 sous le nom de Navstar, ils constituent aujourd'hui le réseau GPS (de l'anglais *global positioning system*). La vocation de ce dispositif est encore militaire, puisque son maître d'œuvre est l'armée de l'air américaine. Il est toutefois mis en partie à la disposition des utilisateurs civils.

Depuis les débuts de l'histoire spatiale, un grand nombre de satellites ont eu également une destination purement scientifique. Certains sont utilisés pour réaliser des expériences en microgravité. Celles-ci relèvent pour la plupart de la physique des matériaux ou des sciences de la vie. Dans ce dernier domaine, une quinzaine de satellites emportant des animaux ont été lancés depuis le vol inaugural de Spoutnik 2, en 1957, avec la chienne Laïka, et jusqu'en 1996. Les études de biologie sont toutefois conduites, de préférence, dans les stations spatiales.

Les satellites sont également utilisés pour observer notre planète ou pour scruter l'Univers. Dans le premier cas, les satellites météorologiques servent aussi bien à comprendre le fonctionnement de notre atmosphère qu'à préparer nos week-ends. Les satellites de télédétection appartiennent aussi à cette catégorie. Ils permettent de quantifier et d'estimer l'évolution des ressources terrestres. C'est en particulier le cas du programme Landsat, démarré à l'initiative des États-Unis dès le début des années 1970 et qui se poursuit aujourd'hui. D'autres satellites sont affectés à des recherches géophysiques et géodésiques ou encore à l'observation des océans, tel Topex/Poséidon lancé en 1992 dans le cadre d'un programme franco-américain. Une poignée de satellites ont aussi une vocation plus généraliste, à l'exemple de ERS-1 et ERS-2, lancés respectivement en 1991 et 1995 par l'Agence spatiale européenne. Ces satellites-radars étudient les océans, les calottes polaires, les régions côtières, ainsi que l'atmosphère.

Moins de cinquante satellites sont – ou ont été – dédiés à l'astronomie, auxquels on peut ajouter une poignée de petits satellites assignés à l'étude des relations Soleil-Terre et à celle des flux de météorites dans le voisinage terrestre. Les satellites astronomiques ont un avantage sur les instruments terrestres : ils ne sont pas gênés par l'atmosphère qui intercepte certains rayonnements ou altère la qualité des images. Plusieurs de ces satellites embarquent de véritables télescopes, à l'image du télescope spatial Hubble ou de l'observatoire infrarouge ISO. D'autres s'apparentent plutôt à des détecteurs de particules, à l'instar des satellites d'observation des rayonnements gamma, tels Compton, lancé par la NASA en 1991, qui est aussi, en raison de ses 15 tonnes de blindage, le satellite le plus lourd jamais envoyé dans l'espace. ■

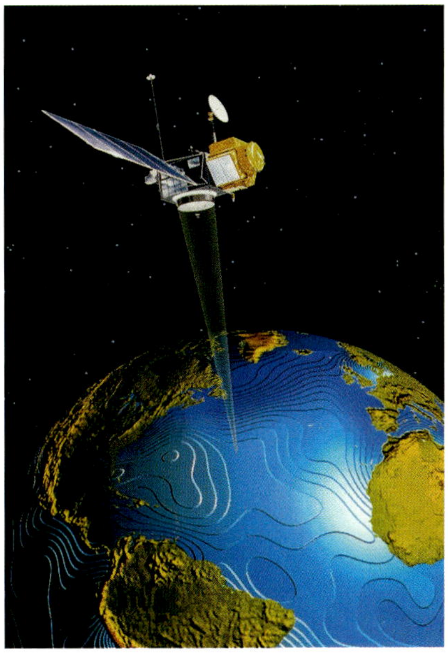

Certains satellites, assignés à des missions de topographie du globe, ont révélé le « relief » des océans.

MOTS-CLÉS

- Les **satellites géostationnaires**, placés sur orbite à 36 000 km d'altitude, circulent avec une période de révolution identique à la durée de rotation de la Terre. Ils paraissent ainsi fixes au-dessus d'un point donné du sol et il est facile de diriger les antennes dans leur direction.
- Les **satellites « à défilement »** circulent à des altitudes relativement basses (quelques centaines de kilomètres). Ils semblent défiler dans le ciel. Lorsqu'ils fonctionnent en réseau, les signaux transitent de l'un à l'autre et peuvent ainsi atteindre n'importe quel point du globe.

LE SAVIEZ-VOUS ?

L'usage des satellites est parfois insolite. Ainsi pas moins de 35 satellites de type Oscar (Orbiting Satellite Carrying Amateur Radio) destinés aux radioamateurs ont été lancés entre 1961 et 1999. Plus surprenants encore, les deux satellites funéraires privés Celestis mis sur orbite en 1997 et en 1998.

GROS PLAN

Récemment encore, seuls les États-Unis et l'Union soviétique (puis la Russie), disposaient de satellites espions. Ce monopole a été brisé en 1995, quand la France (en collaboration avec l'Italie et l'Espagne) a placé en orbite un premier satellite de surveillance, Hélios 1A. La même année, Israël a lancé son propre satellite espion Offeq-3, suivi d'un nouveau tir en 1998, qui s'est soldé par un échec.

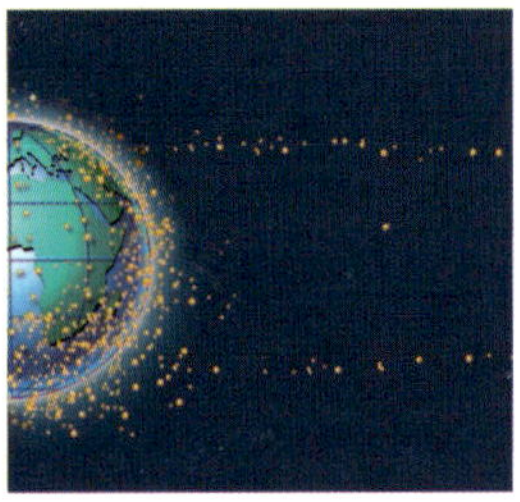

Une vie de satellite

adaptation à un milieu hors normes

Les satellites ont des durées de fonctionnement limitées. Un jour ou l'autre, ils cessent de fonctionner et se désintègrent dans l'atmosphère. Parcourir son cycle de vie, pour un satellite, c'est d'abord survivre dans un environnement très agressif.

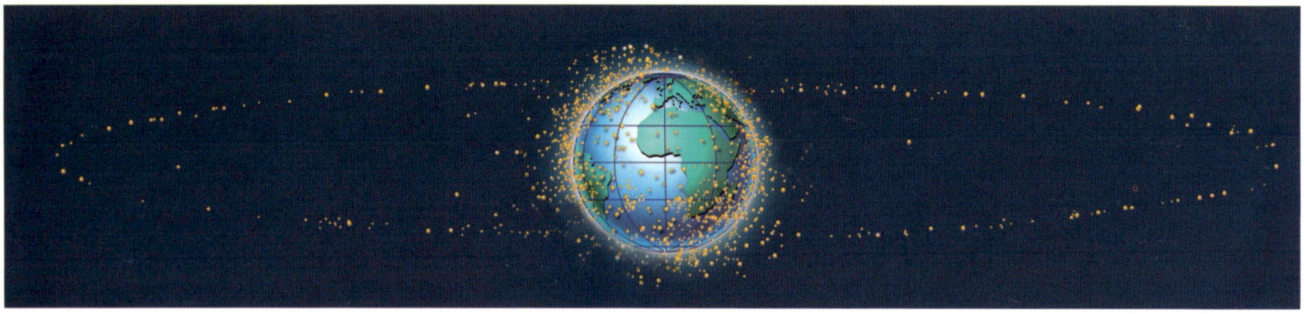

Hormis les satellites, des milliers de débris spatiaux cernent la Terre et jalonnent les principales orbites utilisées. Le grand cercle de débris, au-dessus de l'équateur, souligne l'orbite géostationnaire, à 36 000 km d'altitude.

On estime à près de 30 000 le nombre de satellites artificiels placés en orbite autour de la Terre depuis les débuts de l'ère spatiale. La majorité d'entre eux ont été détruits et seuls 2000 sont toujours en orbite. Sur ces 2000, les neuf dixièmes sont inactifs, soit parce que des pannes ont écourté leur activité, soit parce que leur technologie est devenue obsolète.

Un satellite a un cycle de vie. Après qu'il a été lancé et placé sur l'orbite souhaitée, il met en œuvre ses instruments et entame sa vie utile. Le temps pendant lequel un satellite reste opérationnel est très variable. Il est arrivé que des satellites espions soient lancés au moment d'une crise internationale pour en surveiller l'évolution, et qu'ils soient désactivés après quelques jours ou quelques semaines, dès que la tension est retombée. Mais, en général, la durée de vie utile des satellites est moins aléatoire : elle est de deux à trois ans pour les satellites circulant en orbite basse et d'une quinzaine d'années dans le cas des satellites géostationnaires.

Lorsqu'un satellite a terminé sa mission, il retombe (il peut être envoyé intentionnellement) vers les couches denses de l'atmosphère, où il se désintègre. Sauf dans le cas des gros satellites, les débris issus de cette destruction n'atteignent pas le sol. Ils brûlent et leurs cendres se dispersent dans l'air.

Les satellites sont soumis à des variations de température de –150 à +150 °C.

La durée de présence d'un satellite en orbite dépend surtout de l'altitude à laquelle il circule. À 400 km, l'espérance de vie ne peut dépasser dix ans. La longévité attendue à 800 km est de l'ordre du siècle, et elle atteint un million d'années à 36 000 km. Ce constat suggère d'exploiter les orbites hautes pour y rediriger les satellites à la fin de leur période d'exploitation. On constitue ainsi dans les régions périphériques de l'espace circumterrestre une sorte de cimetière pour satellites...

Entre son lancement et la fin de sa vie utile, le satellite doit affronter les rigueurs du milieu spatial. Les satellites circulent sur des orbites dont l'altitude minimale varie de 300 à 500 km. Cette région, qui se présente comme une simple extension de l'atmosphère, devient de plus en plus vide au fur et à mesure que l'on s'élève : la pression atmosphérique diminue. Or, la basse pression de l'espace est le premier danger auquel sont confrontés les équipements des satellites. Des matériaux éclatent, d'autres s'évaporent ou perdent leurs propriétés initiales.

Sans l'écran que constitue l'atmosphère terrestre, les écarts de température entre les parties du satellite exposées au Soleil et les parties à l'ombre sont très importants et peuvent osciller entre –150 et +150 °C. Les variations brusques de température affectent la longévité et la fiabilité des composants électroniques en accélérant leur usure. Paradoxalement, le « vide » de l'espace circumterrestre n'est pas suffisant pour éviter totalement le freinage des satellites. Celui-ci n'est négligeable

Impact d'une micrométéorite sur une vitre de la navette spatiale.

Le freinage par la haute atmosphère fait inéluctablement retomber tous les satellites.

qu'au-dessus de 1000 km d'altitude. À 400 km d'altitude, un satellite perd 100 m à chaque tour de Terre du seul fait du freinage atmosphérique, ce qui peut représenter une chute de 2 km par jour.

Les particules qui se rencontrent dans cet espace circumterrestre sont les molécules et les atomes les plus légers de notre atmosphère, auxquels s'ajoutent des particules apportées par le vent solaire ou par le rayonnement cosmique. Ces dernières, animées de très grandes vitesses et donc porteuses d'une énergie importante, peuvent être responsables, notamment lors des orages solaires, de la détérioration des composants électroniques et des cellules solaires qui fournissent l'énergie au satellite. On rencontre également, dans ce milieu moins vide qu'il n'y paraît, des poussières issues de la désintégration des comètes et des micrométéorites. Les impacts de telles poussières, circulant à grande vitesse, sont capables de détruire les satellites.

Enfin, certaines particules, dépouillées de leurs électrons (ionisées) par le rayonnement ultraviolet du Soleil, forment ce que les physiciens appellent un plasma. La région dont l'altitude est comprise entre 500 et 50 000 km prend ainsi le nom de plasmasphère. Toute sa partie inférieure (jusqu'à 3000 km) correspond à l'ionosphère. Ces particules sont porteuses de charges électriques et sont déviées par le champ magnétique terrestre. Ce sont alors de violents torrents de particules qui viennent frapper les satellites, avec les mêmes effets destructeurs sur leurs équipements que ceux que produisent les rafales de vent solaire.

À une altitude de 2000 à 6000 km, ces particules forment autour de la Terre un anneau appelé ceintures de Van Allen, du nom du chercheur qui les a découvertes en 1958, lors du lancement du premier satellite américain, Explorer 1. ■

Les satellites orbitent en général au-dessus de 500 km d'altitude.

LE SAVIEZ-VOUS ?

Les ceintures de radiations qui entourent la Terre présentent une anomalie au-dessus de l'Atlantique sud, au large des côtes brésiliennes. Les courants de particules descendent jusqu'à 400 km d'altitude. Cette zone, très dangereuse pour les satellites et dont on surveille en permanence l'évolution, constitue un véritable « triangle des Bermudes spatial ». Leurs orbites doivent à tout prix l'éviter...

MOTS-CLÉS

- Le **vent solaire** est constitué de protons, d'électrons et de noyaux d'hélium expulsés par le Soleil dans l'espace à raison de 2 millions de tonnes par seconde. La vitesse de ces particules est normalement de l'ordre de 350 km/s. Mais lors des sautes d'humeur de notre étoile, les rafales peuvent dépasser 700 km/s.
- Le **rayonnement cosmique** est un flux de particules analogue à celui émis par le Soleil, mais riche en noyaux atomiques plus lourds. Ces particules sont peut-être issues de l'explosion d'étoiles ou bien produites par des étoiles bleues très massives et canalisées jusqu'à nous par le champ magnétique de notre galaxie.

GROS PLAN

Plusieurs milliards d'objets de fabrication humaine circulent dans l'espace. La plupart d'entre eux sont des débris. Ils proviennent de lanceurs restés satellisés et de la destruction volontaire (tests militaires) ou accidentelle de satellites. Les débris circulant à basse altitude se volatilisent en retombant dans l'atmosphère. Mais les risques de collision restent importants. Des accidents dus à des impacts avec des débris spatiaux ont déjà affecté la navette américaine, la station orbitale Mir et plusieurs satellites Cosmos.

Sondes interplanétaires

à la découverte du système solaire

À partir des années 1960, l'essor de l'astronautique a considérablement accru notre connaissance des objets du système solaire. Une armada de sondes automatiques a visité des planètes et leurs satellites, des astéroïdes et des comètes.

L'exploration du système solaire par des vaisseaux spatiaux automatiques a commencé seulement deux ans après la mise en orbite du premier satellite artificiel de la Terre, Spoutnik 1, en 1957. Soviétiques et Américains ont multiplié leurs efforts pour être les premiers à poser un engin inhabité sur la Lune en attendant d'y envoyer des hommes. En septembre 1959, la sonde Luna 2 (de l'ex-URSS) est le premier objet de fabrication humaine à... s'écraser sur la Lune. Elle est suivie, un mois plus tard, par Luna 3, qui ouvre la voie à l'exploration interplanétaire en réalisant les premières vues photographiques de la face cachée de notre satellite.

La mission Galileo vers Jupiter fut un succès, mais coûta 1,35 milliard de dollars.

La navette américaine a lancé en 1989 la sonde Galileo vers Jupiter.

Le 11 mars 1960, la sonde américaine Pioneer 5 s'affranchit du système Terre-Lune pour voguer librement dans l'espace interplanétaire. Son but est d'étudier le vent solaire (un flux de particules ionisées) découvert par les Luna. Elle sera suivie depuis la Terre jusqu'à une distance de 36,5 millions de kilomètres. Dès lors, la course aux planètes est engagée. Ce sont les Américains qui marquent les premiers avec Mariner 2. Lancée le 27 août 1962, la sonde passe à 35 000 km de Vénus le 14 décembre de la même année et transmet à la Terre les premières mesures effectuées à proximité d'une autre planète. Mais elle n'envoie aucune image, n'étant pas dotée de caméra.

Après deux échecs soviétiques en direction de Mars en 1960, les Américains sont les premiers à photographier la planète rouge. Les 21 clichés pris par Mariner 4 en juillet 1965 révèlent que Mars n'abrite ni vie intelligente ni canaux, comme avait cru l'observer l'astronome américain Percival Lowell au début du XXe siècle.

Par la suite, les Russes se fixent Vénus comme objectif. C'est sur cette planète particulièrement hostile qu'ils réussissent la première photographie d'un paysage « extraterrestre » grâce au vaisseau Venera 9, qui s'y pose sans encombre en octobre 1975. Deux ans plus tard, les sondes américaines Viking 1 et 2 font de même sur Mars. Une nouveauté, chaque module est équipé d'un bras télescopique qui gratte le sol, prélève des échantillons et les analyse dans un mini-laboratoire automatique. Le but est de dé-

En 2004, la sonde Cassini larguera sur Titan, satellite de Saturne, le module européen Huygens, qui étudiera l'atmosphère et le sol de ce satellite.

terminer si le sous-sol martien abrite une vie microbienne. Ces expériences restent à ce jour peu concluantes.

Mercure est visitée par Mariner 10 en 1974 et 1975. Puis la NASA s'intéresse aux planètes géantes, Jupiter et Saturne. L'objectif semble d'autant plus réaliste qu'en 1972 et 1973 deux petites sondes de 250 kg, Pioneer 10 et 11, avaient été lancées en direction des deux planètes et avaient montré qu'il était possible de traverser la ceinture d'astéroïdes sans risque de collision. Mais ces sondes ne s'étaient pas approchées suffisamment de Jupiter et de Saturne pour transmettre des clichés de qualité supérieure à ceux des meilleurs télescopes terrestres. En 1977, Voyager 1 et 2 prennent le chemin de Jupiter et de Saturne. L'exploration de la première planète, en 1979, et celle de la seconde, en 1980 et 1981, font progresser d'un bond la connaissance des deux géantes et de leurs satellites. Devant le succès de la mission, Voyager 2 est même déviée par effet de fronde gravitationnelle autour de Saturne et envoyée vers Uranus et Neptune, dont elle fournira les premiers – et à ce jour les seuls – clichés rapprochés.

L'épopée des Voyager marque l'âge d'or des missions spatiales automatiques. Sur cette lancée, en 1989, la NASA expédie vers Jupiter l'énorme sonde Galileo, programmée pour se satelliser et pour larguer un petit module dans l'atmosphère jovienne. Malgré quelques problèmes techniques, la mission enregistre de beaux succès en survolant deux astéroïdes en 1991 et 1993, puis en explorant la planète géante et ses satellites à partir de 1995. Mais le coût élevé de la mission (1,35 milliard de dollars) pousse la NASA à changer de politique et à concevoir des sondes plus petites, moins gourmandes en carburant et d'un coût inférieur à 150 millions de dollars. En octobre 1995, Cassini-Huygens est la dernière des grandes sondes à prendre son envol. Lancée en direction de Saturne, elle emporte un module destiné à se poser sur Titan. Désormais, la NASA et les autres agences spatiales mettent au point de nouvelles technologies pour réduire le coût des sondes tout en conservant un niveau élevé de performances. Ainsi sont nées les missions NEAR (Near Earth Asteroid Rendez-vous) vers l'astéroïde Éros, ou encore toutes les missions martiennes comme Mars Pathfinder, Mars Global Surveyor et Mars Polar Lander.

Les sondes spatiales jouent le rôle de supertélescopes. Elles ont apporté aux astronomes l'essentiel de leurs connaissances sur la géologie des planètes telluriques. Elles ont rendu possible l'étude fine de la composition des planètes gazeuses. Certaines, comme Galileo et l'européenne Giotto ont ausculté les astéroïdes et les comètes. D'autres, comme Ulysse et SOHO, ont arraché des secrets au Soleil. Cette moisson a permis aux astronomes de retracer les grandes étapes de l'histoire du système solaire. ■

Robert Goddard (1882–1945)

Ce professeur de physique américain réalisa les premiers essais de fusées. Dès 1902, il était persuadé qu'il était possible d'atteindre les autres planètes avec des vaisseaux spatiaux. Tourné en dérision par la presse, il poursuivit ses recherches avec le concours de l'armée, jetant les bases techniques des lanceurs modernes.

LE SAVIEZ-VOUS ?

Partie le 2 mars 1972 de Cap Kennedy, la sonde Pioneer 10 est l'engin le plus lointain lancé par l'humanité. Elle a dépassé l'orbite de Pluton et se trouve actuellement à plus de 10 milliards de kilomètres du Soleil. Elle fonce à 12,5 km/s vers une étoile rouge baptisée Ross 248, située à 10,3 années de lumière et qu'elle atteindra dans 32 600 ans.

MOTS-CLÉS

• La **fronde gravitationnelle** est une technique de navigation spatiale qui consiste à se servir de l'attraction gravitationnelle d'une planète pour donner le cap et la vitesse voulue à un vaisseau spatial sans dépenser de carburant.

L'homme dans l'espace

une présence en question

Depuis le vol de Iouri Gagarine en 1961, la présence humaine dans l'espace est sujette à débats. Mais par-delà les arguments des uns et des autres, la politique des programmes habités a toujours obéi à des préoccupations bien terrestres...

Son carnet d'instructions fixé sur le bras, cet astronaute est sorti de la navette pour exécuter dans l'espace une suite d'opérations simples de montage.

Le 28 janvier 1986, sept astronautes périssent dans l'explosion de la navette Challenger, 73 secondes après le décollage. La catastrophe traumatise les États-Unis; jamais jusqu'alors la question de l'envoi d'hommes dans l'espace n'avait été d'une aussi impérieuse actualité. L'interrogation, récurrente depuis les débuts de l'ère spatiale, s'était déjà faite pressante lors de l'accident d'Apollo 13, en avril 1970, et du sauvetage in extremis de l'équipage. Cette fois, elle prend une tournure d'autant plus douloureuse que la mission de Challenger consistait à démontrer la banalité des vols spatiaux. Les techniques, prétendait-on, sont désormais suffisamment maîtrisées pour que tout un chacun puisse aller dans l'espace.

Comparés aux débuts de l'aviation, ceux de l'astronautique ont fait en réalité peu de victimes. Mais le risque encouru lors de chaque lancement – la phase la plus dangereuse d'un vol – reste important. À l'heure de la construction de la station spatiale internationale, qui oblige à enchaîner de nombreux vols habités, la question se pose une fois de plus. Deux camps s'affrontent. Les partisans des vols habités arguent que l'on ne devrait pas imposer a priori de limites aux activités humaines.

Dans de nombreuses situations (par exemple la récupération de satellites), la présence humaine s'avère indispensable. À l'opposé, les adversaires des vols habités soulignent leur coût exorbitant et mettent en doute les arguments concernant l'expertise humaine. Aujourd'hui, les progrès de la robotique rendent la présence de l'homme sur place de moins en moins nécessaire. Faux débat, en réalité, puisque les concepteurs des programmes spatiaux ont toujours raisonné selon d'autres modalités.

> *L'homme dans l'espace est devenu un symbole de la coopération internationale.*

Ainsi, aux premiers temps de l'ère spatiale, envoyer des hommes dans l'espace représentait d'abord une affaire de prestige. Iouri Gagarine, premier cosmonaute soviétique, Alan Shepard et John Glenn, premiers astronautes américains, sont devenus des héros nationaux. Mais avant tout, ils ont été les ambassadeurs de deux sociétés qui s'affrontaient dans le

En mai 1965, Edward White est le premier Américain à effectuer une sortie dans l'espace. Il est relié à sa capsule Gemini par un câble de huit mètres.

LE SAVIEZ-VOUS ?

En 1995, la Chine annonça qu'elle ambitionnait d'envoyer un homme dans l'espace avant 2002. Elle était alors en pourparlers avec la Russie pour acquérir un certain nombre de technologies (boucliers thermiques, systèmes d'amarrage). En fait, ce programme a démarré dès la fin des années 1970. Les premiers essais de capsule, dite Projet 921, ont même eu lieu en 1980, et en 1986 un premier équipage d'astronautes a été sélectionné. Depuis 1992, une fusée Longue Marche plus puissante que les modèles actuels est développée à cette fin.

Bruce McCandless teste le MMU (Manned Manoeuvring Unit). C'est le premier homme qui se soit écarté librement de son vaisseau.

contexte de la guerre froide. La même logique explique l'investissement humain dans la course à la Lune.

Tout a changé après la victoire américaine. Les Soviétiques ont affiché leur volonté d'établir l'homme dans l'espace en poursuivant un programme de stations orbitales. Ils ont lancé sept stations Saliout entre 1971 et 1984, puis la station Mir, en 1986. Celle-ci est parvenue à fonctionner treize ans au prix d'incessants rafistolages et d'une aide financière extérieure massive après la dissolution de l'Union soviétique en 1991. Les successeurs de Gagarine ont dû se faire plombiers et mécaniciens, mais aussi... polyglottes ! Les États-Unis, en revanche, ont abandonné les vols habités. Aucun n'a eu lieu entre 1975 et 1981. Et si le premier lancement de la navette en 1981 a marqué le retour des Américains dans l'espace, les finalités de ce programme ont toujours été très flottantes et liées à l'état des relations Est-Ouest.

Sous la présidence de Jimmy Carter, la mission prioritaire de la future navette devait être la mise en orbite des gros satellites espions Keyhole, destinés à contrôler l'application des accords de désarmement Salt-2. Sous la présidence de Ronald Reagan, cette navette devait constituer le dispositif central de la mise en place d'un « bouclier spatial » au-dessus des États-Unis, un projet connu sous le nom de « guerre des étoiles ». Puis il a été question qu'elle devienne un moyen d'acheminement vers la future station orbitale Freedom. Ce projet fut lui aussi abandonné après la disparition de l'URSS, les États-Unis envisageant dès lors de recourir à la coopération internationale pour bâtir une telle station.

Personne ne sait à quoi servira vraiment cette station internationale. Au moins sait-on à quoi sert sa construction. Pour les Russes, dont le pays part à la dérive, il s'agit de continuer d'exister sur la scène internationale, au travers de son domaine d'excellence. Pour les États-Unis, cette forme de coopération est perçue comme un moyen de stabiliser la Russie, mais aussi et surtout de la neutraliser durablement, en canalisant vers un programme civil son potentiel militaro-industriel. Quant aux Européens, ils ont été les plus réticents à s'engager.

Mais comment renoncer à s'associer au grand chantier spatial du début du XXIe siècle ? Tous voient aussi dans cette station orbitale une formidable vitrine technologique pour les entreprises qui participent à sa réalisation. On espère, malgré le manque d'enthousiasme, qu'elle aiguillonnera l'activité industrielle pendant quelques années, comme l'avait fait le projet Apollo en son temps. ■

John Young (né en 1930)

Cet astronaute a connu une carrière exceptionnelle. Il va deux fois dans l'espace à bord de vaisseaux Gemini, en 1965 puis en 1966. Il accomplit ensuite deux fois le voyage jusqu'à la Lune. En mai 1969, il s'approche à 10 km du sol lunaire. En 1972, il s'y pose à bord d'Apollo 16. Il est le premier commandant de la navette Columbia en 1981, à bord de laquelle il vole de nouveau en 1983.

La navette spatiale

un lanceur-transporteur réutilisable

Ce véhicule spatial américain est utilisé tour à tour pour effectuer des expérimentations en impesanteur, mettre sur orbite des satellites, lancer des sondes interplanétaires et participer à la construction de la station spatiale internationale.

La navette spatiale américaine (*shuttle*, en anglais) est aussi connue sous le nom de STS (Space Transport System). Son programme d'élaboration a débuté en 1971. Les Américains souhaitaient mettre au point un transporteur réutilisable, pour remplacer une partie des fusées traditionnelles, perdues à l'issue de chaque mission. La navette fut donc conçue pour permettre à la fois de réduire le coût des lancements au moyen de vaisseaux récupérables, de diminuer les risques engendrés par les chutes de morceaux de fusées et de limiter l'accumulation de débris dans l'espace. L'élément principal de la navette, l'orbiteur, est satellisable autour de la Terre à une altitude moyenne de 500 km ; il est utilisé comme vaisseau habité et convoie jusqu'à 30 tonnes de fret.

La préparation et le lancement d'une navette mobilisent 7200 personnes.

C'est en février 1977 que l'orbiteur Columbia effectua son premier vol, arrimé sur le dos d'un Boeing 747. En septembre de la même année, il fut largué par un avion à 7900 m d'altitude. Mais le véritable premier vol habité, dénommé STS1, s'accomplit du 12 au 14 avril 1981 et permit aux astronautes John Young et Robert Crippen d'effectuer 36,5 révolutions autour de la Terre à 275 km d'altitude.

Depuis, la construction de quatre nouveaux orbiteurs (Discovery, Challenger, Atlantis, Endeavour) a permis de réaliser avec succès une centaine de missions habitées. Seul échec, le drame de l'explosion de Challenger le 28 janvier 1986, qui causa la mort des sept membres de l'équipage.

Le décollage de l'orbiteur se fait en position verticale, à la manière d'une fusée. L'orbiteur, qui a la forme d'un avion de 37 m de longueur, 24 m d'envergure pour une masse à vide de 67,5 tonnes, est propulsé par trois moteurs principaux de 1,7 méganewton de poussée qui utilisent un propergol comme carburant. Au décollage, l'orbiteur est assisté par deux fusées d'appoint ou propulseurs à poudre. Elles cessent de fonctionner deux minutes après le lancement, à 47 km d'altitude, se détachent et retombent dans

Au décollage, l'orbiteur est assisté par deux gros propulseurs à poudre (ou boosters), qui se détacheront à 47 km d'altitude, puis seront récupérés pour réutilisation.

Sortie de deux astronautes dans l'espace pour la préparation de mise en orbite d'un satellite.

Vue de dessus, la navette spatiale américaine en orbite, avec la Terre en toile de fond.

LE SAVIEZ-VOUS ?

Lors de la dixième mission de la navette spatiale, le 7 février 1984, l'astronaute américain Bruce MacCandless fut le premier homme à se déplacer dans l'espace sans qu'aucun cordon ne le relie à l'orbiteur, grâce à un prototype de fauteuil volant appelé MMU (Manned Maneuvering Unit) ou « scooter spatial ».

En 45 minutes, la navette quitte son orbite et atterrit.

l'océan où elles sont récupérées pour être réutilisées en partie ultérieurement. Un gros réservoir de 700 tonnes alimente alors les trois moteurs de l'orbiteur. Quand ce réservoir est vide, il est largué à son tour, mais, la navette se trouvant déjà à 115 km d'altitude, il se désintègre lors de sa chute à travers l'atmosphère terrestre. C'est la seule partie de la navette qui ne soit pas récupérée.

L'orbiteur ajuste sa trajectoire grâce à ses moteurs auxiliaires. Les astronautes travaillent dans le laboratoire installé dans la soute ou placent sur orbite les satellites transportés. Ils peuvent accomplir quelques tâches dans l'espace sans quitter leur cabine, au moyen d'un bras télémanipulateur.

MOTS-CLÉS

- L'**orbite** est la trajectoire décrite par un corps ou un satellite autour d'une planète ou d'un autre astre.
- L'**orbiteur** constitue la partie principale réutilisable de la navette qui est mise en orbite autour de la Terre. Elle transporte l'équipage et son fret.
- Le **propergol** est un carburant composé d'ergols utilisé pour les moteurs de la navette ou d'autres lanceurs.

Outre les satellites, la soute de l'orbiteur peut accueillir des modules tels que Spacelab, un laboratoire de recherche réalisé par l'ESA (Agence spatiale européenne). Spacelab offre à l'équipage un volume de travail de 8 ou de 22 m^3. Il comporte un laboratoire pressurisé, ainsi que des palettes d'instruments destinés aux expériences en impesanteur. Le laboratoire permet d'effectuer des recherches en médecine, en biologie, en physique des matériaux et en astronomie. Par exemple, en avril 1998, sept astronautes ont mené pendant deux semaines un programme d'étude du fonctionnement du système nerveux en impesanteur à bord de l'orbiteur Columbia. Cette mission, appelée Neurolab, comportait 26 expériences consacrées au cerveau, au système neurosensoriel et au sommeil, dont 15 réalisées sur des animaux (criquets, poissons, rats, souris et escargots).

En fin de mission, l'engin quitte son orbite de vol grâce aux moteurs auxiliaires. L'atterrissage de l'orbiteur s'effectue par une arrivée au sol en vol plané. L'élévation de température qui se produit lors de la rentrée dans l'atmosphère, provoquée par les forces de frottement, est très importante. L'aluminium qui compose la coque de l'orbiteur ne doit pas subir de températures supérieures à 190 °C. Or l'échauffement peut engendrer des valeurs de 1500 °C au niveau du nez de l'appareil et sur les bords d'attaque des ailes. Pour les protéger, ces zones sont recouvertes de 38 000 tuiles en céramiques réfractaires. Quarante-cinq minutes après avoir quitté son orbite, l'orbiteur atterrit soit sur la piste de cap Canaveral (Floride), soit sur le lac séché de la base d'Edwards (Californie), soit à White Sands (Nouveau-Mexique), selon les conditions météorologiques du moment.

De nouveaux lanceurs entièrement réutilisables sont à l'étude. La NASA travaille sur un projet d'avion spatial, le VentureStar, actuellement testé sous forme d'un prototype appelé X33, qui pourrait remplacer la navette dès 2012. Le VentureStar a une envergure de 40 m et une masse de 1000 tonnes (dont 900 tonnes de carburant). Il pourra embarquer jusqu'à 18 tonnes de fret. Comme la navette actuelle, il décollera en position verticale et atterrira comme un avion. Les préparatifs avant chaque départ ne dureront que quelques semaines et mobiliseront une équipe réduite à quelques centaines de personnes au lieu de plusieurs milliers actuellement. Les coûts d'exploitation pourraient ainsi être dix fois moindres que ceux de la navette. ■

GROS PLAN

En avril 1990, l'orbiteur Discovery a déployé de sa soute le télescope spatial Hubble. Il fallut cinq jours pour préparer et mettre en orbite cet instrument de la taille d'un bus de 13 m et d'une masse de 11 tonnes. Pour cette installation délicate, Discovery était en orbite à 620 km d'altitude, ce qui reste un record d'altitude pour la navette. Depuis, les astronautes sont retournés plusieurs fois pour assurer la maintenance du télescope, corriger la courbure de son miroir et améliorer ses performances techniques.

L'impesanteur

les débuts de la médecine spatiale

Les séjours dans l'espace perturbent la physiologie humaine. Notre organisme se trouve confronté à l'absence de pesanteur, au confinement des vaisseaux et aux rayonnements cosmiques. Mais il s'adapte assez vite à ces nouvelles contraintes.

Pour étudier les réactions de l'homme âgé dans l'espace, John Glenn, 77 ans, dans la navette Discovery en 1998 a pris une part active aux expérimentations du bord.

Le 12 avril 1961, le Soviétique Iouri Gagarine effectue le premier vol orbital d'une durée de 108 minutes à bord du vaisseau Vostok. Après plus de 150 missions dans l'espace, l'homme a acquis une expérience des vols orbitaux de longue durée, parfois supérieurs à un an. Soumis à l'impesanteur, l'organisme humain présente les symptômes d'un vieillissement précoce : troubles de la circulation, perte d'équilibre, atrophie musculaire et ostéoporose. Heureusement, ces symptômes disparaissent après le retour sur Terre.

L'absence de pesanteur perturbe le déplacement naturel des liquides dans notre corps. Sur la Terre, lorsqu'on se tient debout, la pression veineuse est beaucoup plus forte vers le bas du corps sous l'action de la pression du poids du sang. Dans l'espace, cette pression n'existe plus ; le sang se répartit uniformément, de sorte qu'un litre et demi de sang passe de la moitié inférieure à la moitié supérieure du corps. C'est pourquoi les spationautes ont un air congestionné et souffrent de migraines. Pour « lutter » contre cet afflux dérangeant, le corps diminue sa masse sanguine en quelques jours et élimine environ un litre et demi d'eau par voie urinaire. Le cœur adapte son volume et ses fréquences de battement à ces variations.

Le « mal de l'espace » se traduit par des vertiges et des nausées, surtout au cours des premiers jours de vol. Du fait de l'absence de verticalité, l'organisme perd ses repères. L'impesanteur contrarie en premier lieu l'oreille interne. Les petits cristaux que celle-ci contient (les otolithes) ne se déplacent plus sous l'action de la gravité et ne renseignent plus l'organisme sur la position de la tête par rapport à la verticale.

Un séjour dans l'espace engendre un vieillissement précoce de l'organisme.

Les capteurs qui informent sur l'état d'étirement des muscles responsables de la posture « debout » ne sont plus sollicités. De plus, les récepteurs sensibles à la pression situés sous la plante des pieds, les corpuscules de Pacini, ne sont plus excités par le poids du corps. L'organisme ne sait plus si le corps s'appuie sur les jambes et donc s'il a la tête « en haut ». Il ne peut plus s'orienter qu'en prenant des repères visuels arbitraires pour se recréer une impression de haut et de bas.

Dès la première semaine en impesanteur apparaît une atrophie des muscles habituellement impliqués dans nos déplacements terrestres. Elle entraîne aussi une perte osseuse des membres inférieurs. En effet, en temps normal, les tissus osseux sont renouvelés en permanence par un jeu incessant de destruction et de reconstruction des cellules osseuses. Or, si un os n'est plus sollicité par des contractions musculaires, il n'est plus solidement reconstruit, il se déminéralise et perd une partie de son calcium. Cette ostéoporose spatiale est néanmoins réversible et disparaît en quelques mois après le retour sur la Terre.

Le confinement, le stress du vol et de la cohabitation ont aussi des répercussions sur la physiologie de l'individu. On a pu constater une diminution de l'activité immunitaire. Le sommeil est altéré, tant sur la durée que sur la qualité, ce qui affecte le moral des équipes en vol. L'alternance jour-nuit est bouleversée, car, dans une station spatiale, le Soleil se lève toutes les 90 minutes. De plus, les moteurs de la station grondent en permanence comme ceux d'un avion. En revanche (et c'est heureux !), l'exposition aux rayons cosmiques semble pour l'heure n'avoir déclenché aucun cancer chez les spationautes. Ces rayonnements ne seraient dangereux que lors d'expositions de longue durée aux éruptions solaires, sans caisson de protection.

Quels enseignements peut-on tirer de ces modifications physiologiques ? En plus d'une meilleure compréhension des mécanismes physiologiques, l'expérimentation spatiale a permis la mise au point de techniques utilisées désormais dans les hôpitaux. Le caisson de dépressurisation en forme de pantalon, utilisé par les spationautes pour faire refluer le sang vers le bas du corps, est utilisé dans certains cas d'insuffisance cardiaque par des patients en attente de greffe. Les pompes à insuline implantables pour les diabétiques et le holter qui enregistre l'activité cardiaque en continu sont directement issus du matériel utilisé par la NASA. Les études spatiales sur les fonctions d'équilibration ont largement bénéficié à la neurologie et à la gériatrie.

Enfin, les recherches sur la déperdition osseuse dans l'espace trouvent des applications dans la lutte contre l'ostéoporose : par exemple, une coopération entre le Centre national des études spatiales (CNES) et la société Matra Marconi Space a contribué au développement d'un scanner à rayons X portable, utilisable en médecine de terrain pour l'évaluation de la densité osseuse. ■

Toutes les expérimentations de longue durée (plus de 3 semaines) sur la vie en impesanteur ont eu lieu dans la station Mir.

Dans une station spatiale, le Soleil se lève toutes les 90 minutes.

LE SAVIEZ-VOUS ?

Des travaux de recherche sont en cours sur l'effet de l'impesanteur sur le développement d'espèces animales. Le programme Fertile, appliqué sur des salamandres à bord de la station Mir, a confirmé que la fécondation pouvait se réaliser en impesanteur. Ces expériences sont à compléter par d'autres portant sur des mammifères. Maîtriser l'élevage d'animaux permettrait d'assurer la subsistance d'équipages lors de vols à très longue durée, à destination de Mars par exemple.

MOTS-CLÉS

- L'**impesanteur**, ou apesanteur est l'état dans lequel se trouve un corps qui ne ressent plus les effets de l'attraction terrestre.
- L'**ostéoporose** est une fragilité de l'os due à un amincissement des structures osseuses liée à une perte de calcium.
- L'**astronaute** est de nationalité américaine, le **cosmonaute** est russe et le **spationaute** français.

John Glenn (né en 1921)

Le sénateur John Glenn est le doyen des astronautes. À l'âge de 77 ans, il a effectué un séjour de 8 jours à bord de la navette Discovery en novembre 1998. Cette mission a eu lieu 36 ans après son premier vol, qui était aussi le premier vol orbital d'un Américain. Très médiatique, ce second séjour dans l'espace devrait toutefois permettre l'étude des réactions physiologiques d'un organisme âgé dans l'espace.

CHIFFRES

- Les records de durée d'un vol spatial en solitaire sont détenus par des Soviétiques, chez les hommes par Valeri Bikovski (4 jours 22 heures 56 minutes) et chez les femmes par Valentina Terechkova (2 jours 22 heures 40 minutes).
- Le record de séjour en station orbitale est détenu chez les hommes par le Soviétique Valeri Poliakov (437 jours 17 heures 49 minutes) et chez les femmes par l'Américaine Shannon Lucid (188 jours).
- Valeri Poliakov détient aussi la palme de la plus longue présence dans l'espace en durée cumulée : 679 jours, en 2 missions.

La future station spatiale

le chantier spatial du XXIe siècle

Entamé en 1998, cet immense chantier spatial, fruit d'une coopération de seize nations, autorisera une présence humaine permanente en orbite et des études à long terme en impesanteur.

C'est une station géante, grande comme un terrain de football : son envergure atteint 110 x 88 m^2. Ses neuf modules cylindriques affublés de panneaux solaires vont constituer le plus grand laboratoire spatial en orbite avec un volume habitable de 1200 m^3. Hissées à 400 km d'altitude, les 400 tonnes de nickel et de chrome qui la constituent feront le tour de la Terre en 90 minutes et seront visibles à l'œil nu.

La station spatiale internationale aura la taille d'un terrain de football.

La future station spatiale, en orbite à 400 km d'altitude. Les panneaux solaires fourniront l'énergie aux neuf modules cylindriques de la station.

Un « mécano spatial » va assembler l'ensemble de la station en cinq ans. Quarante-cinq vols (trente-six pour les navettes américaines et neuf pour les fusées russes Proton) sont en théorie nécessaires, pour monter les différents modules qui la composent. Les deux premiers éléments de la station ont été assemblés en orbite le 6 décembre 1998. Le module Unity (module « nœud » auquel seront accrochés tous les autres éléments), lancé par la navette Endeavour, a été arrimé au module russe Zaria (« aube », en russe) placé sur orbite depuis le 20 novembre par une fusée Proton. L'arrimage a nécessité trois sorties de six heures pour deux astronautes aidés dans cette tâche par un bras articulé piloté depuis la navette.

Le troisième élément, le module de service russe, lancé fin 1999, permettra d'accueillir un équipage. Il servira de moteur principal pour maintenir l'ensemble de la station sur son orbite et rendra possible l'accostage des vaisseaux. L'étape suivante consiste à livrer les panneaux solaires (d'une surface de 3000 m^2 et d'une puissance de 110 kW) pour fournir l'énergie nécessaire à toute la station. Puis seront installés le bras articulé canadien pour le montage des autres éléments, les laboratoires américains, européens et japonais, et le véhicule de secours (CRV). La station hébergera à terme un équipage de six à sept astronautes.

Si elle est devenue une réalisation internationale, la station spatiale internationale est l'odyssée d'un projet américain. En janvier 1984, Ronald Reagan lance le programme de construction d'une station spatiale habitée en permanence. Ses objectifs sont alors multiples : maintenir ou créer des emplois dans l'industrie, redorer le blason des Américains et offrir à la NASA des vols de longue durée, à l'exemple des Russes à bord de la station MIR. Le projet est alors estimé à 8 milliards de dollars. En mai 1987, les coûts s'avèrent beaucoup plus importants que prévu et le projet, baptisé Freedom (« liberté ») a déjà deux ans de retard. En 1988, le Congrès américain propose de partager les frais de construction avec d'autres pays et lance un appel à une coopération internationale.

L'Europe, le Canada et le Japon s'investissent dans cette station rebaptisée Alpha et dont le coût est alors estimé entre 25 et 40 milliards de dollars ! Des politiciens et des scientifiques critiquent le projet, jugé trop onéreux. En janvier 1993, Bill Clinton exige que le premier élément d'Alpha parte en 1996 et que l'ensemble du budget ne dépasse pas 17,4 milliards de dollars. Le pari ne sera pas tenu, malgré l'arrivée dans le projet des Russes et de leur savoir-faire en matière de vols de longue durée. Le premier module russe partira en novembre 1998, mais le budget total de la station atteindra 25 milliards de dollars de construction, quatre fois plus si l'on compte son exploitation sur dix ans.

L'un des éléments de la station, le laboratoire Colombus Orbital Facility (COF), construit par les Européens de l'ESA (Agence spatiale européenne), est conçu pour mener à bien des recherches en impesanteur dès 2002 ou 2003. Gros cylindre de 6,7 m de longueur et de 4,5 m de diamètre, ce laboratoire est constitué de quatre grandes armoires de travail modulables qui peuvent contenir chacune 700 kg de matériel scientifique. Il permettra d'effectuer jusqu'à 500 expériences en physiologie humaine, animale, végétale, ainsi qu'en physique des matériaux. Grâce à une plate-forme externe munie d'équipements d'observations, les scientifiques recueilleront des données sur les phénomènes atmosphériques de notre planète : effets de la pollution, phénomènes météorologiques, circulations atmosphériques...

Mais les Européens ne pourront utiliser que la moitié du volume du COF, l'autre moitié étant destinée aux Américains. Les spationautes européens ne disposeront en outre que de quatre mois d'occupation par an, au prorata de la participation financière du Vieux Continent.

Seize nations participent à la construction de la future station spatiale.

Par ailleurs, les animaux ne pourront pas être utilisés par les scientifiques européens pour mener à bien leur expérimentation, une règle imposée par l'Allemagne, premier partenaire financier de la station au sein de l'ESA. Les chercheurs regrettent cette restriction qui risque, selon eux, d'être un handicap sérieux pour étudier l'influence de la gravité sur le développement du système nerveux. Quant aux chercheurs américains, ils se voient imposé de travailler sur des primates.... exclusivement humains, bien qu'ils aient promis que tous les animaux embarqués dans l'espace regagneraient la Terre sains et saufs. ■

Vue de l'intérieur du module laboratoire européen. Il devrait être opérationnel en 2002 ou 2003.

LE SAVIEZ-VOUS ?

ACES (Ensemble d'Horloge Atomique dans l'Espace) est une expérience française programmée pour 2002 qui utilisera les conditions d'impesanteur pour multiplier par dix la précision des horloges atomiques au césium refroidi par laser. Il s'agit d'une technique de refroidissement qui a valu au Français Claude Cohen-Tannoudji le prix Nobel de physique en 1997. Un tel gain de précision permettra par exemple d'affiner la synchronisation de l'envoi de données numériques sur les lignes à haut débit, et donc d'en augmenter la capacité.

GROS PLAN

Le Véhicule de Transfert Automatique (ATV), conçu et financé par les Européens, assurera le ravitaillement de la station. Il sera lancé par la fusée Ariane 5 Evolution. Ce container spatial de 6,5 m de long et de 4,25 m de diamètre pourra livrer 9 tonnes de fret. Une fois arrimé à la station, il aura pour mission de la replacer sur son orbite. Chargé des déchets de la station il se désintégrera lors de sa rentrée dans l'atmosphère terrestre. Les ATV seront envoyés vers la station environ tous les 15 mois.

MOTS-CLÉS

- **ATV** (Automatic Transfer Vehicle) : véhicule de transfert automatique qui assure le ravitaillement de la station spatiale internationale.
- **CRV** (Crew Rescue Vehicle) : véhicule de retour d'urgence des équipages, il sera toujours amarré à la station pendant son occupation.
- **COF** (Colombus Orbital Facility) : module laboratoire à bord duquel travailleront les spationautes européens.
- **ESA** (European Space Agency) : agence spatiale européenne au sein de laquelle 11 pays participent à la station spatiale internationale.

La future station spatiale

une coopération internationale

Dès l'arrimage du troisième module Zvezda (« étoile », en russe) au cours de l'année 2000, la station sera habitée de façon continue et utilisée comme base permanente pour l'expérimentation en microgravité.

Même si le module laboratoire européen Columbus, qui comprend 4 éléments (Biolab, le laboratoire de science des fluides, le laboratoire de physique des matériaux et celui de physiologie), ne sera opérationnel

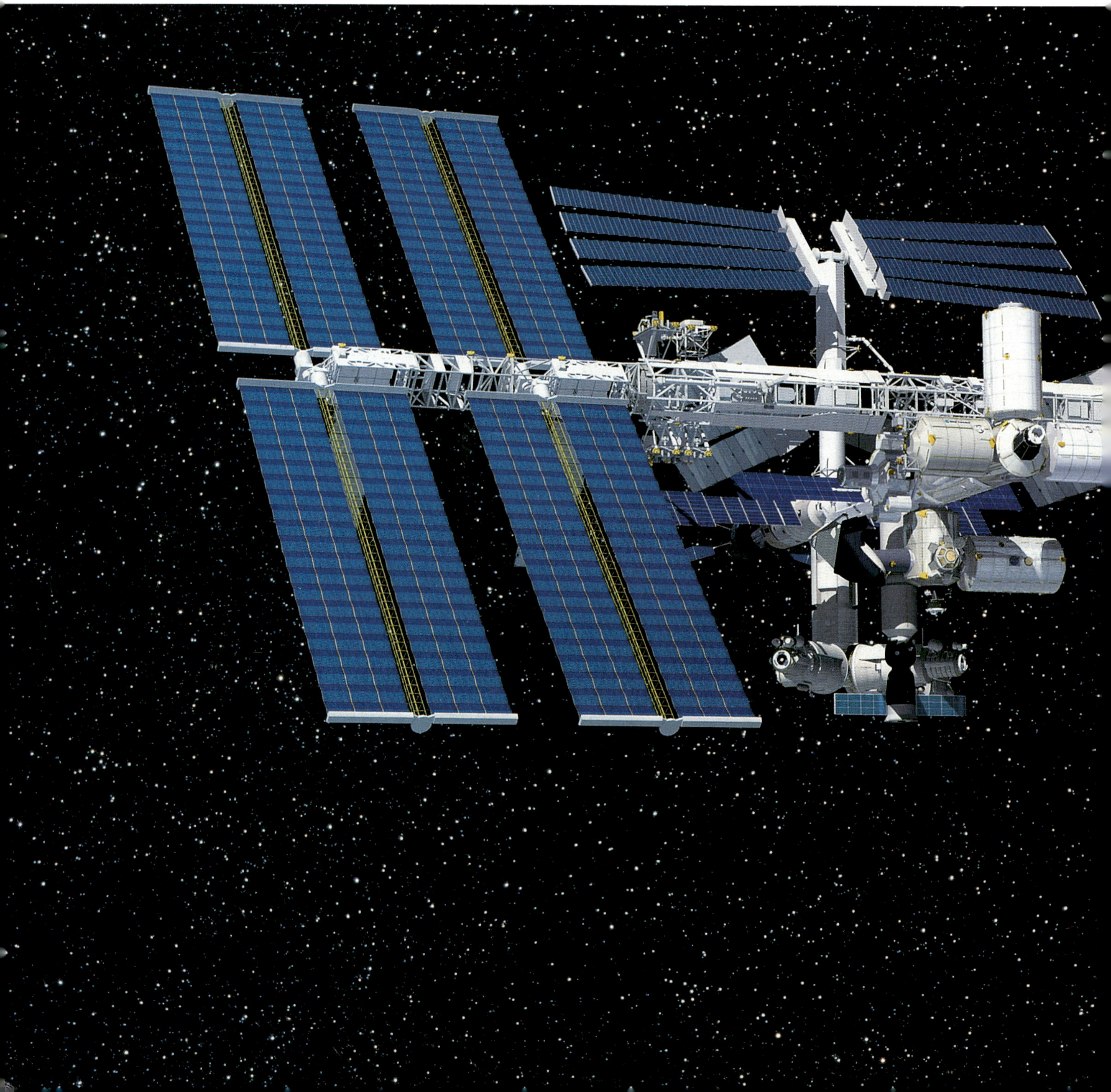

peut-être qu'en 2004, le travail en microgravité commencera sur les vols d'assemblages de la station. Le module Zvezda portera la première expérience externe de la station, une expérience européenne appelée GTS (Global Transmission System) qui donnera des signaux de synchronisation aux horloges contrôlées par radio de 95 % de la planète.

La coopération technique est une richesse de cette construction spatiale dont l'Europe n'est pas absente. Un consortium industriel européen sous contrat avec l'ESA (Agence Spatiale Européenne) a réalisé le système informatique du module russe Zvezda. L'Europe participe aussi au projet de la NASA appelé X38 qui est le prototype du véhicule de secours de l'équipage de la station (CRV). Ce projet regroupe 22 compagnies de 8 pays européens en plus des équipes d'ingénieurs de l'ESA et de la NASA. L'Europe fournira aussi la coupole de la station. Cette coupole peut-être comparée à la tour de contrôle d'un aéroport. C'est un dôme à multiples hublots de verre situé sur un nœud de connexion de trois modules de la station. Il permet aux astronautes à bord de surveiller et de diriger le travail d'autres astronautes et de robots situés à l'extérieur ou le départ et l'arrimage des véhicules spatiaux. ■

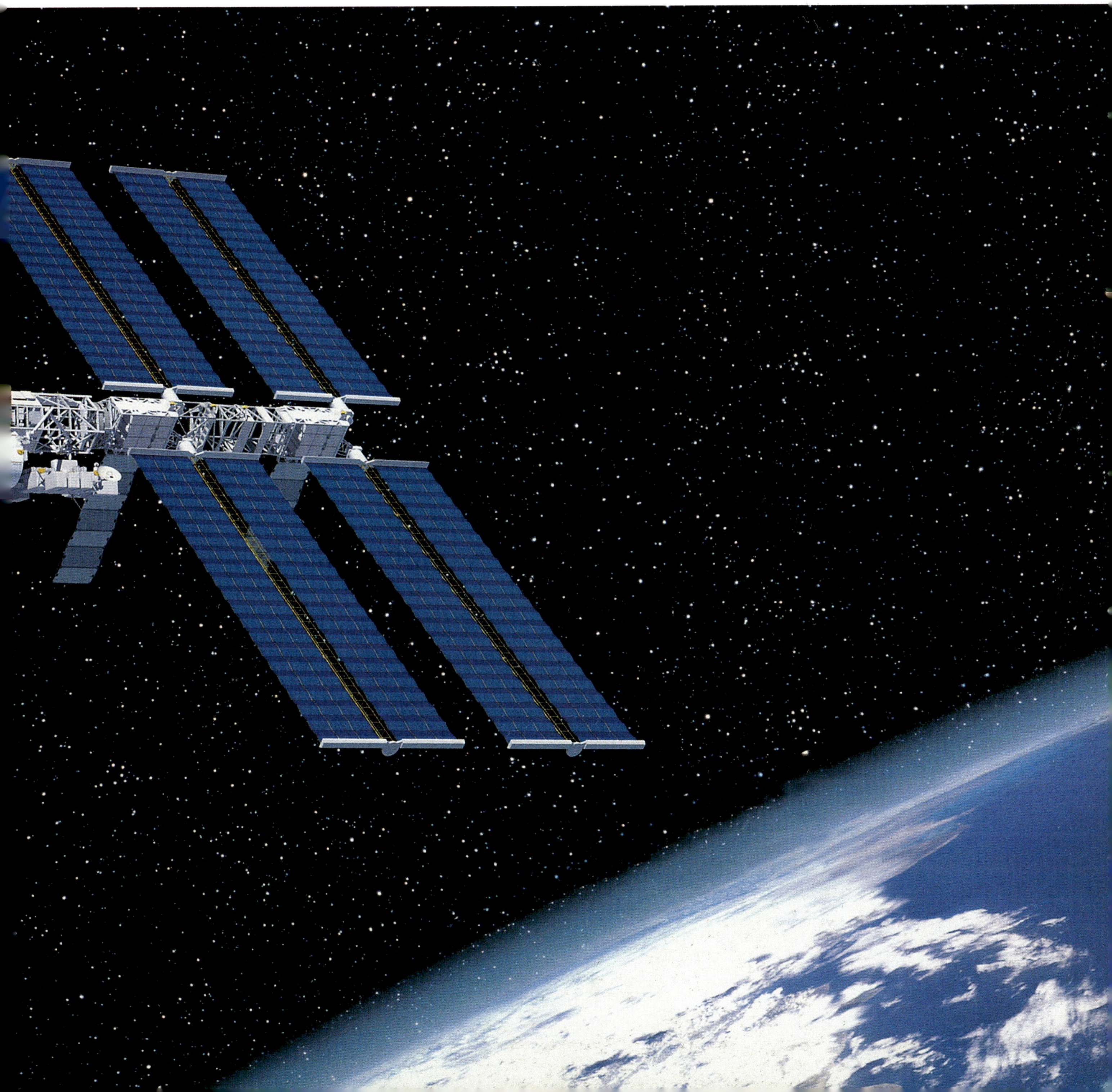

L'exploration de l'espace

jusqu'où irons-nous ?

Les étoiles sont beaucoup trop éloignées pour que nous les atteignions dans un avenir proche. Plusieurs approches des voyages interstellaires ont cependant acquis une certaine popularité. Mais l'aventure nous tente-t-elle encore ?

Le vaisseau Daedalus, propulsé par des explosions nucléaires, voyagerait à 30 000 km/s et atteindrait l'étoile de Barnard en 50 ans.

Il suffit de huit minutes pour atteindre l'espace avec une navette spatiale et seulement vingt minutes sont nécessaires pour en revenir. Des temps comparables à ceux d'un banal trajet en transports en commun et qui rappellent que l'essentiel des efforts actuellement consentis en direction de l'espace visent l'environnement immédiat de la Terre. La construction de la station spatiale internationale confirmera encore cet ancrage planétaire de l'aventure spatiale qui n'a cessé de se consolider depuis la fin du programme Apollo. Il est vrai, comme l'a remarqué un jour un astronaute, que « c'est quand on regarde dans l'autre sens, vers les étoiles, que l'on se rend compte qu'il y a un sacré bout de chemin jusqu'au prochain point d'eau. » Proxima du Centaure, l'étoile la plus proche du Soleil, est 10 000 fois plus éloignée que la planète Neptune, elle-même 10 000 fois plus distante de la Terre que la Lune. C'est vraiment très loin.

L'étoile la plus proche se situe 10 000 fois plus loin que la planète Neptune !

Si l'envoi d'hommes sur Mars dans les prochaines décennies est bien évoqué, l'éventualité de vols plus lointains n'est pas débattue actuellement. La technologie requise ne sera probablement pas disponible avant plusieurs siècles. Des études ont cependant été réalisées, certaines semblant même prometteuses. Dès les années 1950, dans le cadre d'un projet baptisé Orion, les États-Unis avaient ainsi exploré la possibilité de construire un vaisseau propulsé par des rafales d'explosions nucléaires, qui aurait aussi bien pu servir pour un voyage vers Mars que vers les étoiles. Les calculs montraient que ce véhicule spatial pourrait atteindre une vitesse de 30 000 km/s (10 % de la vitesse de la lumière), plaçant ainsi Proxima à « seulement » une quarantaine d'années de nous. Mais, pour assurer la propulsion, cinq bombes atomiques devaient exploser toutes les secondes à l'arrière du véhicule.

Ce projet de base sur la planète Mars est constitué de trois modules atterrisseurs placés tête-bêche possédant chacun leur propre serre, et d'une unité d'extraction des gaz de l'atmosphère martienne (à gauche).

Un solide blindage et un dispositif d'absorption des chocs assuraient sécurité et confort des passagers. Des tests utilisant des explosifs conventionnels ont même été réalisés. Le traité de limitation des essais nucléaires signé dans les années 1960 a cependant mis un terme à l'entreprise.

À la fin des années 1970, un autre projet inspiré du projet Orion voit le jour en Grande-Bretagne. Baptisé Daedalus, il vise l'étoile de Barnard, un astre situé à six années de lumière, dans la constellation d'Ophiuchus. Le voyage aller devrait durer en théorie une cinquantaine d'années. Les explosions n'auraient plus lieu à l'extérieur du vaisseau, mais dans une chambre de combustion à confinement magnétique. À peu près à la même époque, aux États-Unis, l'ingénieur Robert Bussard défend l'idée d'un véhicule appelé Interstellar Ramjet, lui aussi propulsé à l'énergie nucléaire, mais qui n'emporterait pas le combustible avec lui. L'hydrogène requis pour les réactions thermonucléaires de fusion à l'origine de l'énergie de propulsion serait simplement prélevé dans le milieu interstellaire. Les physiciens qui ont étudié le projet ont hélas constaté qu'un « filet à hydrogène » de taille colossale serait nécessaire pour capturer un nombre suffisant d'atomes. Et, plus ennuyeux, personne n'a jamais très bien su dire comment pourrait fonctionner un tel dispositif…

L'idée de trouver en chemin le combustible nécessaire au voyage interstellaire n'a pas été abandonnée. Elle est à la base du concept de voilier fonctionnant à la lumière qui repose sur le principe de physique suivant : lorsque la lumière frappe un objet, elle exerce sur lui une infime pression, appelée pression de radiation. Si l'objet possède une surface suffisamment grande, la force qui en résulte devient comparable à celle que le vent exerce sur une voile. Des voiliers solaires ont ainsi été imaginés qui, poussés par la lumière de notre étoile, permettraient de voyager entre les planètes voisines. Au-delà du système solaire surgit un nouveau problème, l'intensité lumineuse devient trop faible. Aussi comment voyager entre les étoiles ?

La solution proposée a été de focaliser sur le voilier interstellaire la lumière d'un puissant laser pour pousser l'engin tout au long de son parcours. Malheureusement, le verdict des calculs est ici encore impitoyable. Il est théoriquement possible de propulser une voile de 1000 km de surface ne pesant que 16 grammes vers les étoiles les plus proches en une dizaine d'années, mais la puissance requise pour le laser s'élèverait à 10 millions de gigawatts… soit la puissance énergétique produite par l'ensemble de l'humanité !

LE SAVIEZ-VOUS ?

Selon la relativité d'Einstein, le temps s'écoule différemment pour un observateur au repos et un observateur en mouvement. L'horloge embarquée à bord d'un véhicule spatial tourne moins vite que celles restées sur Terre. L'effet n'est bien marqué que si l'on s'approche de la vitesse de la lumière. Ainsi, pour les satellites, le ralentissement du temps est pratiquement insignifiant. À 20 % de la vitesse de la lumière, la contraction des durées n'est encore que de 2 %. Par contre, des astronautes embarqués à bord d'un vaisseau voyageant à 99 % de la vitesse de la lumière ne vieilliraient que d'un an et demi lors d'un parcours de dix ans…

Par-delà les difficultés techniques du voyage interstellaire, il convient aussi de s'interroger sur notre désir véritable de nous lancer dans pareille aventure. Il est assez révélateur que les grands projets qui viennent d'être mentionnés datent tous de l'âge d'or de l'astronautique, qui était aussi celui des grandes illusions. Mais les temps ont changé et, avec eux, les mentalités. On parle plus volontiers d'hôtels en orbite ou de clubs de vacances sur la Lune pour « astronautes » fortunés que d'épopées héroïques. Et nous sommes aujourd'hui aussi plus prompts à nous demander : Aller dans les étoiles ? Mais pour quoi faire ? Elles seront toujours là dans mille ans. Le ciel peut attendre. ■

GROS PLAN

Des sondes spatiales ont déjà quitté le système solaire ou sont en passe de le faire. Ainsi en est-il des sondes Pioneer 10 et 11, lancées en 1972 et 1973, et de Voyager 1 et 2, en 1977. Se déplaçant à des vitesses de l'ordre de 50 000 km/h, elles croiseront les premières étoiles dans 30 000 ans !

Lexique

accrétion
Accumulation de masse sur un objet, due à la force de gravitation. C'est aussi l'agglomération progressive de petits corps rocheux ou glacés conduisant à la formation de corps plus gros.

année de lumière
Unité qui représente la distance que parcourt la lumière en une année. Une année de lumière vaut 10^{13} kilomètres, soit 10 000 milliards de kilomètres.

année tropique
Intervalle de temps entre deux équinoxes de printemps, soit 365 jours 5 heures et 48 minutes.

année sidérale
Intervalle de temps entre deux passages consécutifs du Soleil par un même point de la sphère céleste. Elle dure 365 jours 6 heures et 9 minutes.

astérisme
Ensemble remarquable d'étoiles, mais qui ne constituent pas forcément une constellation. Exemples : le Carré de Pégase, le Baudrier d'Orion, les Pléïades...

astéroïde
Petit corps rocheux se déplaçant dans l'espace, dont la taille est comprise entre quelques mètres et quelques centaines de kilomètres de diamètre. Ceux qui dépassent 200 km de diamètre appartiennent au groupe des petites planètes.

big bang
Théorie selon laquelle l'Univers serait issu d'une explosion primordiale, il y a 10 à 15 milliards d'années, donnant simultanément naissance à l'espace et au temps.

big crunch
Scénario décrivant l'avenir de l'Univers selon lequel, dans 15 milliards d'années, celui-ci connaîtra la situation inverse du big bang : il se contractera et redeviendra dense et chaud.

bras spiral
Bras d'une galaxie, incurvé en spirale, qui contient les étoiles les plus jeunes et les plus lumineuses, ainsi que les grands nuages interstellaires.

céphéides
Étoiles variables qui doivent leur nom à l'une d'elles, l'étoile Delta de la constellation de Céphée. La relation qui existe entre leur période de pulsation et leur luminosité en fait d'excellents indicateurs de distance quand on les repère dans les galaxies voisines.

charge utile
Ensemble des équipements envoyés dans l'espace par une fusée, destinés à une mission particulière. Ce peut être des satellites ou un véhicule habité.

chimie prébiotique
Constitution de molécules simples dont l'existence est un préalable à la formation des molécules plus complexes propres aux organismes vivants.

combustion en couche
Déroulement des réactions de fusion thermonucléaire à la frontière entre le cœur et l'enveloppe des étoiles. Il s'agit d'un épisode de brève durée, intervenant seulement au cours des dernières étapes de l'évolution stellaire.

comète
Petit astre constitué essentiellement de glace et de poussières.

composé organique
Molécule construite autour d'un squelette d'atomes de carbone.

couple optique
Couple d'étoiles qui apparaissent côte à côte dans le ciel, mais qui sont en réalité dans des plans différents : elles ne semblent proches l'une de l'autre que par un effet de perspective.

couple physique
Couple d'étoiles liées par la gravitation et formant une véritable étoile double.

couple serré
Couple physique d'étoiles suffisamment proches pour que des transferts de gaz soient possibles de l'une à l'autre.

différenciation
Mécanisme selon lequel les matériaux fondus à l'intérieur d'une planète (ou les différents éléments d'un corps céleste) se séparent, les plus lourds migrant vers le centre de l'astre, les plus légers restant en surface.

disque protoplanétaire
Nébuleuse aplatie tournant autour d'une étoile et contenant des protoplanètes, c'est-à-dire des corps primitifs à partir desquels naissent les planètes.

effet de serre
Processus par lequel une atmosphère piège le rayonnement infrarouge émis par le sol quand il est chauffé par le Soleil. Il en résulte une augmentation de la température de l'atmosphère et de la surface du sol.

effet de marée
Phénomène désignant l'action combinée de la force centrifuge et de l'attraction gravitationnelle. Ces forces s'exercent en sens opposé et tendent à étirer les corps qui y sont soumis. À proximité des planètes géantes, elles sont suffisantes pour briser une roche en mille morceaux.

éléments primordiaux
Éléments chimiques – comme l'hydrogène, l'hélium ou le lithium – qui sont, d'après la théorie du big bang, les premiers atomes de matière ayant peuplé l'Univers.

étoile double
Système de deux étoiles liées par la gravitation, qui tournent toutes les deux autour d'un centre de masse commun.

étoile à neutrons
Astre ultradense, résidu d'une étoile massive ayant explosé en supernova. Sa densité est d'environ 1 million de tonnes par centimètre cube.

excentricité (d'une orbite)
Propriété qui caractérise l'allongement d'une orbite. Plus une orbite est excentrique, plus l'ellipse qu'elle décrit est allongée.

fronde gravitationnelle
Technique de navigation spatiale qui consiste à utiliser l'attraction gravitationnelle d'une planète pour donner le cap et la vitesse voulue à un vaisseau spatial sans dépenser de carburant.

fusion thermonucléaire
Mode de production d'énergie qui s'exerce dans le Soleil et qui est libéré dans les bombes H. Des études sont actuellement menées pour contrôler ce mécanisme et l'utiliser à des fins civiles.

gaz ionisé
Gaz dont les atomes ont été délestés de leurs électrons. Lorsque ses atomes parviennent à récupérer leurs électrons, il émet un rayonnement caractéristique de sa nature.

hypernova
Astre qui produit en explosant des bouffées d'énergie très puissantes pendant quelques millisecondes, émises sous forme de rayons gamma.

impesanteur
État dans lequel se trouve un corps qui ne ressent plus les effets de l'attraction terrestre.

inertie
Propriété de tout corps possédant une masse. Elle traduit sa réticence à changer de vitesse ou de direction.

inflation
Période d'expansion accélérée de l'Univers ayant eu lieu juste après le big bang.

loi de Hubble
Loi qui permet de calculer la distance d'un objet galactique en fonction de sa vitesse de fuite.

lumière visible
Ensemble des rayonnements perceptibles par l'œil humain, compris entre 0,4 et 0,7 μm de longueur d'onde.

lunaison
Intervalle entre deux nouvelles lunes. Sa durée, très variable d'un cycle sur l'autre, vaut en moyenne 29 jours 12 heures et 44 minutes.

météorite
Astéroïde qui tombe sur la Terre. Les plus petits brûlent dans l'atmosphère avant d'atteindre le sol.

naine blanche
Astre très compact dont la couleur témoigne de la haute température qu'il atteint au moment de sa contraction.

nébuleuse
Nuage de gaz et de poussières interstellaires au sein duquel peuvent naître des étoiles.

nébuleuse primitive (ou nébuleuse solaire)
Nuage de gaz et de poussières à partir duquel se sont formés le Soleil et les planètes, il y a un peu plus de 4,5 milliards d'années.

neutrino
Particule de très faible masse produite chaque fois qu'un proton absorbe un électron pour former un neutron.

nuage moléculaire
Nuage suffisamment froid et compact pour que les atomes s'y assemblent en molécules, et les molécules, parfois, en poussières.

occultation
Obscurcissement temporaire d'un astre lointain lors du passage, devant lui, d'un corps plus proche.

orbite
Trajectoire décrite par un corps ou un satellite tournant autour d'une planète.

orbiteur
Partie réutilisable de la navette placée en orbite autour de la Terre, qui transporte l'équipage et son fret.

PAH
Molécules dérivées du benzène, qui pourraient être à l'origine des premières réactions chimiques ayant conduit à l'apparition de la vie sur la Terre.

période de révolution
Temps que dure le parcours complet d'une orbite. L'« année » ainsi définie dure 12 années terrestres pour

Jupiter, 30 pour Saturne, 84 pour Uranus et 164 pour Neptune.

plan de révolution
Plan sur lequel un astre inscrit son orbite. Exception faite de Pluton et pour certaines comètes, la plupart des corps du Système solaire circulent à peu près sur le même plan que la Terre, appelé plan de l'écliptique.

planète tellurique (ou rocheuse)
Planète essentiellement constituée de roches et de métaux.

poussière interstellaire
Poussière constituée d'un petit noyau rocheux, parfois entouré d'une gangue de glace d'eau, elle-même riche en molécules organiques diverses.

pression de radiation
Poussée subie par la matière soumise à un faisceau lumineux. L'orientation de la queue de la comète à l'opposé du Soleil s'explique par la pression de radiation solaire sur les gaz émis par la comète.

propergol
Substance chimique dont la combustion assure la propulsion des fusées, qui associe un carburant (kérosène, hydrogène) à un comburant (oxygène, peroxyde d'azote).

protubérance
Grand arc de matière « froide » qui se développe dans la couronne du Soleil, le long des boucles magnétiques.

pulsar
Astre très compact et très dense qui tourne sur lui-même très rapidement en émettant un faisceau d'ondes électromagnétiques.

quark
Brique fondamentale de la matière, qui constitue les protons et les neutrons.

quasar
Noyau de galaxie très brillant.

radiosource
Source émettant un rayonnement électromagnétique dans le domaine des ondes radio.

rayonnement cosmique
Flux de particules analogues à celles émises par le Soleil, mais riches en noyaux atomiques plus lourds. Peut-être sont-elles issues de l'explosion d'étoiles et canalisées par le champ magnétique de notre galaxie.

révolution
Mouvement d'un corps céleste sur son orbite autour d'un autre corps.

rotation
Mouvement d'un corps céleste sur lui-même.

satellite héliosynchrone
Satellite conservant une orientation constante par rapport au Soleil. Il passe ainsi ainsi toujours à la même heure au-dessus d'une région.

satellite géostationnaire
Satellite placé à 36 000 km d'altitude, circulant sur une orbite dont la période de révolution est de 24 h, comme la durée de rotation de la Terre, et qui paraît fixe au-dessus d'un point du sol.

spectre électromagnétique
Ensemble de tous les rayonnements connus, des ondes radios aux rayons gamma.

station orbitale
Véhicule spatial satellisé autour de la Terre et destiné à accueillir un équipage pour de longues durées.

superamas
Concentration d'amas, dont la taille peut dépasser plusieurs centaines de millions d'années de lumière.

supernova
Étoile de plus de huit masses solaires qui finit sa vie en explosant. Son cœur de fer se comprime en un petit astre composé de neutrons : une étoile à neutrons.

unité astronomique (ua)
Unité de distance qui vaut environ 150 millions de kilomètres (distance moyenne de la Terre au Soleil).

vent solaire
Flux continu de gaz ionisé (protons, électrons et noyaux d'hélium) expulsés par le Soleil au rythme de 2 millions de tonnes par seconde.

vitesse radiale
Vitesse de déplacement d'un corps (une étoile) dans la ligne de visée de l'observateur, c'est-à-dire qui s'avance dans la direction de l'observateur ou qui s'en éloigne dans la direction opposée, sans qu'il perçoive un déplacement.

wimps
Particules hypothétiques qui pourraient, si elles existent, résoudre le mystère de la masse manquante de l'Univers.

zéro absolu
Température la plus basse qui puisse théoriquement exister sur l'échelle absolue des températures dont l'unité est le kelvin (K) : 0 K = –273 °C.

Index

Crédits photographiques

p. 2 H. Sund/Image Bank ; p. 3 Coll. Archives Larbor ; p. 4 Fondation St Thomas/Strasbourg/Coll. Larbor ; p. 4 Galerie des Offices/Florence/Coll. Larbor ; p. 4 National Portrait Gallery Londres/Coll. Larbor ; p. 5h Coll. Archives Larbor ; p. 5b Coll. Archives Larbor ; p. 5md Coll. Archives Larbor ; p. 6d Coll. Archives Larbor ; p. 6g Coll. Archives Larbor ; p. 7 Digital Vision ; p. 8 Coll. Archives Larbor ; p. 10b Photodisk ; p. 10m M. Shirao/Ciel et espace ; p. 11b Coll. Archives Larbor ; p. 12 Coll. Archives Larbor ; p. 13 C. Thioc/Musée gallo-romain ; p. 14 ESO ; p. 16 Nasa/Ciel et espace ; p. 18 ESO ; p. 19 NRAO/Ciel et espace ; p. 20 ESO ; p. 21 NASA/Photodisk ; p. 22 S. Numazawa/APB/Ciel et espace ; p. 23b Coll. Archives Larbor ; p. 25h Photodisk ; p. 25b Coll. Archives Larbor ; p. 26 SOHO/ESA/NASA ; p. 27b Digital Vision ; p. 27d NASA ; p. 28 SOHO/LASCO ; p. 29m R. Muller/Observatoire Midi-Pyrénées ; p. 29h SOHO/MDI ; p. 29b University of Chicago/Coll. Larbor ; p. 31 JPL/NASA ; p. 31 JPL/NASA ; p. 31b Coll. Archives Larbor ; p. 32 Photodisk ; p. 33 JPL/NASA ; p. 33 Photodisk ; p. 33b JPL/NASA ; p. 34 NASA ; p. 35 NASA ; p. 36 NASA/Photothèque planétaire/Orsay ; p. 37 IKI/Hodasava/Ciel et espace ; p. 37 NASA ; p. 38 NASA ; p. 39 Photodisk ; p. 39 Photodisk ; p. 42 JPL/NASA/Retraitement O. de Goursac ; p. 43h JPL/NASA ; p. 43 JPL/NASA/Retraitement O. de Goursac ; p. 44-45 JPL/NASA/Retraitement O. de Goursac ; p. 46 HST/NASA ; p. 47 NASA ; p. 47 NASA ; p. 48 NASA/Photothèque planétaire/Orsay ; p. 49 NASA ; p. 49 NASA ; p. 50 NASA/Synthèse O. de Goursac ; p. 51 NASA ; p. 51b NASA ; p. 52 NASA ; p. 53b NASA ; p. 53bd NASA ; p. 53hg NASA/Synthèse O. de Goursac ; p. 53md NASA ; p. 53mg NASA ; p. 54 Digital Vision ; p. 55h NASA ; p. 55d NASA ; p. 55g NASA ; p. 57 NASA ; p. 58 D. Jewitt (University of Chicago) et J. Luu (UCLA, Berkeley) ; p. 59 Digital Vision ; p. 59 Coll. Archives Larbor ; p. 60 Ciel et espace ; p. 61bg Coll. Archives Larbor ; p. 61bd Coll. Archives Larbor ; p. 62 NASA ; p. 63 Photodisk ; p. 63b Coll. Archives Larbor ; p. 64 Ciel et espace ; p. 65 NASA ; p. 66 Alcatel ; p. 67 Arecibo Observatory ; p. 67b JSC/NASA ; p. 68 Ciel et espace ; p. 70 Ciel et espace ; p. 71bg Photodisk ; p. 71bd HST/NASA ; p. 71h Ciel et espace ; p. 73 Ciel et espace ; p. 73bd Coll. Archives Larbor ; p. 73hd HST/NASA ; p. 74 Ciel et espace ; p. 75 Photodisk ; p. 75d HST/NASA ; p. 76 HST/NASA ; p. 76d Chandra/NASA ; p. 77b Coll. Archives Larbor ; p. 78 Digital Vision ; p. 79 Ciel et espace ; p. 79b NASA ; p. 80 Ciel et espace ; p. 82 Photodisk ; p. 83 HST/NASA ; p. 85 HST/NASA ; p. 86 NASA ; p. 87 D. Malin/Ciel et espace ; p. 88 NASA ; p. 89g ESO/Ciel et espace ; p. 89d Photodisk ; p. 92 ESO ; p. 93bg Coll. Archives Larbor ; p. 93md Photodisk ; p. 94 NASA ; p. 96 S. Numazawa/Ciel et espace ; p. 97 NASA/Ciel et espace ; p. 97b Coll. Archives Larbor ; p. 98 Coll. Archives Larbor ; p. 101 NASA ; p. 101 Coll. Archives Larbor ; p. 104 NASA ; p. 105bd Coll. Archives Larbor ; p. 105bg D.R., Jacques Villain ; p. 106-107 NASA/Retraitement O. de Goursac ; p. 113 Photodisk ; p. 115 Ciel et espace ; p. 116 JPL/NASA ; p. 117h ESA ; p. 117 Coll. Archives Larbor ; p. 118 Photodisk ; p. 119 Photodisk ; p. 119b Photodisk ; p. 120 Photodisk ; p. 121 Photodisk ; p. 121d Photodisk ; p. 122 NASA/Sygma ; p. 123 Photodisk ; p. 123b NASA/Ciel et espace ; p. 124 D. Ducros/ESA ; p. 126-127 D. Ducros/ESA ; p. 128 S. Numazawa/Ciel et espace ; p. 129 Carter Emmart/ESA.

Couverture : h. nébuleuse, Photodisk ; b. paysage martien, JPL/NASA/Retraitement O. de Goursac ; c. NASA

N° de projet : 100 681 97 (1) 9 (CM 130)
Imprimerie : Gráficas Estella
Dépôt légal : septembre 2000
Imprimé en Espagne (Printed in Spain)
505 016-01-septembre 2000